氮化物陶瓷薄膜摩擦磨损机理

鞠洪博　喻利花　许俊华　冯　迪　著

U0268927

黄河水利出版社

·郑州·

内容提要

本书以刀具、工模具用氮化物陶瓷薄膜材料为对象,论述了工艺参数、微结构、合金成分及界面特性等与力学和室温、高温及宽温域摩擦磨损性能之间的关联,以期能对硬质陶瓷薄膜材料的后续研发及生产应用起到一定的借鉴作用。书中针对室温、高温及宽温域等服役条件,详细介绍了二元、三元及多元氮化物陶瓷薄膜材料体系的具体应用范围,从制备工艺、合金成分、界面及微结构特性、力学性能及室温、高温和宽温域服役条件下的摩擦学行为等方面展开论述。

本书可为从事硬质陶瓷薄膜材料研发及应用的工程技术人员提供选材依据,扩宽我国刀具、工模具用硬质陶瓷薄膜材料体系,也可为从事硬质薄膜材料的科研人员提供数据参考。

图书在版编目(CIP)数据

氮化物陶瓷薄膜摩擦磨损机理/鞠洪博等著. —郑州:
黄河水利出版社,2018.11
ISBN 978 - 7 - 5509 - 2213 - 6

Ⅰ.①氮… Ⅱ.①鞠… Ⅲ.①陶瓷薄膜 - 摩擦磨损
性能 - 研究 Ⅳ.①TM28

中国版本图书馆 CIP 数据核字(2018)第 281727 号

组稿编辑:王路平 电话:0371 - 66022212 E-mail:hhslwlp@ 126. com

出 版 社:黄河水利出版社
　　　　　地址:河南省郑州市顺河路黄委会综合楼 14 层 邮政编码:450003
发行单位:黄河水利出版社
　　　　　发行部电话:0371 - 66026940、66020550、66028024、66022620(传真)
　　　　　E-mail:hhslcbs@ 126. com
承印单位:河南新华印刷集团有限公司
开本:787 mm × 1 092 mm 1/16
印张:13.75
字数:320 千字　　　　　　　　　　印数:1—1 000
版次:2018 年 11 月第 1 版　　　　　　印次:2018 年 11 月第 1 次印刷
定价:50.00 元

前　言

　　切削加工是机械制造中最基本的加工方法之一,它在国民经济中占有重要的地位。我国的切削加工具有十分悠久的历史,早在距今170万年前的旧石器时代,云南地区的土著猿人就使用过石砸砍器。到了春秋战国时期,生铁冶铸造技术,渗碳、淬火和炼钢技术的发明为制造坚硬锋利的工具提供了有利的条件,铁质工具的出现使切削加工进入了一个新阶段。随着近现代工业革命的兴起,蒸汽机的出现带动了纺织、采矿、军事工业的发展,对于切削加工也不断提出了新的要求。

　　在切削加工中,刀具和被加工工件具有对立统一的关系,当一方有了进展或提出了新的问题时,经常推动另一方的发展与进步。为了满足切削加工工件对刀具性能的日益增长的各种需求,人们在实践中不断寻求提升刀具性能的方法。因此,刀具表面涂层技术应运而生。其中,过渡族金属氮化物因其优异的力学及摩擦学性能(摩擦磨损性能),在刀具涂层等领域占据着一席之地。对过渡族金属氮化物的研究大多集中于ⅣB、ⅤB和ⅥB族这三族中,并向多元化、智能化等方向发展,以期能够研发一种宽温域条件下均具有低摩擦系数和低磨损率的多元智能薄膜,使其适应诸如高效加工、高温加工等领域日益严苛的服役需求。

　　本书以刀具、工模具用氮化物陶瓷薄膜材料为对象,论述了工艺参数、微结构(微观结构)、合金成分及界面特性等与力学和室温、高温及宽温域摩擦磨损性能之间的关联,以期能对硬质陶瓷薄膜材料的后续研发及生产应用起到一定的借鉴作用。书中针对室温、高温及宽温域等服役条件,详细介绍了二元、三元及多元氮化物陶瓷薄膜材料体系的具体应用范围,从制备工艺、合金成分、界面及微结构特性、力学性能及室温、高温和宽温域服役条件下的摩擦学行为等方面展开论述。

　　本书可为从事硬质陶瓷薄膜材料研发及应用的工程技术人员提供选材依据,扩宽我国刀具、工模具用硬质陶瓷薄膜材料体系,也可为从事硬质薄膜材料的科研人员提供数据参考。

　　作者对国家自然基金面上项目(51374115、51574131)、国家自然基金青年基金项目(51801081、51801082)及国家博士后基金面上项目(2018M632251)资助致以诚挚的感谢!本书第1章和第7章7.1由江苏科技大学喻利花教授和许俊华教授共同编写,第2章~第7章7.2~7.5及第8章8.1由江苏科技大学鞠洪博博士编写,第8章8.2由江苏科技大学冯迪博士编写。全书由喻利花教授、许俊华教授和鞠洪博博士统稿。

　　本书编写过程中参考了许多文献资料,主要文献列于书后,在此对相关文献的作者表示衷心的感谢！此外,感谢江苏科技大学材料科学与工程学院的博士研究生黄婷、左斌、Isaac Asempah,硕士研究生于殿、丁宁、贾沛、罗煌、鲁桂云、陈彤、马冰洋等对本书在编著过程中的协助。

　　由于时间仓促,加之作者水平有限,错误和不足之处在所难免,敬请广大读者批评指正。

作　者

2018 年 9 月

目 录

第1章　绪　论

1.1　引　言

加工制造业作为国民经济的重要支柱产业之一,承担着经济增长及经济转型的重要职责。随着现代社会与科学技术的发展,机械加工工业已经获得了巨大的进步,这就对机械加工所采用的技术和加工工具提出了更苛刻的要求。在诸如应用于高速切削、干式切削等切削刀具领域就要求其表面具有较高的硬度和优异的减磨、耐磨性能。这需要在其表面镀硬质耐磨涂层材料。统计表明:我国加工制造业中每年因摩擦磨损而造成的经济损失就高达上千亿元。

每年发达国家在加工制造业中因为摩擦磨损等而造成的直接经济损失非常巨大,占其国民生产总值的 2%～7%。为解决这些工业中的问题,材料表面改性应运而生。

作为我国主要工业部门关键技术之一的切削技术,其性能的优劣直接关系到零件加工的效率、制造成本的高低、交货周期的长短。目前,随着现代加工制造业的飞速发展,切削刀具正朝着复合、智能、高速、环保等方向发展,这对传统的切削刀具材料提出了更为严苛的服役要求:

(1)优异的力学性能;

(2)良好的热稳定性能;

(3)理想的摩擦磨损性能;

(4)较高的膜基结合力。

如 TiN、CrN、ZrN 和 NbN 基过渡族金属氮化物薄膜,因其具有较高的熔点、较大的硬度和良好的化学性能,受到了国内外学者的广泛关注。研究表明,当材料达到纳米尺度时,因出现了量子尺寸效应、表面效应和宏观量子隧道效应而表现出与宏观尺度下不同的物理化学性质,因此纳米科技具有很大的发展潜力,对很多领域都产生了重要的影响。具有纳米结构的硬质薄膜材料应运而生,并在刀具、工模具领域占据一席之地。然而,随着加工制造业的飞速发展,对纳米结构硬质薄膜材料提出了更为严苛的性能要求。近年来,在探求新的硬质纳米涂层及改善其制备工艺等领域取得了很大进步,但如何设计、制备出满足极端工作环境下可靠的智能自适应刀具涂层,仍是广大学者研究和关注的重点。

1.2　润滑薄膜的研究现状

古往今来,改良材料表面的摩擦磨损性能一直是一项极为严苛的技术挑战。众所周知,通过润滑机械元件不但可以有效地降低元件之间的摩擦系数,提升能量传递效率,而且还能降低元件相互间的磨损率,延长使用寿命。因此,为达到降低摩擦系数及磨损率的目的,诸如润滑油及其他一系列类似的液体润滑材料在相当长的一段时间内占据了机械元件润滑领域的主导地位。在绝大多数实际工业应用领域,液态润滑介质起到了润滑和冷却双重作用。然而,近年来,社会对环境保护及机械工件转运机制的微型化的呼声越来越高,液体润滑介质已不能完全满足现代工业的需求。因此,国内外学者正在研发兼具优异摩擦磨损性能且满足滑动抑或是线性切削条件下热管理准则的一系列固态润滑涂层。研究表明,仅美国液态润滑介质的市场估值就高达 187 亿美元,因而,尽管研发该类涂层难度十分巨大,但巨额的市场份额激发各国投入相当的国力研发固体润滑涂层。

受环保法规及润滑油成本升高等因素的影响,近年来切削工具正在逐步地向干式固态润滑材料方向发展。硬质耐磨高温涂层材料的飞速发展为固体润滑工件的转型提供了强有力的支持。最初,氮化物或碳化物涂层由于具有较高的硬度,引起了国内外学者的广泛关注。近年来,改良该类涂层的硬度、韧性和高温抗氧化性能,具有复杂化学组分的新型涂层相继被研发出来。例如,以 TiN 为母体,引入铝、铬、硅、硼等元素可以成功制备出具有优异热稳定性能的 Ti – Al – N、Ti – Al – Cr – N、TiN – Si_3N_4、TiN – TiB_2 等涂层体系。近年来,对于硬质工具涂层的研究大多集中于涂层摩擦性能等方面。试图研发一种具有优异摩擦性能的涂层体系以降低机械元件之间的能量传输损耗,在具有高温自适应减摩 Magnéli 相的研究领域已取得了丰硕的成果。

硬质涂层在干式切削刀具领域的飞速发展从侧面证明了固态润滑介质能够有效地节约能量传递过程中的损耗,从而达到降低成本这一结论。然而,目前对高温固态润滑介质的研究尚处于起始状态,对该类涂层在高温下的能量耗散机制尚不十分清楚。由于在接触面中的氧化剂相结构转变罕有发生,固态润滑涂层在机械元件中的实际应用还十分有限。在文献中,学者系统地报道了固态润滑材料体系及摩擦磨损过程中,接触表面易切削润滑层的形成机制。目前,大气环境下,应用最为广泛的固态润滑体系是过渡族金属硫化物、石墨、类金刚石和氟乙烯等。上述体系在环境温度超过 300 ℃后会发生剧烈的氧化反应。与之相反,硬质涂层在此温度下的化学稳定性很好。为满足日益严苛的润滑涂层服役要求,有学者提出了新的硬质润滑涂层设计准则。首先是硬度的要求。硬度是保证工具服役寿命和服役质量的决定性因素之一。在机械元件接触面中所引入的涂层,往往对硬度的要求不是很高,因为较低硬度的涂层会使得接触面的载荷重新分布,进而达到避免疲劳断裂的效果。其次是涂层对服役环境的耐受力。绝大多数机械元件的服役环境在服役过程中会发生不同的变化,因为机械在运转过程中会发生中断或停止,这就使涂层的服役环境变化多端。例如,服役温度的剧烈变化、服役环境的腐蚀介质和氧化物变化,等等。最后便是对涂层服役性能的稳定性的要求。机械传动系统的设计准则要求传递能量过程中能量的损失最小化,同时要求各个机械元件之间在不同载荷、速率和服役温度条件下的摩擦磨损性基本保持稳定。

随着近现代航空航天技术的飞速发展,对应用于该领域的元器件提出了十分严苛的减重要求。为此,国内外研究机构投入相当的人力、物力来研发高温固态润滑介质。先进的固体润滑材料在诸如喷汽联合静态轴承和机翼螺旋桨轴承、火箭和飞机推进器部分部件、高速马克飞机及返回式航天飞机表面等领域有着大量的需求。

表面技术在经历了三个阶段,四代涂层的发展过程中,其制备方法也得到了长足的进步与改良。主要制备方法有以下四类。

1.2.1 热喷涂技术

热喷涂技术是利用热源将事先配比好的喷涂材料加热至熔化或者半熔化状态,之后以一定的速度喷涂到事先预处理好的衬底表面从而形成某种特定涂层的方法。利用热喷涂技术可以在材料表面喷涂上某种特定的涂层,从而达到防腐、耐磨、减摩、抗高温、抗氧化、隔热、绝缘、导电、防微波辐射等目的。热喷涂技术是众多表面改性技术中的重要组成部分之一。

1.2.2 物理气相沉积(PVD)

物理气相沉积技术指的是利用物理方法,在真空条件下将液体或者固体汽化成气态的分子、原子,或者被电离成离子,并通过等离子体(或者低压气体)过程,在衬底表面沉积具有某些特定功能的涂层技术。经过多年的发展,目前诸如溅射镀膜、真空蒸镀、离子镀膜、电弧等离子体镀及分子束外延等都是物理气相沉积的主要方法。物理气相沉积技术可以沉积多种涂层体系,例如金属涂层、合金涂层、陶瓷涂层、半导体涂层、聚合物涂层等。

1.2.3 化学气相沉积(CVD)

作为一种材料气相生长方法,化学气相沉积指的是把一种或者几种特定的气体通入放置有衬底材料的反应舱中,借助空间气相化学反应在衬底表面上沉积涂层的技术。化学气相沉积具有诸如沉积条件要求简单(常压和低压都可行),制膜设备简单,易操作,可批量通过工业生产,能在形状不规则的基片上制备均匀性好的涂层等一系列优点。目前,化学气相沉积技术主要有等离子体增强 CVD、热丝 CVD、有机化合物 CVD 等。

1.2.4 湿法沉积

作为湿法冶金的重要过程之一,湿法沉积是指从溶有所要提取的金属,并已除去杂质的溶液中析出金属或金属化合物的过程。目前,湿法沉积应用最广泛的是置换法和电积法。置换法是将一种选定的金属加入溶液中,使被提取的金属从溶液中置换出来,加入的金属则进入溶液。如在硫酸铜溶液中加入铁屑(粉),铜便以固体状态析出,而铁则溶解于溶液中。电积法即电解沉积,是用不溶性阳极使电解质中欲提取的金属在阴极上析出。

1.3 薄膜的分类

当前研究最广泛的硬质薄膜主要分为两大类:一类是本征硬质薄膜,如金刚石、立方BN 及一些其他 B – N – C 体系化合物等;另一类是非本征硬质薄膜,主要包括纳米硬质复合膜和纳米结构多层膜两大类。

1.3.1　本征硬质薄膜

材料本身的强键就能使其获得高硬度的薄膜材料,即为本征硬质薄膜材料。目前,主要的本征超硬薄膜材料研究对象有多晶金刚石、立方 BN、$\beta - C_3C_4$ 及它们的衍生物(CN_x)等。金刚石的硬度很高且制备工艺已经很成熟,但是它的缺点是高温稳定性不好,温度超过 600 ℃ 时会发生氧化失效。此外,金刚石材料易与铁族金属发生化学反应,使得切削刀具的基底材料的选用受到很大限制。立方 BN 薄膜具有硬度高、高温稳定性好等优点,但是其制备工艺尚未成熟,生产成本较高。

1.3.2　纳米结构复合膜

1.3.2.1　纳米结构复合膜概述

纳米结构复合膜是指将两种不同的或多种不同的材料融合在一起制备的陶瓷薄膜,其得到的结构可以是纳米晶/纳米晶结构,也可以是纳米晶/非晶结构。典型的纳米晶/非晶类薄膜结构示意如图 1-1 所示。

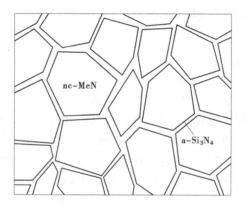

图 1-1　典型的纳米晶/非晶类薄膜结构示意

当材料尺寸小到 100 nm 至几百纳米时,材料的抗塑性变形能力主要与其内部位错有关,理论上晶粒越小,在晶界上堆积的原子就会越多,这就增大了材料的比表面积,使得其表面能升高,晶粒与晶粒间的作用发生改变,从而位错的移动受到晶界的阻碍。由此可以看出,晶界决定了材料发生塑性变形的难易程度,材料内部的所有晶间区域决定了材料的性能。假如晶界增多,滑移减少,就会直接抑制材料内部裂纹的形成和扩展,从而使材料力学性能得到强化。Veprek 等学者通过研究制备了 Ti - Si - N 薄膜,发现了超硬现象,并于 1995 年首次提出了设计超硬纳米复合膜的基本原理。其认为应采用多元系统,选择本身强度高且相互之间互不相溶,能形成清晰界面的组成相,并且要保证制备时温度不要过高。随后根据此原理利用等离子体增强化学气相沉积(PECVD)法进行实验,制备出了硬度超过 40 GPa 的 Ti - Si - N(nc - TiN/a - Si_3N_4)薄膜。

根据组成相晶体结构的不同,可以将纳米级复合薄膜分为纳米晶/纳米晶结构复合薄膜和纳米晶/非晶结构复合薄膜两种。根据组成材料不同可以分为三类:nc - MeN/a - AB、nc - MeN/nc - AB、nc - MeN/Me。其中,nc 代表纳米晶;a 代表非晶;Me 代表过渡族金属,一般包括 Ti、Cr、W 等;AB 为氮化物、碳化物、硼化物;Me 为不易形成氮化物的 Cu、Ni、Ag 等软质金属。其中关于第三种体系(nc－MeN/Me)的研究直到 1998 年才由 Musil 等提出。Zeman 等制备了 Zr－Cu－N 复合膜,发现此类复合膜的微结构及薄膜内的 Cu 含量会随着实验过程中氮气流量的变化而变化,且存在 Cu 含量较高和降低两个过渡区,能够得到的薄膜最高硬度可达 35 GPa。Han 等对 TiN－Ag 复合膜的研究表明,随着薄膜中 Ag 含量的升高,薄膜晶粒尺寸逐渐降低。

1.3.2.2　纳米结构复合膜的致硬机理

目前,纳米结构薄膜硬度强化机理主要有如下几种:细晶强化、固溶强化、界面复合及共格/协调应变等。

1. 细晶强化

目前,国内外学者普遍认为,纳米薄膜的硬度与晶粒尺寸存在一定的关系。随着薄膜晶粒尺寸的降低,薄膜硬度出现升高的现象。薄膜晶粒尺寸与其硬度之间的关系可由 Hall－Petch 表述,其具体公式如下:

$$\sigma_s = \sigma_0 + K \times d^{-\frac{1}{2}} \tag{1-1}$$

需要指出的是,该关系式在一定的晶粒尺寸范围内才能成立。其主要适用于微米量级,因为晶粒尺寸在微米量级时,晶界所占体积与晶粒相比可以忽略不计,而且晶粒内塞积的位错数量有一定限度,满足位错塞积模型。当晶粒尺寸在毫米量级以上时,由于晶粒尺寸过大,可以看作趋向无穷大,即 $\sigma_s = \sigma_0$。另外,当晶粒尺寸过大时,位错塞积中的位错数量也相当大,在外加作用力下,位错塞积末端的位错还在受力运动,领先位错的应力集中已使得位错源开动,这与位错模型不符。当晶粒尺寸达到纳米量级时,界面所占体积随晶粒直径减小显著增加,已经成为材料的组成部分。此外,晶粒直径过小,导致晶粒有利取向上的位错数量减少,使领先应力集中远小于位错源开动所需的临界应力。这也违背了位错模型。

2. 固溶强化

固溶强化指的是在薄膜母体晶格中的间隙位置、缺陷位置或母体晶格中其母体原子位置中溶入其他原子,其他原子的引入引发母体晶格产生不同程度的畸变,从而形成应变场,进而使得薄膜中的位错滑移阻力加大,最终导致薄膜硬度升高。

3. 界面复合

Veprek 等在研究和设计纳米级超硬薄膜时提出了界面复合机理。界面复合理论认为当薄膜中出现非晶相时,非晶相会首先在晶界处形成,从而分割晶体相,形成网状结构。这样即使晶体内部形成位错,也难以越过晶界滑移出来,薄膜得到强化。

4. 共格/协调应变

共格/协调应变理论指的是在薄膜中同时存在晶体相和非晶相两种相结构时,当薄膜中非晶相达到一定的尺度时,会被薄膜中的晶体相同化成赝晶体,在赝晶体和原来的晶体相的界面处会出现共格或者协调应变效应,从而使得该类薄膜内产生一定程度的交变应力场,导致晶格出现一定程度的畸变,最终导致薄膜出现硬度强化效果。

1.3.3　纳米结构多层膜

1.3.3.1　纳米结构多层膜概述

对于由 A、B 两种不同的纳米材料交替沉积而制备的具有多层结构的纳米薄膜来说，一般将调制周期定义为相邻两层的厚度之和，将调制比定义为相邻两层的厚度比。在制备纳米结构多层膜的过程当中，可以按实验方案任意调节和控制纳米结构多层薄膜的调制周期和调制比，以达到其特定性能要求。目前，普遍认为，所制备的纳米结构多层膜的调制周期的厚度是组成其单个调制层的晶格常数的数倍时，这种纳米结构多层膜被称为超晶格薄膜。Koehler 等在 1970 年首次提出了纳米结构多层膜的硬度强化设想，当所制备的纳米结构多层膜不同纳米材料之间的晶格常数十分接近，且其调制层的厚度足够薄（一般为纳米量级）时，其纳米结构多层膜会出现强化现象。近年来，随着多层膜的理论研究和实验设备的不断改善，它的研究体系也从最初的金属/金属多层膜，逐渐发展到金属/陶瓷多层膜、陶瓷/陶瓷多层膜等。纳米结构多层膜示意如图 1-2 所示。

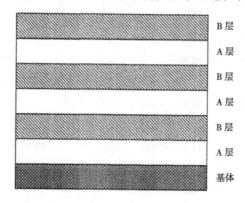

图 1-2　纳米结构多层膜示意

1.3.3.2　纳米结构多层膜致硬理论

目前，纳米结构多层膜致硬的理论主要有以下几种。

1. Hall‑Petch 理论

Hall‑Petch 理论是一种把晶粒尺寸跟材料的力学性能联系起来的理论，其具体计算公式为式（1-1）。然而，Hall‑Petch 公式并不适用于所有材料体系。Hall‑Petch 公式的成立需要一定的前提条件，它要求材料中的位错不能穿过晶界，但可以聚集在晶界处，形成位错聚集的同时，在其相邻的晶界也会产生新的位错源。另外，需要重点说明的是，这种理论存在的前提是假设所研究的材料的晶粒尺寸要足够大，这样才能够容纳较多的位错。由于纳米结构多层膜的调制周期往往很小，这限制了 Hall‑Petch 公式在该体系中的应用。

2. 模量差理论

1970 年，Koehler 等提出了模量差理论，从理论角度提出了改善多层结构材料强度的方法。该理论认为，位错在相邻调制层之间存在不同剪切模量的纳米结构多层薄膜体系中产生时，位错具有不同的线能力密度。因为位错易于在具有较低剪切模量的调制层中产生,此时需要额外的应力才能使得位错扩展至具有较高剪切模量的调制层中,最终导致薄膜硬度强化。对于调制周期较小的纳米结构多层膜体系来说,薄膜中具有较低剪切模量的膜层能够阻碍位错的滑移,从而使该体系薄膜力学性能得以强化。然而,当调制周期大于某一临界值时,该多层膜体系中便会出现能够激发位错生成的外力,位错能够轻易地穿过膜层,最终导致薄膜力学性能下降。

3. 协调应变理论

协调应变理论是指当调制层间共格的晶面处存在错配点阵时就会产生畸变,这是材料出现硬度升高的最主要原因。实际上要用来制备成膜的材料的晶格常数都会与基体材料的晶格常数存在不同程度的差异,这就会使晶格出现错配,从而强化薄膜。这种理论最开始是应用于解释纳米复合膜的性能变化,后来被研究者应用到多层膜中。

综合目前的关于纳米结构多层膜致硬理论模型和已研究成功的具有超硬和超模的纳米结构多层膜,可以发现它们普遍存在以下几个特点:沉积多层膜的不同材料的模量相差较大;沉积多层膜的调制层的厚度较小;沉积多层膜时,调制层要能形成共格的界面。

但实际上制备纳米结构多层膜时,由于实验和生产条件的多样性,就会使薄膜种类繁多,形成的组织也就不相同,界面变得复杂等。所以,上述的各种理论模型只能用来解释一些特定体系中出现的超硬或超模现象。但是,这些理论模型对纳米结构多层膜的设计和研究具有一定的指导意义。

1.4　设计选择膜层的基本原则

首先从使用性能出发,要使膜层与基体匹配适当,要把膜层与基体视为一个整体的系统来设计。在保证满足实际应用的前提下,需从膜层材质与基体材质之间的相互作用及膜层的实际使用条件下发生的各种反应等因素考虑。

(1)膜基结合力的影响。

膜基结合力的高低是影响使用的关键,它表征的是膜层与基体能否牢固结合的能力,膜基结合力是影响膜层使用寿命最为关键的指标。例如,对于切削刀具,其刀尖和刀刃在切削加工过程中产生很大的切削作用力和很高的温度,这就要求膜基具有很高的结合强度。由于在膜层沉积过程中,膜层会产生不同的应力,易引起界面破裂,造成膜层与基体分层或剥离。为了形成相匹配的界面区,目前常用中间过渡层来进行匹配,或者从工艺上通过离子轰击促进界面处的碰撞来提高膜基结合强度。当膜层与基体相互间的结构和化学性能相匹配时,易形成降低的界面能,也有利于膜基结合强度的提高。

(2)膜层的强度和塑性的影响。

膜层的强度和塑性应尽可能高,主要是防止膜层的裂纹扩展。在对有镀膜层的高速钢的破裂强度的研究中证实,当膜层厚度小于基体结构中造成应力集中的缺陷尺寸时,从膜层扩展的裂纹数量会很小。

(3)内应力对膜层强度的影响。

膜层的总应力与膜厚有关。一般而言,膜层的总应力是膜厚的函数,内应力的产生来源于沉积中线膨胀系数之间的差别和杂质渗入界面、结构排列不完整或结构重排而造成的本征应力。从应力来看,应力易使膜层开裂,压应力过大易造成膜层变皱、弯曲变形。但是一个适中的压应力对膜基结合是较为理想的。膜层中内应力类型不同,可引发界面的破断,如膜层与基体线膨胀系数失配所造成的热应力,可以是拉应力,也可以是压应力。相比之下,拉应力对膜基结合强度的危害性更大。若膜层材质的线膨胀系数比基体材料大,在从沉积到温度冷却后,膜层中常存在的热应力是拉应力。膜层在生长过程中产生的本征应力是拉应力或压应力,与沉积的方法和工艺密切相关,其产生的本征应力影响着膜基结合的稳定性和膜层的寿命。一般而言,用 PVD 法沉积出难熔碳化物、氮化物和氧化物的膜层时产生的是压应力。

(4)膜层硬度的影响。

膜层的硬度是超硬机械功能耐磨损的重要指标。应合理地选择本征硬度的膜层材料或通过工艺调整膜层的微观结构以达到所希望的硬度来满足设计要求。在设计选择膜层材料时,可按硬质材料的化学特征,即共价键、金属键和离子键考虑。

①共价键材料具有最高的硬度,如金刚石、立方氮化硼和碳化硼等。

②金属键材料具有较好的综合性能。

③离子键硬质材料具有较好的化学稳定性。

在这些共价键、金属键和离子键硬质材料中,其本征硬度会随离子键和金属键所占比例增加而减少。由于氮化物、碳化物和硼化物有许多优良的性能,在超硬材料中占有十分重要的地位。虽然因沉积膜层的方法和工艺不同,这些氮化物、碳化物和硼化物的硬度会在一定范围内波动,然而设计选用多组元的膜层,不仅可以保留单一膜层性能的特点,还能使膜层具有相当高的强度。

(5)中间过渡层。

在膜基界面间掺进中间过渡层,对于一些膜层与基体材质热膨胀及弹性模量性能差别很大,以及在基体上沉积的膜层中产生的应力,易于引起基体与膜层界面分层来说,是一种十分有效及实用性极强的技术手段。中间过渡层实际上是在膜层与基体之间起到缓冲作用,它既能与膜层较好结合,又能与基体有效结合。在选择设计中间过渡层时,在材质结构与化学性能上尽可能与膜层和基体相匹配,或者在线膨胀系数及弹性模量上尽可能差距小。

1.5　氮化物陶瓷薄膜摩擦磨损性能

由于表面和润滑剂通常是整个系统稳定性和性能中最薄弱的环节,摩擦问题严重影响了很多先进技术的应用和发展。特别在高温(300～1 000 ℃)下具有并保持低摩擦系数一直都是摩擦学领域最大的难题,至今还没有一种涂层能够在较宽的温度范围和使用条件下同时具有低的摩擦系数和高的耐磨性。为此,设计和制备在较宽范围工作环境具有较低的磨损率和较低摩擦系数的材料是科学家研究的热点和重点。研究表明,单一成分的润滑剂已经不能满足在极端环境中的应用,而具有纳米结构和智能化的涂层技术拓宽了高温固体润滑涂层的理论研究与应用发展,在这方面具有较大潜力。

早期人们探索了用气体、液体和固体润滑剂润滑热表面的可行性,大部分液相或气相润滑剂极易氧化和(或)化学分解,从而导致润滑剂失效。而传统的固体润滑剂(如二硫化钼、石墨、六方氮化硼等)由于高温下的化学降解和(或)结构破坏会导致其失效。为了弥补单一固体润滑剂的缺陷,美国空军研究实验室(AFRL)摩擦组首创提出自适应纳米复合涂层,其设计原则是根据工作环境的变化调整其表面化学组成和结构,从而尽量减小接触表面的摩擦系数及磨损。这些涂层是沉积多相结构,其中某些相提供机械强度,其他相作为固体润滑剂。在摩擦接触区由于所施加的负载和运行环境,这种复杂结构的化学性产生可逆变换,从而产生润滑相。

过渡族金属氮化物由于具有高硬度、良好的化学稳定性能和优异的耐磨性,在相关领域获得了广泛的应用。自 1960 年用物理气相沉积法制备 TiN 薄膜以来,因其较高的硬度、良好的抗氧化、耐腐蚀性能及较低的摩擦系数,在工业领域作为硬质保护涂层发展迅速。相对于早期出现的 TiN 涂层,CrN 涂层硬度偏低,但其具有韧性好、内应力低、耐磨性好、膜层较厚等优点,同时它还具有结合力强、化学稳定性高和高温抗氧化性好等优点,因而具有更高的研究价值。目前,对基于某一特定工作环境温度的薄膜材料的研究已有诸多报道,但是对能在从低温到高温的宽温域内都有优异性能的自适应智能薄膜的研究还鲜见报道。因此,开展智能自适应纳米复合涂层的材料设计和摩擦性能研究具有重要的科学意义和应用价值。

1.6 本书主要内容

本书基于自适应理论及智能薄膜设计原则,研究改良元素 Al、Si、C,Magnéli 相的元素 Mo、V,软金属 Ag、Cu 及稀土元素 Y 对过渡族金属氮化物薄膜微观结构、力学和摩擦磨损性能的影响,着重讨论了上述元素对薄膜不同环境温度条件下摩擦磨损性能的影响机理。

第 2 章　二元氮化物陶瓷薄膜

过渡族金属氮化物由于具有良好的力学、耐蚀及摩擦磨损性能,在刀具涂层中占据着一席之地。目前,过渡族金属氮化物的研究大多集中于ⅣB、ⅤB 和ⅥB 族这三族中。因此,本章选取ⅣB 族中最具代表性的 TiN 及ⅤB 族和ⅥB 族中的 Nb – N 和 Mo – N 薄膜,阐述上述薄膜的微观结构及其力学和摩擦磨损性能。

2.1　ⅣB 族氮化物陶瓷薄膜:TiN

由于具有较高的硬度以及较为优异的摩擦磨损性能,过渡族金属的氮化物薄膜在诸如硬质刀具薄膜等领域占有一席之地。早期,国内外学者对其研究主要集中在ⅣB 族元素(如 Ti 和 Zr)的氮化物上。其中,TiN 薄膜是过渡族金属氮化物薄膜中最具代表性的薄膜。物理气相沉积(PVD)工艺具有很多优势,比如处理温度低,零件变形小,适合多种材质,可实现涂层的多样化,减少工艺时间,可提高生产率,对环境无污染等。因此,PVD 是制备过渡族金属氮化物薄膜的重要方式之一。目前,国内外学者对 TiN 薄膜的相结构、力学及室温环境下的摩擦磨损性能均有深入的研究。然而,有关 TiN 薄膜的高温摩擦磨损性能的报道较少。因此,研究不同环境温度条件对 TiN 薄膜的摩擦磨损性能的影响具有一定的意义。

本节主要介绍射频磁控溅射制备的 TiN 薄膜相结构、力学性能和摩擦性能,着重讨论了环境温度对 TiN 薄膜摩擦磨损性能的影响。

2.1.1　TiN 薄膜制备及表征

本书中 TiN 薄膜的制备是在中国科学院沈阳科学仪器研制中心有限公司生产的 JGP – 450 型高真空共聚焦多靶磁控溅射设备上完成的。该设备配有三个射频溅射靶,它们分别安装在三个靶支架上,通过循环水冷却。在三个靶的前面分别安装了三个不锈钢挡板,该挡板可以通过电脑进行自动控制。纯度为 99.9% 的 Ti 靶安装在一个独立的射频阴极上,靶材直径为 75 mm。本实验中,衬底所用材料为单晶硅(100)和 AISI304 不锈钢。其中,在单晶硅衬底上所沉积的薄膜样品用于进行成分、相结构及力学性能的研究;在 AISI304 不锈钢衬底上所沉积的薄膜样品用于摩擦磨损性能的研究。将 AISI304 不锈钢加工成长×宽×高为 15 mm×15 mm×2.5 mm 的小块后,依次用 400 目、1 000 目和 2 000 目的水砂纸进行逐级打磨,然后经过金刚石研磨膏抛光。两种衬底材料依次用蒸馏水、无水乙醇和丙酮进行超声波清洗 15 min,随后经热空气吹干后装入磁控溅射仪真空室中的可旋转基片架上。实验过程中,固定 Ti 靶到衬底的距离为 11 cm。当真空室的本底真空度优于 6.0×10^{-4} Pa 时,向真空室中通入纯度为 99.999% 的氩气用于起弧。起弧完成后,关闭衬底夹具下方的大挡板以隔离衬底与离子区,Ti 靶进行时间约为 20 min 的预溅射以除去 Ti 靶表面的杂质,随后打开衬底夹具下方的大挡板,在衬底上预镀厚度约为 200

nm 的 Ti 为过渡层。之后通入纯度为 99.999% 的氮气作为反应气体进行薄膜的沉积。在沉积过程中,固定溅射气压为 0.3 Pa,Ti 靶功率为 200 W,氩氮比为 10:3。

采用日本岛津公司生产的 XRD - 6000 型 X 射线衍射仪对薄膜进行物相分析。使用 Cu K_{α} 为 X 射线源($\lambda = 0.154\ 04$ nm),管压为 40 kV,管电流为 30 mA,扫描速率设定为 2°/min,扫描范围为 30° ~ 80°。测试所得数据通过抛物线法自动寻峰扣除 K_{α} 衍射峰的干扰。背底扣除以后,根据 VOIGHT 函数对衍射峰进行曲线拟合,获得图谱中衍射峰的精确位置、半高宽及积分强度等数据。用 XRD 所得数据,根据 Debye - Scherrer 公式计算薄膜晶粒尺寸,根据 Nelson Riley 公式计算薄膜晶格常数。采用日本电子株式会社生产的 JE-OL - 2100F 型高分辨透射电子显微镜进行微结构观察。该设备加速电压为 200 kV,点分辨率为 0.24 nm,线分辨率为 0.14 nm,设备配备 GANTAN MODEL 792 BIOSCAN 慢扫 CCD 摄像机成像系统。采用瑞士 CSM 公司生产的 CPX + NHT^2 + MST 纳米力学综合测试系统测试薄膜的硬度,为保证测试结果的准确性,对每一个样品选择 9 区域进行测试,这 9 个区域呈 3 × 3 的阵列分布,间距约为 10 μm。一般而言,当压痕深度小于薄膜厚度的 10% 时,测试结果不受基底的影响,硬度测试的压痕深度为 80 ~ 120 nm,保证了薄膜的力学性能不受基片的影响。采用美国 CETR 公司生产的 UMT - 2 型摩擦磨损实验机测试薄膜的摩擦性能,摩擦形式为球 - 盘式圆周摩擦,摩擦副选取直径 9.4 mm 的 Al_2O_3 球,载荷 3 N,相对转速 50 r/min,摩擦半径 4 mm,摩擦时间 30 min。摩擦完后,采用德国 BRUKER 公司生产的 DEKTAK - XT 型表面轮廓仪测试薄膜磨痕的磨损体积。根据测量的磨损体积值计算薄膜的磨损率,其计算公式如下:

$$W = \frac{V}{S \times L} \tag{2-1}$$

式中　　W——磨损率,$mm^3/(N \cdot mm)$;

　　　　L——法向载荷,N;

　　　　S——滑行距离,mm;

　　　　V——磨损体积,mm^3。

2.1.2　TiN 薄膜微结构及性能

图 2-1 给出了 TiN 薄膜的 XRD 图谱,由图可知,薄膜出现了(111)、(200)及(222)三个衍射峰,呈面心立方(fcc)结构(JCPDF 65 - 0715)。

为进一步分析 TiN 薄膜的微观结构,对薄膜进行了透射电镜测试。图 2-2 为 TiN 薄膜横截面的透射电镜照片和衍射花样及高分辨透射电镜照片。

由图 2-2(a)可知,薄膜呈柱状晶生长,晶粒尺寸约为 50 nm。图 2-2(a)右上角的 TiN 薄膜的选区电子衍射花样为一套不连续的 fcc - TiN 结构的衍射环,表明薄膜为单一的面心立方结构。衍射环不连续表面此时晶粒尺寸较大,使得在选区范围内参与衍射的晶粒数量减少,最终导致了选区电子衍射环不连续。由图 2-2(b)可知,视场中出现了晶格间距为 0.424 51 nm 的 fcc - TiN(111)晶格条纹。上述结论与图 2-1 的实验结果一致。

图 2-3 为 TiN 薄膜载荷—位移曲线。载荷—位移曲线包括加载和卸载过程,加载过程是弹塑性的综合表现,卸载过程则完全是薄膜的弹性过程。经纳米压痕测得的 TiN 薄

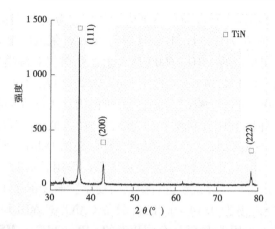

图2-1　TiN 薄膜 XRD 图谱

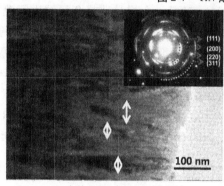

(a) 透射电镜照片和衍射花样

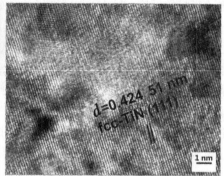

(b) 高分辨透射电镜照片

图2-2　TiN 薄膜横截面的透射电镜照片和衍射花样及高分辨透射电镜照片

膜的硬度约为 21 GPa。

　　图2-4 为 TiN 薄膜室温摩擦曲线。由图可知,摩擦曲线存在跑合和稳定两个阶段,且随实验时间的增加,摩擦曲线先剧烈波动后趋于稳定。TiN 薄膜的平均摩擦系数为 0.78。薄膜磨损率为 1.73×10^{-6} mm³/(N·mm)。

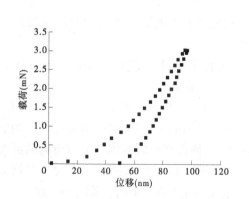

图2-3　TiN 薄膜载荷—位移曲线

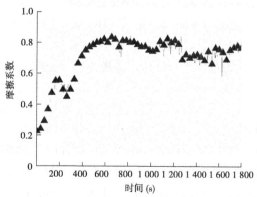

图2-4　TiN 薄膜室温摩擦曲线

　　图 2-5 给出了 TiN 薄膜在不同环境温度下的摩擦曲线。从图中可以看出,环境温度对 TiN 薄膜的摩擦系数影响显著。

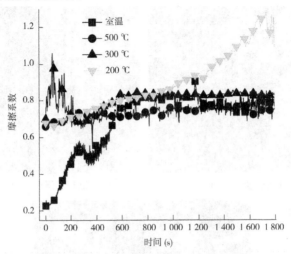

图 2-5　不同环境温度下 TiN 薄膜摩擦曲线

　　从图 2-6 中可从看出,二元 TiN 薄膜平均摩擦系数随环境温度的升高先升高后下降。薄膜最高平均摩擦系数为 0.89,对应环境温度为 200 ℃;薄膜最低平均摩擦系数为 0.73,对应环境温度为 500 ℃。不同环境温度下的 TiN 薄膜均表现出较高的平均摩擦系数。从图中还可以看出,二元 TiN 薄膜磨损率随环境温度的升高而逐渐增大,当环境温度为 600 ℃时,薄膜的磨损率最大,其最大值为 1.01×10^{-4} mm^3/(N·mm)。

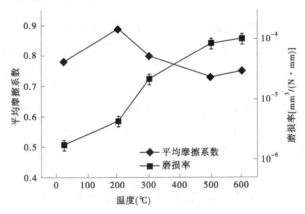

图 2-6　不同环境温度条件下 TiN 薄膜平均摩擦系数及磨损率

　　为分析环境温度对 TiN 薄膜摩擦磨损性能的影响,摩擦实验后,对不同环境温度的 TiN 薄膜磨痕进行了光学显微镜表征,其结果如图 2-7 所示。从图 2-7(a) 中可以看出,当环境温度为 25 ℃时,薄膜磨痕表面相对光洁。当环境温度升高至 200 ℃时,薄膜磨痕表面出现了大量的犁沟,在磨痕中心区域,可以看到薄膜失效,裸露了衬底,说明此时薄膜磨痕与摩擦副之间的相互作用趋于剧烈,所以此时薄膜平均摩擦系数及磨损率逐渐升高。从图 2-7(c) 中可以看出,当环境温度进一步升高至 300 ℃时,薄膜磨痕表面的犁沟数量明显地减少,说明磨痕表面与摩擦副之间的相互作用逐渐地趋于缓和,所以此时薄膜平均摩擦系数及磨损率逐渐降低。

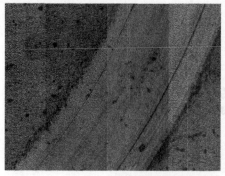 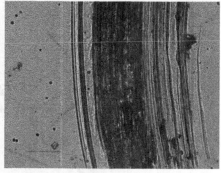

(a) 环境温度为 25 ℃　　　　　　　　(b) 环境温度为 200 ℃

(c) 环境温度为 300 ℃

图 2-7　不同环境温度条件下 TiN 薄膜磨痕表面光学显微镜形貌

结合上述分析,当环境温度由 25 ℃升高至 200 ℃时,薄膜表面吸附的润滑介质逐渐被蒸发、变性,失去了润滑作用,薄膜磨痕与摩擦副之间的相互作用逐渐地趋于剧烈,所以在此温度范围内,薄膜平均摩擦系数及磨损率逐渐升高;当环境温度在 200 ~ 600 ℃时,薄膜发生了一定程度的氧化,磨痕表面的氧化相能够起到一定程度的润滑作用。与此同时,随着环境温度的升高,由于氧化,薄膜出现了不同程度的软化,与摩擦副的作用逐渐地缓和,所以在此环境温度范围内,薄膜的平均摩擦系数逐渐降低,磨损率逐渐升高。

2.2　VB 族氮化物陶瓷薄膜:Mo – N

随着现代加工技术的发展,传统的刀具涂层已难以满足其性能要求。现代加工技术除要求涂层具有普通切削刀具涂层应有的优良的摩擦磨损性能外,还需要涂层具有高的硬度、优异的高温抗氧化性。但在如干式加工等极端服役条件下,需要一种能够兼具高硬度和优良摩擦磨损性能的工具涂层。

在摩擦磨损实验过程中,Mo 能够与空气中的水汽或者氧发生复杂的化学反应,生成低剪切模量的 Magnéli 相 MoO_3 相,这种氧化相具有良好的减摩作用,能有效地缓解薄膜与摩擦副之间的相互作用,从而显著地提升薄膜的摩擦性能,使薄膜在极端的服役环境下能连续使用。Mo－N 薄膜体现出优异的摩擦性能,加之 Mo－N 薄膜的硬度较高,使得Mo－N薄膜成为在刀具薄膜领域中取代传统二元 TiN 等薄膜的候选薄膜体系之一。物理气相沉积(PVD)工艺具有很多优势,比如处理温度低,零件变形小,适合多种材质,可实现涂层的多样化,减少工艺时间,提高生产率,对环境无污染等。PVD 成为 No－N 薄膜的重要制备方式之一。

　　薄膜的摩擦磨损性能受诸如薄膜固有属性、磨痕表面相结构及环境等诸多因素的影响。例如,环境温度对利用化学气相沉积制备的 Ti－C－N 薄膜的摩擦磨损性能影响显著,在室温下,Ti－C－N 薄膜的平均摩擦系数和磨损率均较低,然而当环境温度升高至100～300 ℃时,Ti－C－N 薄膜的平均摩擦系数和磨损率急剧升高。目前,有关 Mo－N 薄膜的报道主要涉及其力学与常温摩擦磨损性能。制备工艺对 Mo－N 薄膜微观结构的研究仅有少量报道。并且,不同温度环境下,Mo_2N 薄膜摩擦性能的影响有待深入研究。

　　为此,本节阐述了工艺对磁控溅射制备的 Mo－N 薄膜相结构、显微硬度和不同环境温度条件下的摩擦磨损性能的影响。

2.2.1　Mo－N 薄膜制备及表征

　　Mo－N 薄膜的制备过程中衬底选取、处理及制备方式与 2.1.1 相同。在沉积过程中,固定溅射气压为 0.3 Pa、Mo 靶功率为 150 W,通过改变氩氮比来获得不同氩氮比的Mo－N薄膜。沉积 Mo－N 膜之前,在衬底上预镀厚度约为 200 nm 的 Mo 过渡层。

　　本部分 XRD、SEM、EDS、TEM、纳米压痕以及摩擦磨损实验设备与 2.1.1 相同。摩擦实验过程中,载荷设定为 5 N,摩擦半径为 5 mm。

2.2.2　Mo－N 薄膜微结构及性能

　　不同氩氮比条件下的 Mo－N 薄膜 XRD 图谱如图 2-8 所示。由图可知,当氩氮比大于 10:6 时,Mo－N 薄膜出现(111)、(200)、(311)和(220)四个衍射峰,为 fcc－Mo_2N 结构;当氩氮比小于 10:9 时,图谱中在 41°及 68°附近出现了对应于六方结构(hcp)的 MoN(201)及(400)衍射峰,表明此时薄膜两相共存,为 fcc－Mo_2N + hcp－MoN。较低的氩氮比会在沉积环境中提供较多的氮离子与环境中的钼离子反应,相比于 fcc－Mo_2N,hcp－MoN 中的 Mo 与 N 的化学计量比小,故而较低的氩氮比环境下 Mo－N 薄膜会出现 hcp－MoN 相,所以随环境中氩氮比的降低,Mo－N 薄膜由单一的 fcc－Mo_2N 转变为 fcc－Mo_2N + hcp－MoN 两相共存。

　　图 2-9 为氩氮比为 10:3 时 Mo_2N 薄膜横截面的透射电镜照片和相应的电子衍射花样及高分辨透射电镜照片。由图 2-9(a)可知,薄膜呈柱状晶生长,晶粒尺寸约为 25 nm。图 2-9(b)的薄膜选区电子衍射花样为一套连续的 fcc－Mo_2N 结构的衍射环,表明薄膜为单一的面心立方结构。由图 2-9(c)可知,视场中出现晶格条纹对应的是晶格间距为0.240 4 nm 的 fcc－Mo_2N(111)晶格条纹。该结果与图 2-8 的分析结果相一致。

　　图 2-10 为不同氩氮比条件下的 Mo－N 薄膜的硬度。由图可知,当氩氮比大于10:6时,薄膜硬度稳定在 26 GPa,且受氩氮比的影响不大;当氩氮比小于10:9时,较之前者,薄膜硬度大幅降低,其硬度值稳定在 18 GPa 左右。hcp－MoN 相硬度比 fcc－Mo_2N 相硬度

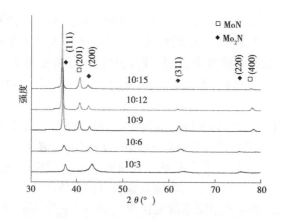

图 2-8　不同氩氮比条件下的 Mo–N 薄膜 XRD 图谱

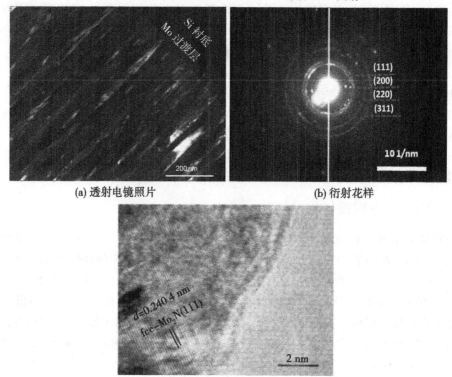

图 2-9　氩氮比为 10∶3 时 Mo₂N 薄膜横截面的透射电镜照片、相应的衍射花样及高分辨透射电镜照片

低,所以当氩氮比小于 10∶9 时,hcp–MoN 相的出现可能是薄膜硬度大幅降低的原因。

图 2-11 给出了不同氩氮比条件下 Mo–N 薄膜平均摩擦系数。由图可知,当氩氮比大于 10∶6 时,薄膜平均摩擦系数稳定在 0.3 左右,且受氩氮比的影响不大;当氩氮比小于 10∶9 时,较之前者,薄膜平均摩擦系数大幅升高,且平均摩擦系数稳定在 0.61 左右。当氩氮比小于 10∶9 时,hcp–MoN 相的出现可能是薄膜平均摩擦系数发生大幅升高的原因。

不同氩氮比条件下 Mo–N 薄膜磨损率如图 2-12 所示。由图可知,当氩氮比大于

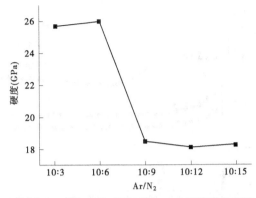

图 2-10　不同氩氮比条件下的 Mo−N 薄膜的硬度

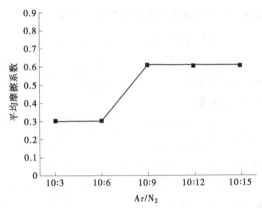

图 2-11　不同氩氮比条件下 Mo−N 薄膜平均摩擦系数

10:6 时, 薄膜磨损率稳定在 6.4×10^{-6} mm^3/(N·mm) 左右, 且受氩氮比的影响不大; 当氩氮比小于 10:9 时, 较之前者, 薄膜磨损率大幅升高, 且磨损率稳定在 5.3×10^{-5} mm^3/(N·mm) 左右。当氩氮比小于 10:9 时, hcp−MoN 相的出现可能是薄膜磨损率大幅升高的原因。

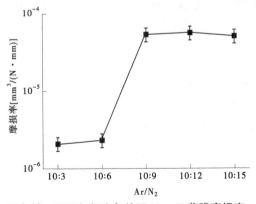

图 2-12　不同氩氮比条件下 Mo−N 薄膜磨损率

图 2-13 为 Mo$_2$N 在不同环境温度条件下的摩擦曲线。由图可知, 不同环境温度条件下的摩擦曲线均存在跑合阶段和稳定阶段。

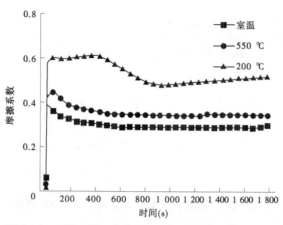

图 2-13　不同环境温度条件下的 Mo_2N 薄膜摩擦曲线

图 2-14 为不同环境温度条件下的 Mo_2N 薄膜磨痕 2D、3D 形貌图。由图可知,随温度的升高,磨痕深度先变浅后变深。200 ℃时,薄膜磨痕最浅,约为 0.2 μm;550 ℃时,薄膜磨痕最深,约为 1.9 μm。环境温度为 25 ℃和 550 ℃时,磨痕表面较为平滑;环境温度为 200 ℃时,磨痕表面出现明显的犁沟。

取各环境温度条件下薄膜摩擦曲线中稳定阶段数值,计算其平均值,得薄膜平均摩擦系数,结果见图 2-15。由图 2-15 可知,温度对薄膜平均摩擦系数的影响很大,随温度的升高,薄膜平均摩擦系数先升高后降低。按不同温度,薄膜平均摩擦系数可分为两个阶段,对应温度区间依次为 25 ~ 200 ℃、200 ~ 550 ℃。当环境温度在 25 ~ 200 ℃时,平均摩擦系数随温度的升高逐渐上升;当环境温度在 200 ~ 550 ℃时,平均摩擦系数随温度的升高逐渐降低;当环境温度大于 550 ℃,薄膜被磨穿失效。200 ℃时,薄膜平均摩擦系数最高,其最高值为 0.53;550 ℃时薄膜平均摩擦系数最低,其最低值为 0.29。相同的实验现象还出现在 Ti – Al – N/TiAl/VN,Ti – Al – N/VN,Zr – Al – N 等薄膜中。

图 2-15 还给出了 Mo_2N 薄膜磨损率随环境温度的变化趋势。由图可知,当环境温度在 200 ~ 550 ℃时,薄膜磨损率随温度的升高逐渐降低;当环境温度在 200 ~ 550 ℃时,薄膜磨损率随温度的升高逐渐增大。200 ℃时薄膜磨损率达最低值 2.6×10^{-7} $mm^3/(N \cdot mm)$;550 ℃时薄膜磨损率达最高值 1.5×10^{-5} $mm^3/(N \cdot mm)$。相同的实验现象还出现在 Ti – Al – N 薄膜中。

研究表明,薄膜所体现出的摩擦磨损性能受薄膜磨痕表面的氧化物的影响显著。为分析 Mo_2N 薄膜的摩擦磨损性能随环境温度变化的原因,摩擦实验后对不同环境温度条件下 Mo_2N 薄膜磨痕进行了 XRD 分析,其结果如图 2-16 所示。由图可知,环境温度由室温到 550 ℃,薄膜磨痕处均出现了 MoO_3 相。当环境温度在 25 ~ 200 ℃时,摩擦副与磨痕的相互作用使磨痕表面与空气中的水汽或其他吸附物发生复杂反应,导致 MoO_3 相的生成。

Mo_2N 薄膜氧化温度约在 400 ℃。当环境温度大于 200 ℃时,由于在摩擦实验过程中摩擦副与磨痕表面之间的相互作用,磨痕局部区域温度发生瞬时升高,达到了薄膜的氧化温度,发生了一定程度的氧化反应。其主要化学反应方程式可近似表述为

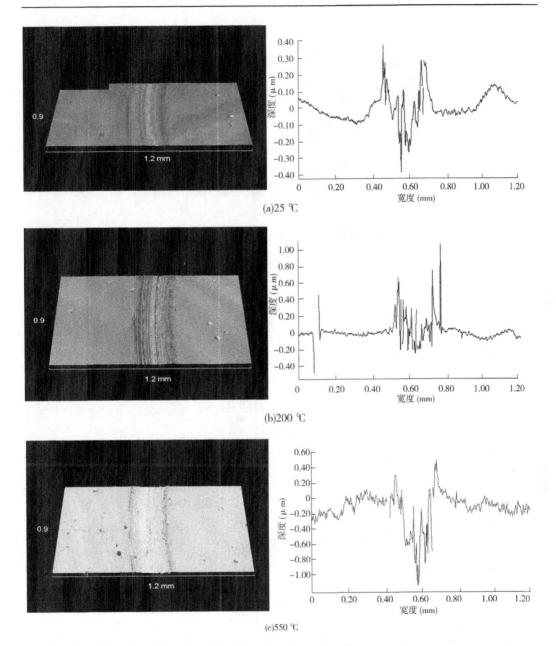

(a)25 ℃

(b)200 ℃

(c)550 ℃

图 2-14 不同环境温度条件下 Mo_2N 薄膜磨痕 2D、3D 形貌图

$$Mo_2N + 2O_2 = 2MoO_2 + 1/2N_2 \tag{2-2}$$

$$MoO_2 + 1/2O_2 = MoO_3 \tag{2-3}$$

结合图 2-16 中 XRD 数据，利用 K 值法计算不同环境温度条件下薄膜磨痕表面 Mo_2N、MoO_3 的相对质量分数，其计算公式为

$$RIR_{\alpha, \beta} = \left(\frac{I_\beta}{I_\alpha}\right)\left(\frac{X_\alpha}{X_\beta}\right) \tag{2-4}$$

式中 I——XRD 图谱中峰值强度；

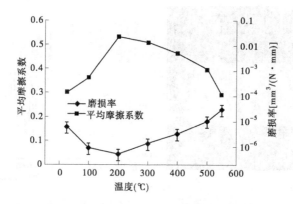

图 2-15　不同环境温度条件下 Mo_2N 薄膜平均摩擦系数及磨损率

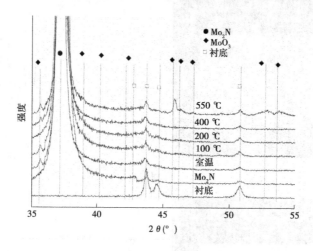

图 2-16　不同环境温度条件下 Mo_2N 薄膜磨痕 XRD 图谱

X——相对质量分数(%);

$RIR_{\alpha,\beta}$——α 相对于参量 β 相的 K 值相对数。

由式(2-4)可得:

$$X_\beta = \left(\frac{I_\beta}{I_\alpha}\right)\left(\frac{X_\alpha}{RIR_{\alpha,\beta}}\right) \tag{2-5}$$

式(2-5)中 $RIR_{\alpha,\beta}$ 可由下式求得:

$$RIR_{\alpha,\beta} = \frac{RIR_{\alpha,\gamma}}{RIR_{\beta,\gamma}} \tag{2-6}$$

因此,薄膜磨痕 Mo_2N 及 MoO_3 的相对质量分数可由下式求得:

$$X_{Mo_2N} = \left(\frac{I_{Mo_2N}}{I_{MoO_3}}\right)\left(\frac{X_{MoO_3}}{RIR_{MoO_3,Mo_2N}}\right) \tag{2-7}$$

$$X_{Mo_2N} + X_{MoO_3} = 100\% \tag{2-8}$$

$$RIR_{MoO_3,Mo_2N} = \frac{RIR_{MoO_3,Al_2O_3}}{RIR_{Mo_2N,Al_2O_3}} \tag{2-9}$$

其中，$RIR_{MoO_3, Al_2O_3} = 4.59 (PDF\ 65 - 2421)$，$RIR_{Mo_2N, Al_2O_3} = 16.72 (PDF\ 25 - 1366)$。

经上述公式计算磨痕表面 Mo_2N、MoO_3 的相对质量分数结果如图 2-17 所示。由图 2-17可知，当环境温度在 25 ~ 200 ℃ 时，随温度的升高，磨痕表面 MoO_3 相的相对质量分数逐渐减小；当环境温度高于 200 ℃ 时，磨痕表面 MoO_3 相的相对质量分数随着环境温度的升高逐渐增大。当环境温度在 25 ~ 200 ℃ 时，由于环境温度相对较低，摩擦副与薄膜作用造成的温度瞬时升高有限，难以达到薄膜氧化温度。摩擦副与磨痕的相互作用，磨痕与空气中的水汽或其他吸附物发生复杂反应，生成 MoO_3。随温度的升高，环境中的水汽逐渐蒸发，吸附物发生变性，所以此时随温度的升高，磨痕中 MoO_3 的相对质量分数逐渐降低；当环境温度高于 200 ℃ 时，此时环境温度较高，摩擦副与薄膜剧烈作用，易使磨痕温度瞬时升高，达到薄膜的氧化温度，使薄膜发生氧化，因此随温度的升高，磨痕表面 MoO_3 相的相对质量分数逐渐升高。

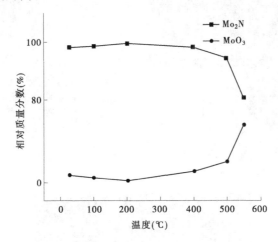

图 2-17　不同环境温度条件下薄膜磨痕处 Mo_2N、MoO_3 的相对质量分数

有报道称，MoO_3 的滑移面较多，易沿着平行于 (101) 晶面方向产生滑移，使得 MoO_3 易发生滑移变形，故 MoO_3 能够有效地缓和薄膜和摩擦副的相互作用，起到固体润滑作用。然而 MoO_3 相在宏观上以层状方式堆砌，层与层之间靠范德华力结合在一起，所以 MoO_3 虽然减磨，但并不耐磨。

图 2-18 给出了不同环境温度条件下 Mo_2N 薄膜磨痕形貌及相应的 EDS 图谱。由图 2-18(a)可知，环境温度为 25 ℃ 时，磨痕表面较为光洁，在磨痕边界处出现明显的磨屑，说明此时薄膜磨损形式为磨料磨损。该磨损形式往往体现出较高的磨损率，这与图 2-15 的实验结果一致。EDS 分析表明，磨屑中存在 O 元素，证明了图 2-16 的分析结果。研究表明，室温下空气中的水汽能够使氮化物薄膜发生磨料磨损，使薄膜体现出相对较高的磨损率。另外，有报道称，摩擦实验中水汽对薄膜能够起到润滑作用。例如，室温下相对湿度由 10% 提升至 90%，TiN 薄膜平均摩擦系数由 1.3 降低至 0.3。环境温度为 400 ℃ 时，磨痕中 MoO_3 相对含量较室温略高，然而平均摩擦系数高于室温时，这一现象也证明了室温下水汽对薄膜起到一定的润滑作用。综上分析可得，润滑氧化物 MoO_3 及水汽的共

同作用导致薄膜在室温下体现出较低的平均摩擦系数和较高的磨损率。

由图 2-18(b)知,当环境温度升高至 200 ℃时,磨痕边界没有出现明显的磨屑,这与图 2-16 中磨痕 MoO_3 相对质量分数最低的结果一致。环境温度升高使摩擦环境中水汽蒸发,不能起到润滑作用。所以,摩擦副与磨痕作用剧烈,磨痕表面出现犁沟和裂纹。MoO_3 相对质量分数的降低及水汽的蒸发是磨痕表面体现出最高平均摩擦系数和最高磨损率的原因。

由图 2-18(c)可知,当环境温度进一步升高至 550 ℃时,磨痕中出现大量黏附在磨痕表面的磨屑。EDS 分析表明,磨屑中 O 含量较高。这些现象与图 2-16 中此时磨痕 MoO_3 相对质量分数最高的结论一致。大量的 MoO_3 黏附在磨痕表面起到理想的润滑作用。所以,此时薄膜平均摩擦系数最低,磨损率最高。

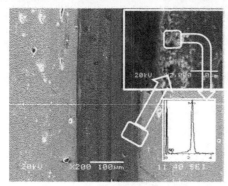 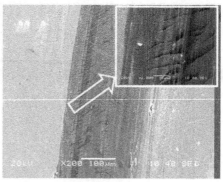

(a) 环境温度为 25 ℃　　　　　　　　(b) 环境温度为 200 ℃

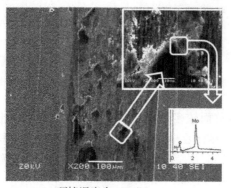

(c) 环境温度为 550 ℃

图 2-18　不同环境温度条件下 Mo_2N 薄膜磨痕形貌及相应的 EDS 图谱

结合以上分析,当环境温度在 25～200 ℃时,随环境温度的升高,磨痕中 MoO_3 相的量逐渐减少,加之环境中水汽逐渐蒸发,失去润滑作用,故随温度的升高,薄膜平均摩擦系数逐渐增大,磨损率逐渐降低;随着环境温度的进一步升高,磨痕表面 MoO_3 相的量随温度的增加逐渐增加,所以随温度的升高,平均摩擦系数逐渐降低,磨损率逐渐升高。

2.3　ⅥB 族氮化物陶瓷薄膜：Nb – N

由于具有优异的物理性能，NbN 薄膜在微电子、传感器及超导电子学等领域体现出了广阔的应用前景。像诸多过渡族金属氮化物薄膜一样，NbN 薄膜也体现出较高的硬度和良好的摩擦磨损性能。另外，NbN 薄膜热膨胀系数与硬质合金的热膨胀系数相近，所以在硬质合金衬底上制备出的 NbN 薄膜具有理想的膜基结合力。目前，有关 NbN 薄膜的报道多出现在多层膜领域。例如 TiN/NbN、CrN/NbN 等纳米结构多层膜均体现出超硬效应。然而，单层 NbN 薄膜的微观组织、力学及摩擦磨损性能与沉积工艺之间关系的研究并不多见。因此，沉积工艺对 NbN 薄膜微观结构、力学与摩擦磨损性能的研究具有一定的意义。作为高速切削用刀具涂层，由于刀具涂层与加工件之间的剧烈作用，会产生大量的热量，使刀具局部温度达到几百度甚至 1 000 ℃左右。因此，研究环境温度对 NbN 薄膜摩擦磨损性能的影响具有一定的意义。

为此，本节介绍不同制备工艺条件下的 Nb – N 薄膜相结构、显微硬度和不同环境温度条件下薄膜的摩擦磨损性能。

2.3.1　Nb – N 薄膜制备及表征

Nb – N 薄膜制备过程中衬底选取、处理及制备方式与 2.1.1 相同。在沉积过程中，固定溅射气压为 0.3 Pa、Nb 靶功率为 200 W，通过改变氩氮比来获得不同氩氮比的 Nb – N 薄膜。沉积 Nb – N 膜之前，在衬底上预镀厚度约为 200 nm 的 Nb 为过渡层。

本部分 XRD、SEM、EDS、TEM、纳米压痕以及摩擦磨损实验设备与 2.1.1 相同。

2.3.2　Nb – N 薄膜微结构及性能

图 2-19 给出了不同氩氮比条件下 Nb – N 薄膜 XRD 图谱。从图中可以看出，当氩氮比由 10∶1 逐渐降低至 10∶4 时，Nb – N 薄膜均在 41°附近出现了一个衍射峰，对应物相为面心立方(fcc)NbN(PDF 38 – 1155)(200)，说明此时薄膜呈 fcc 结构，具有(200)择优取向；随着氩氮比进一步的降低，薄膜 XRD 图谱中除在 41°附近出现了对应物相为 fcc – NbN(200)一个衍射峰外，36°、39°及 59°附近出现了另外三个衍射峰，依次对应 fcc – NbN(111)、密排六方(hcp)NbN(PDF 14 – 0547)(101)及 fcc – NbN(220)。此时，薄膜由 fcc – NbN 及 hcp – NbN 两相构成。

图 2-20 给出了不同氩氮比条件下 Nb – N 薄膜硬度。从图中可以看出，氩氮比比 Nb – N薄膜硬度影响显著。当氩氮比由 10∶1 逐渐降低至 10∶4 时，Nb – N 薄膜硬度受氩氮比的影响不大，其值基本稳定在 17 GPa 左右；随着氩氮比进一步的降低，薄膜硬度发生了大幅的升高，且随着氩氮比的降低逐渐降低，当氩氮比为 10∶5 时，薄膜硬度最高，其最高值为 29 GPa。

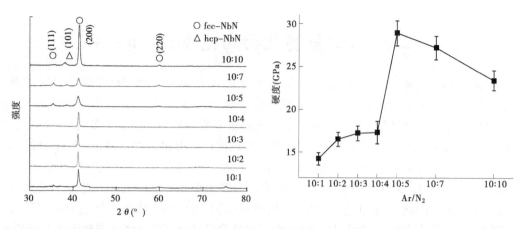

图 2-19　不同氩氮比条件下 Nb – N 薄膜 XRD 图谱　　图 2-20　不同氩氮比条件下 Nb – N 薄膜硬度

　　材料的微观结果影响材料的宏观性能。当氩氮比在 10∶5 ~ 10∶10 时,薄膜由 fcc – NbN 和 hcp – NbN 两相构成。hcp – NbN 相硬度高于 fcc – NbN 相,所以 hcp – NbN 相的出现是此时薄膜硬度比氩氮比在 10∶1 ~ 10∶4时的 Nb – N 薄膜硬度大幅升高的原因。随着 N_2 流量的继续增大,N 原子与溅射出来的 Nb 粒子碰撞的概率较大,损失了部分动能,使其到达基体的粒子数减少,增加了薄膜中的空位缺陷,硬度下降;另外,N_2 流量加大,会使真空度下降,气体分子以一定的速度做无规则运动,并会以一定的概率与基体碰撞,被基体吸收,影响其化学结构,硬度下降。

　　选取力学性能最优的 NbN 薄膜进行不同环境温度条件下的摩擦磨损实验,研究环境温度对薄膜摩擦磨损性能的影响。图 2-21 给出了氩氮比为 10∶5 条件下的 NbN 薄膜在不同环境温度下的平均摩擦系数及磨损率。从图中可以看出,二元 NbN 薄膜室温条件下的平均摩擦系数为 0.68,随着环境温度的升高,薄膜平均摩擦系数先升高后降低,当环境温度为 300 ℃时,薄膜的平均摩擦系数最高,其最高值为 0.85;二元 NbN 薄膜室温下的磨损率为 6.7×10^{-7} $mm^3/(N \cdot mm)$。随着环境温度的升高,薄膜磨损率逐渐增大,当环境温度为 600 ℃时,薄膜磨损率最大,其最大值为 1.3×10^{-5} $mm^3/(N \cdot mm)$。环境温度对 NbN 薄膜的平均摩擦系数及磨损率影响显著。

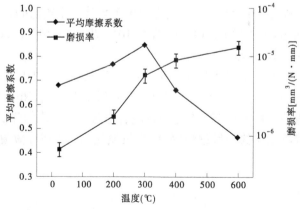

图 2-21　不同环境温度条件下 NbN 薄膜平均摩擦系数及磨损率

当环境温度在 25 ~ 300 ℃时,随着环境温度的升高,薄膜表面吸附的润滑介质逐渐被蒸发、变性,失去了润滑作用,磨痕表面与摩擦副之间的相互作用逐渐地趋于剧烈,薄膜平均摩擦系数及磨损率随着环境温度的升高逐渐地升高;随着环境温度的进一步上升,由于磨痕与摩擦副之间的剧烈作用,磨痕表面部分区域温度瞬时升高,达到了薄膜的氧化温度,氧化相的出现使得磨痕表面变软,在一定程度上减缓了摩擦副与磨痕之间的相互作用,所以此时薄膜平均摩擦系数随着环境温度的升高逐渐地下降,然而,软质的氧化相易被摩擦副切削,所以此时薄膜磨损率进一步增大。

第3章　含铝氮化物陶瓷薄膜

薄膜技术是改良材料性能的有效方式之一。过渡族金属氮化物由于具有良好的力学、耐蚀及摩擦磨损性能,在刀具涂层中占据着一席之地。在过去的30年中,涂层刀具已成为高速切削、高端数控加工等领域的主流选择。然而随着现代加工技术的发展,要求应用于刀具的薄膜具有更高的硬度,并兼具更优良的摩擦磨损等苛刻的服役要求,传统的二元涂层已不能完全胜任。基于第2章的研究结果,本章选取ⅣB、ⅤB及ⅥB三族的氮化物陶瓷薄膜,研究了铝元素对氮化物陶瓷薄膜微观结构、力学、热稳定性及摩擦磨损性能的影响。

3.1　Ti – Al – N 薄膜

薄膜材料的多元化能够明显地改善二元薄膜的综合性能。将某些诸如 Al、Cr 等元素引入二元的 TiN 薄膜中能够有效地提高其抗氧化温度、硬度及耐磨性能,使其适应更恶劣的服役环境。所以,二元 TiN 薄膜的多元化研究十分活跃。较之二元 TiN 薄膜,Ti – Al – N薄膜具有更高的硬度、更好的热稳定性能,这使得三元 Ti – Al – N 薄膜成为在诸如高温耐蚀材料、干式切削加工刀具等领域中取代二元 TiN 薄膜的理想选择之一。

到目前为止,对影响三元 Ti – Al – N 薄膜力学及高温抗氧化性能的因素进行了较为充分的研究。研究表明,当薄膜中 Al 的原子百分含量大于 50% 时,薄膜中会出现 AlN 相,此时薄膜两相共存,从而导致薄膜硬度下降。然而,对三元 Ti – Al – N 薄膜的研究大多集中于微观结构、力学性能及高温抗氧化性能等方面。Al 含量对 Ti – Al – N 薄膜摩擦磨损性能,尤其是不同环境温度对 Ti – Al – N 薄膜摩擦磨损性能的研究报道相对较少。所以,Al 含量及环境温度对三元 Ti – Al – N 薄膜的力学及摩擦磨损性能的影响具有一定的研究价值。

本书采用射频磁控溅射法制备一系列不同 Al 含量的 Ti – Al – N 薄膜,利用 X 射线衍射仪、透射电镜、扫描电镜、能谱仪、纳米压痕仪和高温摩擦磨损实验机对薄膜的成分、微观结构、力学性能和摩擦磨损性能进行研究。本书着重讨论了 Al 含量对 Ti – Al – N 薄膜力学和摩擦磨损性能的影响,并讨论了薄膜高温摩擦磨损性能的影响因素。

3.1.1　Ti – Al – N 薄膜制备及表征

本部分 Ti – Al – N 薄膜制备过程中衬底选取、处理及制备方式与 2.1.1 相同。在沉积过程中,固定溅射气压为 0.3 Pa,Ti 靶功率为 200 W,氩氮比为 10:3。通过改变 Al 靶功率来获得一系列不同 Al 含量的 Ti – Al – N 薄膜。沉积 Ti – Al – N 膜之前,在衬底上预镀厚度约 200 nm 的 Ti 为过渡层。

本部分 XRD、SEM、EDS、TEM、纳米压痕及摩擦磨损实验设备与 2.1.1 相同。摩擦实验过程中,载荷设定为 5 N,摩擦半径为 5 mm。

3.1.2 Ti – Al – N 薄膜微结构及性能

图 3-1 给出了 Ti – Al – N 薄膜中 Al 原子百分含量[Al/(Al + Ti),at.%]随 Al 靶功率的变化。由图 3-1 可知,随着 Al 靶功率的升高,薄膜中 Al 元素相对含量逐渐升高。

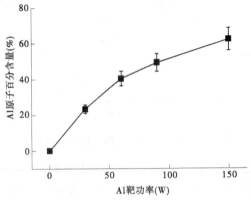

图 3-1 Ti – Al – N 薄膜 Al 原子百分含量随 Al 靶功率的变化

图 3-2 为不同 Al 含量 Ti – Al – N 薄膜的 XRD 图谱。由图可知,二元 TiN 薄膜在 37°、43°及 78°附近出现了三个衍射峰,依次对应为面心立方(fcc)TiN(111)、(200)以及(311)。Al 含量小于 49.4 at.% 时,Ti – Al – N 薄膜与 TiN 结构相似,呈 fcc 结构,具有(111)择优取向,随薄膜中 Al 含量的进一步增加,薄膜衍射峰逐渐向大角度方向偏移,XRD 图谱中没有出现 Al 及 AlN 相,此时 Ti – Al – N 薄膜为 Al 在 TiN 中的置换固溶体。Al 含量大于 50% 时,薄膜出现六方(hcp)AlN 相,此时薄膜由 fcc – TiN 与 hcp – AlN 两相构成。

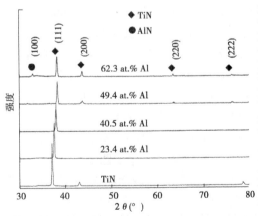

图 3-2 不同 Al 含量 Ti – Al – N 薄膜的 XRD 图

图 3-3 给出了不同 Al 含量 Ti – Al – N 薄膜的晶格常数及晶粒尺寸。从图中可以看出,二元 TiN 薄膜的晶格常数及晶粒尺寸分别约为 0.422 nm 和 45 nm。三元 Ti – Al – N 薄膜的晶格常数及晶粒尺寸随薄膜中 Al 含量的升高先降低后升高,当薄膜中 Al 含量为

49.4 at.%时,薄膜的晶格常数及晶粒尺寸最小,其最小值分别为 0.416 nm、34 nm。

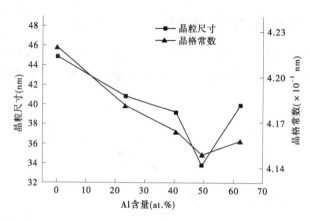

图 3-3　不同 Al 含量 Ti – Al – N 薄膜的晶格常数及晶粒尺寸

当薄膜中 Al 含量小于 49.4 at.%时,Ti – Al – N 薄膜为 Al 在 TiN 中的置换固溶体,Al 原子取代了 TiN 晶格中的部分 Ti 原子,由于 Al 的原子半径(0.143 nm)小于 Ti 的原子半径(0.146 nm),所以 Al 的固溶使得薄膜产生晶格畸变,晶格常数随着薄膜中 Al 含量的升高而逐渐减小。当 Al 含量为 62.3 at.%时,hcp – AlN 相的出现可能是此时薄膜晶格常数升高的原因。

为进一步分析不同 Al 含量 Ti – Al – N 薄膜微观结构,对薄膜进行了透射电镜测试。图 3-4 给出了不同 Al 含量 Ti – Al – N 截面透射电镜及其相应选区电子衍射花样照片。

从图 3-4(a)中可以看出,当薄膜中 Al 含量为 23.4 at.%时,Ti – Al – N 薄膜呈柱状晶生长,晶粒尺寸在 40 ~ 50 nm。图 3-4(b)给出的是 Al 含量为 23.4 at.%的 Ti – Al – N 薄膜选区电子衍射花样。从图中可以看出,该电子衍射花样为一套连续的衍射环,经计算可以得出,图中四条衍射环依次对应 fcc – TiN(111)、(200)、(220)及(311),表明薄膜为单一的面心立方结构。这与 XRD 图谱中的实验结果一致。图 3-4(c)是 Al 含量为 62.3 at.%的 Ti – Al – N 薄膜截面透射电镜照片。由图可知,薄膜呈柱状晶生长,晶粒尺寸约在 40 nm,其值比 Al 含量为 23.4 at.%的薄膜略小。图 3-4(d)给出的是 Al 含量为 62.3 at.%的 Ti – Al – N 薄膜选区电子衍射花样。经计算可知,图中六条衍射环依次对应为 hcp – AlN(100)、fcc – TiN(111)、fcc – TiN(200)、fcc – TiN(220)、hcp – AlN(004)及 fcc – TiN(311),这说明此时薄膜由 fcc – TiN 及 hcp – AlN 两相组成。

Ti – Al – N 薄膜的硬度随 Al 含量的变化如图 3-5 所示。从图中可以看出,二元 TiN 薄膜硬度为 21 GPa。三元 Ti – Al – N 薄膜硬度随 Al 含量的增大先升高后降低,当薄膜中 Al 含量为 49.4 at.%时,薄膜硬度最高,其最高值为 29 GPa。

当薄膜中 Al 含量在 23.4 at.% ~ 49.4 at.%时,细晶强化和固溶强化导致了薄膜硬度随着 Al 含量的升高逐渐增大;在与本书相同实验条件下制备的 AlN 薄膜硬度为 22 GPa,当 Al 含量大于 49.4 at.%时,hcp – AlN 的出现及晶粒粗化可能是薄膜硬度降低的原因。

图 3-6 给出了不同 Al 含量 Ti – Al – N 薄膜室温条件下的摩擦曲线。从图中可以看

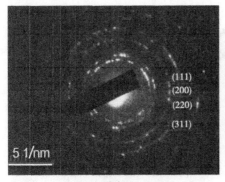
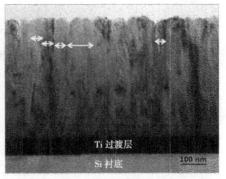

(a)Al 含量为 23.4 at.%　　　　　(b)Al 含量为 23.4 at.%

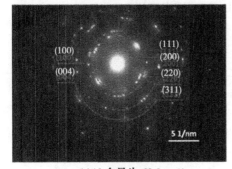
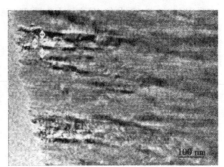

(c)Al 含量为 62.3 at.%　　　　　(d) Al 含量为 62.3 at.%

图 3-4　不同 Al 含量 Ti－Al－N 薄膜截面透射电镜及相应选区电子衍射照片

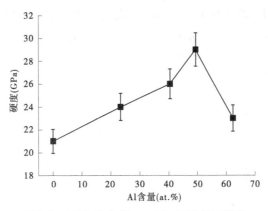

图 3-5　不同 Al 含量 Ti－Al－N 薄膜的硬度

出,每条摩擦曲线均存在跑合和稳定两个阶段。在稳定阶段,薄膜摩擦曲线随实验时间的波动不大。

图 3-7 给出了不同 Al 含量 Ti－Al－N 薄膜室温条件下的平均摩擦系数。从图中可以看出,随着薄膜中 Al 含量的升高,薄膜的平均摩擦系数先降低后升高,当薄膜中 Al 含量为 49.4 at.％时,薄膜平均摩擦系数最低,其最低值为 0.76。

图 3-8 是不同 Al 含量 Ti－Al－N 薄膜室温条件下的磨损率。从图中可以看出,随着

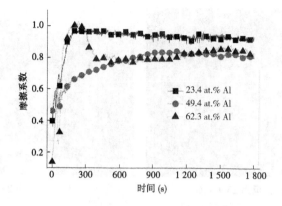

图 3-6　不同 Al 含量 Ti – Al – N 室温条件下的摩擦曲线

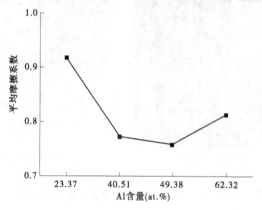

图 3-7　不同 Al 含量 Ti – Al – N 薄膜室温条件下平均摩擦系数

薄膜中 Al 含量的升高,薄膜室温条件下的磨损率先降低后升高,当 Al 含量为 49.4 at.%时,薄膜磨损率最低,其最低值为 8.4×10^{-8} mm³/(N·mm)。

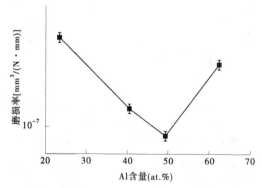

图 3-8　不同 Al 含量 Ti – Al – N 薄膜室温条件下的磨损率

　　Al 元素的引入能够改良薄膜摩擦磨损性能,这与文献报道的实验结果一致。当 Al 大于 49.4 at.%时,薄膜中 hcp – AlN 相的出现可能是此时薄膜平均摩擦系数及磨损率随 Al 含量的升高而升高的原因。

　　选取书中力学及室温摩擦磨损性能最优的 Ti – Al – N 薄膜(Al 含量为 49.4 at.%)研

究环境温度对薄膜摩擦磨损性能的影响。图 3-9 给出了不同环境温度条件下 Ti – Al – N 薄膜摩擦曲线。从图中可以看出,每条摩擦曲线均存在跑合阶段和稳定阶段,环境温度对薄膜摩擦系数的影响明显。

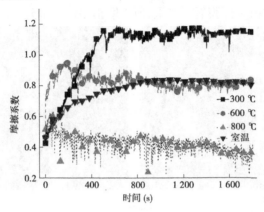

图 3-9　不同环境温度条件下 Ti – Al – N 薄膜摩擦曲线

取各环境温度中摩擦曲线稳定阶段数值计算的平均摩擦系数,其结果如图 3-10 所示。从图中可以看出,随着环境温度的升高,薄膜的平均摩擦系数先升高后降低,当环境温度为 300 ℃时,薄膜平均摩擦系数最高,其最高值为 1.05;当环境温度为 800 ℃,薄膜平均摩擦系数最低,其最低值为 0.52。

图 3-10 给出了不同环境温度条件下 Ti – Al – N 薄膜平均摩擦系数及磨损率。从图中可以看出,薄膜磨损率随着环境温度的升高逐渐增大,当环境温度为 800 ℃时,薄膜磨损率最大,其最大值为 5.3×10^{-6} mm³/(N·mm)。

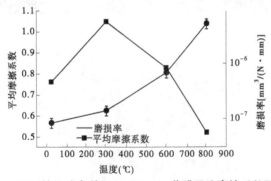

图 3-10　不同环境温度条件下 Ti – Al – N 薄膜平均摩擦系数及磨损率

为分析环境温度对 Ti – Al – N 薄膜摩擦性能的影响机理,摩擦实验后,对不同温度环境下 Ti – Al – N 薄膜磨痕表面进行 SEM 分析,其结果如图 3-11 所示。由图 3-11(a)可知,环境温度为 300 ℃时,薄膜磨痕处出现大量的裂痕,这说明在此环境温度下薄膜与摩擦副作用剧烈,薄膜失效严重。由图 3-11(b)可以看出,环境温度为 600 ℃时,较之温度环境为 300 ℃时,薄膜磨痕处存在大量裂痕,在此温度环境下薄膜发生了轻微的氧化,磨痕表面附着一层白色颗粒状硬质氧化铝,这种白色颗粒状硬质氧化铝层的出现,能够有效地降低摩擦过程中磨痕与摩擦副之间的相互作用,起到了降低摩擦系数的作用。然而硬

质氧化铝颗粒随摩擦副的移动不断地磨损磨痕,使得此时磨损率逐渐升高。从图 3-11
(c)可以看出,环境温度为 800 ℃时,由于在此温度下薄膜发生大规模的氧化,磨痕表面
大量出现的氧化物能够有效地润滑磨痕与摩擦副,降低两者之间的相互作用,进一步地降
低薄膜平均摩擦系数,由于薄膜氧化严重,所以磨损率进一步升高。

(a)300 ℃

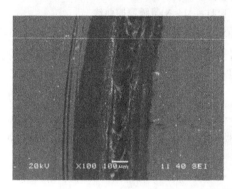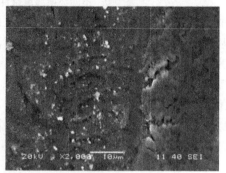

(b)600 ℃

(c)800 ℃

图 3-11　不同环境温度条件下 Ti－Al－N 薄膜磨痕 SEM 图

3.2　Mo – Al – N 薄膜

过渡族金属氮化物(TMN,其中 TM 为 Transition Metal,N 为 Nitride)作为一种硬质薄膜被广泛地应用在诸如切削刀具、铸造模具等一系列工业加工领域。现代加工制造业的飞速发展使得传统的材料难以满足其要求,亟须开发一系列兼具诸如力学性能、高温热稳定性能和摩擦磨损性能等更高优异性能的新型材料。这是摆在国内外学者和工程师面前的一个严峻的挑战。研究表明,由于不同种类的金属与金属元素复合后可能出现混合相,所以不同种类的金属元素相互复合制备成的三元或者三元以上复合膜能够体现出其各自所特有的优异性能。例如,由于 TiN 晶格中的部分 Ti 原子被 Al 原子所置换,三元 Ti – Al – N 复合膜比二元 TiN 薄膜体现出更为优异的力学性能。再者,三元 Ti – Al – N 复合膜在高温条件下能够在复合膜表层形成一层致密、稳定的 Al_2O_3 保护层,所以三元 Ti – Al – N 复合膜的高温抗氧化性能比二元 TiN 薄膜更为优异。Al 元素对过渡族金属氮化物薄膜相类似的影响在诸如 Cr – Al – N 等薄膜体系中也有所体现。

研究表明,在干切削环境下,像诸如 Cr 及 Mo 等ⅥB 族元素能够生成具有自润滑性能的 Magnéli 相,所以ⅥB 族的氮化物薄膜的摩擦磨损性能备受关注。在摩擦磨损实验过程中,Mo 能够与空气中的水汽或者氧发生复杂的化学反应,生成低剪切模量的 Magnéli 相、MoO_3 相,这种氧化相具有良好的减摩作用,能有效地缓解薄膜与摩擦副之间的相互作用,从而显著地提升薄膜的摩擦性能,使薄膜能够在极端的服役环境下连续使用。近年来,二元 Mo_2N 越来越引起国内外学者的关注。然而,在高温环境下,Mo_2N 薄膜所生成的氧化物呈层状结构,极易被热空气吹散,所以二元 Mo_2N 薄膜的高温抗氧化性能并不十分理想。二元 Mo_2N 薄膜的这些缺点限制了它在高性能刀具涂层领域中的工业化应用。目前,有关对二元 Mo_2N 薄膜高温抗氧化性能改良的报道并不多见,有研究表明,二元 Mo_2N 薄膜在诸如微观组织等方面和 TiN 薄膜极其相似。在二元 TiN 薄膜中引入 Al 元素能够明显地改良 TiN 薄膜的高温抗氧化性能。基于上述分析,Al 元素可能对二元 Mo_2N 薄膜的高温抗氧化性能具有一定的改良作用。然而,目前关于 Al 含量对三元 Mo – Al – N 薄膜微观结构、力学和高温抗氧化性能的影响的研究并不多见。关于 Al 含量对 Mo – Al – N 薄膜摩擦磨损性能的影响的研究更是鲜有涉及。所以,Al 对 Mo – Al – N 薄膜微观组织、力学性能、高温抗氧化性能和摩擦磨损性能的影响具有一定的研究价值。

本书中,采用射频磁控溅射制备一系列不同 Al 含量的 Mo – Al – N 薄膜。利用 X 射线衍射仪、透射电镜、扫描电镜、能谱仪、纳米压痕仪、热重分析仪和高温摩擦磨损实验机对薄膜的微观结构、成分、力学性能、高温抗氧化性能和摩擦磨损性能进行研究,并研究了 Mo – Al – N 薄膜高温摩擦磨损性能的影响机理。

3.2.1　Mo – Al – N 薄膜制备及表征

本部分 Mo – Al – N 薄膜制备过程中衬底选取、处理及制备方式与 2.1.1 相同。在沉积过程中,固定溅射气压为 0.3 Pa、Mo 靶功率为 200 W,氩氮比为 10:3。通过改变 Al 靶功率来获得一系列不同 Al 含量的 Mo – Al – N 薄膜。沉积 Mo – Al – N 膜之前,在衬底上预镀厚度约 200 nm 的 Mo 为过渡层。

本部分 XRD、SEM、EDS、TEM、纳米压痕以及摩擦磨损实验设备与 2.1.1 相同。采用 SDT - 2960 型 TG/DTA 测试系统测试薄膜的抗氧化性能。采用德国生产的 Bruker DEKT-AK - XT 型台阶仪测试衬底及薄膜的曲率半径，然后根据 Stoney 公式计算薄膜残余应力，计算公式为

$$\sigma = \frac{E}{1-\upsilon} \frac{t_s^2}{6t_f} \left(\frac{1}{R} - \frac{1}{R_s} \right) \tag{3-1}$$

式中　　E——衬底弹性模量，GPa，取 170 GPa；

　　　　υ——衬底泊松比，取 0.3；

　　　　t_s——衬底厚度，μm；

　　　　t_f——薄膜厚度，μm；

　　　　R——衬底曲率半径，μm；

　　　　R_s——薄膜曲率半径，μm。

3.2.2　Mo - Al - N 薄膜微结构及性能

表 3-1 给出了 Mo - Al - N 薄膜元素原子百分含量及薄膜厚度随 Al 靶功率的变化。由表 3-1 可知，二元 Mo_2N 薄膜中 Mo 与 N 元素原子百分含量分别为 64.7 at.%、35.3 at.%。随 Al 靶功率的升高，Mo - Al - N 薄膜中 Al 元素的含量呈线性升高趋势，Mo 含量相应降低。从表 3-1 还可以看出，随 Al 靶功率的升高，薄膜厚度逐渐增大。

表 3-1　不同 Al 靶功率下 Mo - Al - N 薄膜元素原子百分含量及薄膜厚度

Al 靶功率	原子百分含量(at.%)			薄膜厚度
	Mo	Al	N	（μm）
0	64.7 ± 3.2	0	35.3 ± 1.8	2.1 ± 0.1
30	60.0 ± 3.0	3.7 ± 0.2	36.3 ± 1.8	2.1 ± 0.1
40	59.7 ± 3.0	4.1 ± 0.2	36.2 ± 1.8	2.1 ± 0.1
50	54.1 ± 2.8	9.5 ± 0.5	36.4 ± 1.8	2.2 ± 0.1
90	48.3 ± 2.4	15.5 ± 0.8	36.5 ± 1.8	2.2 ± 0.1
130	44.0 ± 2.2	18.3 ± 0.9	37.7 ± 1.8	2.3 ± 0.1

不同 Al 含量 Mo - Al - N 薄膜 XRD 图谱如图 3-12 所示。从图中可以看出，二元 Mo_2N 薄膜在 37°、43° 及 63°附近出现了三个衍射峰，依次对应为面心立方（fcc）Mo_2N（111）、（200）、（220）。三元 Mo - Al - N 薄膜 XRD 图谱与二元 Mo_2N 薄膜相似，为 fcc 结构，具有（111）择优取向，图谱中并无铅锌矿结构的 AlN 衍射峰出现。另外，随 Al 含量的升高，Mo - Al - N薄膜衍射峰逐渐向大角度方向偏移。

根据图 3-12 中 XRD 数据计算不同 Al 含量 Mo - Al - N 薄膜晶格常数及晶粒尺寸，其结果如图 3-13 所示。由图 3-13 可以看出，二元 Mo_2N 薄膜晶格常数及晶粒尺寸分别为 0.418 nm、11 nm。对于三元 Mo - Al - N 薄膜，随 Al 含量的升高，薄膜晶格常数逐渐降

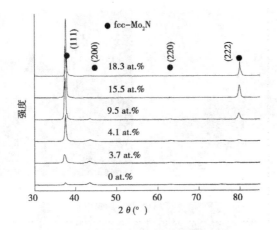

图 3-12　不同 Al 含量 Mo – Al – N 薄膜 XRD 图谱

低,晶粒尺寸逐渐增大。Mo – Al – N 薄膜主要为 Al 固溶在 Mo_2N 中的置换固溶体,其化学式可近似表示为 $(Mo_xAl_{1-x})_2N$。由于 Al 的原子半径小于 Mo 的原子半径,所以 Al 的固溶使得三元 Mo – Al – N 薄膜产生晶格畸变,薄膜晶格常数随 Al 含量的升高逐渐降低。

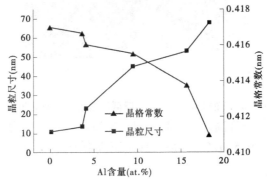

图 3-13　不同 Al 含量 Mo – Al – N 薄膜晶格常数及晶粒尺寸

为进一步分析 Mo – Al – N 薄膜微观结构,对 Mo – Al – N 薄膜进行了透射电镜测试。图 3-14 给出了 Al 含量为 9.5 at. % 的 Mo – Al – N 薄膜截面透射电镜及其相应的选区电子衍射照片。由图 3-14(a)可以看出,Mo – Al – N 薄膜呈柱状晶生长,晶粒尺寸为 40 ~ 50 nm,该结果与图 3-13 结果一致。图 3-14(b)是 Al 含量为 9.5 at. % 的 Mo – Al – N 薄膜选区电子衍射花样。从图中可以看出,该电子衍射花样为一套不连续的衍射环,经计算可以得出,图中四条衍射环依次对应为 fcc – Mo_2N(111)、(200)、(220)及(222),表明薄膜为单一的面心立方结构。图 3-14(c)是 Al 含量为 9.5 at. % 的 Mo – Al – N 薄膜高分辨透射电镜照片,从图中可以看出,视场中出现了间距为 0.243 1 nm,该晶格条纹为 fcc – Mo_2N(111)。

综上所述,Mo – Al – N 薄膜为 Al 在 Mo_2N 中的置换固溶体,呈 fcc 结构,随着薄膜中 Al 含量的升高,薄膜晶格常数逐渐降低,晶粒尺寸逐渐升高。

图 3-15 是不同 Al 含量 Mo – Al – N 薄膜残余压应力。从图中可以看出,不同 Al 含量 Mo – Al – N 薄膜残余应力状态均体现为压应力。二元 Mo_2N 薄膜残余压应力约为 – 1.0

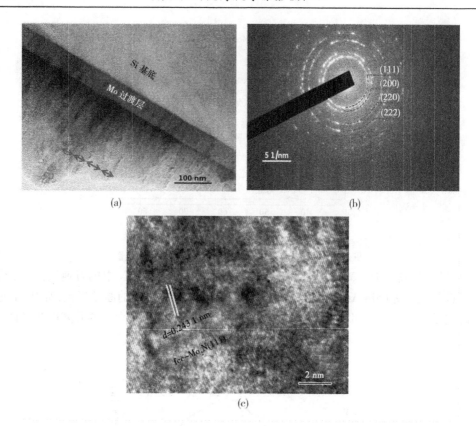

图3-14　Al含量为9.5 at.%的Mo－Al－N薄膜截面透射电镜及其相应的选区电子衍射照片

GPa。随薄膜中Al含量的升高,三元Mo－Al－N薄膜残余压应力先略有升高,后略有降低,当薄膜中Al含量为9.5 at.%时,薄膜残余压应力最大,其最大值为－1.4 GPa。

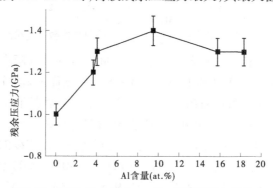

图3-15　不同Al含量Mo－Al－N薄膜残余压应力

残余应力由内应力和热应力构成。薄膜热应力由沉积薄膜时基底温度及热膨胀系数决定。在薄膜制备过程中,基底温度恒定为300 ℃。研究表明,Al元素在薄膜中的固溶使薄膜生成Al—N共价键。基底单晶Si的热膨胀系数为$2.7 \times 10^{-6}/℃$,Mo_2N的热膨胀系数为$6.2 \times 10^{-6}/℃$,AlN热膨胀系数为$4.2 \times 10^{-6}/℃$。因此,Al元素的引入使得Mo－Al－N薄膜的热膨胀系数变小。所以,随Al含量的升高,Mo－Al－N薄膜的热应力逐渐降低。薄膜内应力主要由薄膜中的缺陷造成。Al 元素的固溶使得 Mo – Al – N 薄膜发生晶格畸变,从而使薄膜内应力升高。另外,随薄膜中 Al 含量的升高,N 含量相应地升高,这说明随 Al 含量的升高,越来越多的 N 原子占据了晶格中间隙位置,所以 N 对薄膜内应力的升高亦起到了一定的作用。

综上,当 Al 含量在 0 ~ 9.5 at.％时,薄膜内应力的变化是残余应力随 Al 含量的升高略有升高的主要原因;当 Al 含量大于 9.5 at.％时,薄膜热应力的降低导致残余应力随 Al 含量的升高略有降低。

图 3-16 给出的是不同 Al 含量 Mo – Al – N 薄膜载荷—位移曲线。从图中可以看出,当最大载荷为 3 mN 时,压痕仪最大压入深度为 60 ~ 120 nm,均小于薄膜厚度的 10％,能够避免基底对薄膜硬度的影响。

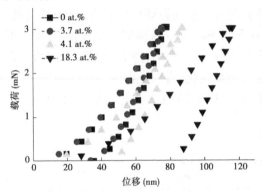

图 3-16　不同 Al 含量 Mo – Al – N 薄膜载荷—位移曲线

图 3-17 是不同 Al 含量 Mo – Al – N 薄膜硬度及弹性模量。从图中可以看出,二元 Mo_2N 薄膜的硬度和弹性模量分别为 26 GPa、401 GPa。三元 Mo – Al – N 薄膜硬度及弹性模量随着 Al 含量的升高先升高后降低,当薄膜中 Al 含量为 3.7 at.％时,Mo – Al – N 薄膜硬度及弹性模量最大,其最大值分别为 33 GPa、412 GPa。

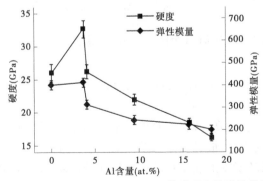

图 3-17　不同 Al 含量 Mo – Al – N 薄膜硬度及弹性模量

当薄膜中 Al 含量小于 3.7 at.％时,固溶强化和薄膜残余压应力的升高导致了 Mo – Al – N 薄膜硬度升高。当薄膜中 Al 含量大于 3.7 at.％时,晶粒粗化可能是薄膜硬度降低的原因。

　　弹性模量受材料化学成分、相结构及原子间距等诸多因素的影响。所以,金属元素的固溶能引起弹性模量的变化。Al元素的引入使Mo-Al-N薄膜发生晶格畸变,原子间距变小,从而使薄膜弹性模量增大。除此之外,弹性模量也受热应力的影响,较高的热应力往往导致薄膜具有较高的弹性模量。所以,当Al含量在0 at.%～3.7 at.%时,Al元素的固溶和较高的热应力共同作用使得薄膜弹性模量随Al含量的升高略有升高;当Al含量大于3.7 at.%时,薄膜热应力的降低抵消了Al元素固溶的影响,故此时随Al含量的升高,薄膜弹性模量逐渐降低。研究表明,Al的固溶使得Mo-Al-N薄膜生成Al—N共价键。为此,在相同制备工艺下制备了Al—N薄膜,其弹性模量为210 GPa。所以,此时弹性模量的下降也与薄膜中生成的Al—N共价键有关。另外,根据先前的研究成果,在Mo-Al-N薄膜体系中,硬度与弹性模量的变化趋势一致。这与本实验结果吻合。

　　过渡族金属氮化物薄膜经常在高温环境下服役,故而其抗氧化性能为其重要性能指标之一。为测试不同Al含量Mo-Al-N薄膜抗氧化性能,本书对其进行了差热分析,其TG和DTA曲线如图3-18所示。由图中可知,随测试温度的升高,薄膜相对质量基本保持恒定,对应DTA曲线无明显变化,说明此时无氧化反应发生,薄膜抗氧化性能良好;随后薄膜相对质量逐渐增大,对应DTA曲线出现吸热峰,说明此时有氧化反应发生。薄膜主要氧化反应可表述为:

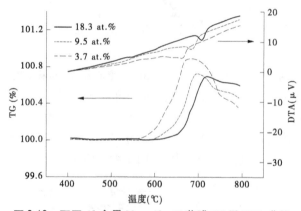

图3-18　不同Al含量Mo-Al-N薄膜TG及DTA曲线

$$Mo_2N + 2O_2 = 2MoO_2 + 1/2N_2 \tag{3-2}$$

$$MoO_2 + 1/2O_2 = MoO_3 \tag{3-3}$$

　　随测试温度的进一步升高,薄膜相对重量逐渐降低,对应DTA曲线无明显变化,此时薄膜发生大规模氧化反应,生成具有层状结构的MoO_3,MoO_3层与层之间仅靠微弱的范德华力相结合,易被测试环境中的热流吹散,所以此时薄膜相对重量随测试温度的升高逐渐降低。

　　图3-19为Al含量为9.5 at.%的Mo-Al-N薄膜不同退火温度下的拉曼光谱。从图中可以看出,Mo-Al-N薄膜在650 cm^{-1}、800 cm^{-1}及1 000 cm^{-1}附近出现了三个拉曼峰,对应物相为fcc-Mo_2N。当退火温度为450 ℃时,薄膜拉曼谱未出现氧化相拉曼峰。随着退火温度进一步升高至650 ℃,薄膜除在650 cm^{-1}、800 cm^{-1}及1 000 cm^{-1}附近出现

了对应物相为 fcc - Mo_2N 的三个拉曼峰外,在 425 cm^{-1}、837 cm^{-1}、995 cm^{-1} 附近出现了另外三个拉曼峰,对应物相为 MoO_3,说明此时薄膜发生了氧化。

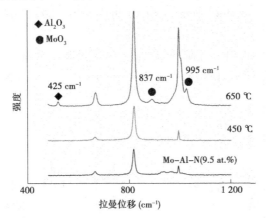

图 3-19　Al 含量为 9.5 at.% 的 Mo - Al - N 薄膜不同退火温度下拉曼光谱

研究表明,二元 Mo_2N 薄膜的氧化温度约在 450 ℃。结合上述分析可以看出,三元 Mo - Al - N 薄膜的高温抗氧化温度均高于二元 Mo_2N 薄膜,并且随薄膜中 Al 含量的升高,薄膜抗氧化温度逐渐升高。这是因为,薄膜的氧化其实质是薄膜中元素的选择性氧化。研究表明,薄膜中的 Al 原子在高温环境下有向薄膜表层扩散的趋势,所以随着温度的升高,薄膜中的元素出现了分层现象,薄膜的内层贫 Al 富 Mo,薄膜的外层贫 Mo 富 Al。Al 元素容易在空气中氧化,生成致密的 Al_2O_3,所以在 Mo - Al - N 薄膜表层有致密的 Al_2O_3 保护层存在,减缓了薄膜的氧化速率。随着薄膜中 Al 含量的升高,Mo - Al - N 薄膜表层致密的 Al_2O_3 保护层数量逐渐增加,所以薄膜高温抗氧化温度随薄膜中 Al 含量的升高而升高。

图 3-20 为不同 Al 含量 Mo - Al - N 薄膜室温条件下的摩擦曲线。由图可知,每条摩擦曲线均存在跑合和稳定两阶段。

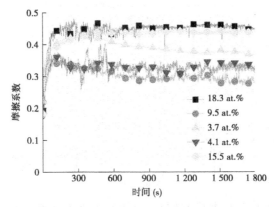

图 3-20　不同 Al 含量 Mo - Al - N 薄膜室温条件下的摩擦曲线

图 3-21 是不同 Al 含量 Mo - Al - N 薄膜室温条件下的磨痕 2D 形貌。从图中可以看出,当薄膜中 Al 含量在 3.7 at.% ～9.5 at.% 时,薄膜磨痕随 Al 含量的升高而逐渐变浅、

变窄；当薄膜中 Si 含量大于 9.5 at.% 时，薄膜磨痕随 Al 含量的升高而逐渐变深、变宽。

　　根据图 3-20 及图 3-21 中的实验数据计算不同 Al 含量 Mo－Al－N 薄膜的平均摩擦系数和磨损率，其结果如图 3-22 所示。从图中可以看出，二元 Mo_2N 薄膜的平均摩擦系数及磨损率分别为 0.43、2.8×10^{-6} $mm^3/(N \cdot mm)$。三元 Mo－Al－N 薄膜的平均摩擦系数及磨损率随着 Al 含量的升高先降低后升高，当薄膜中 Al 含量为 9.5 at.% 时，薄膜平均摩擦系数及磨损率最低，其最低值分别为 0.31、3.6×10^{-9} $mm^3/(N \cdot mm)$。

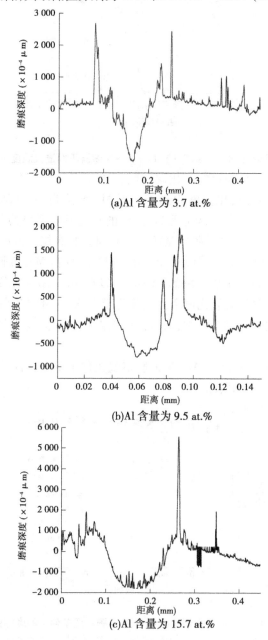

(a)Al 含量为 3.7 at.%

(b)Al 含量为 9.5 at.%

(c)Al 含量为 15.7 at.%

图 3-21　不同 Al 含量 Mo－Al－N 薄膜室温条件下的磨痕 2D 形貌

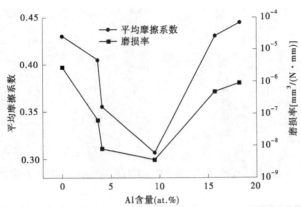

图 3-22　不同 Al 含量 Mo – Al – N 薄膜室温条件下的平均摩擦系数和磨损率

　　为研究 Al 含量对 Mo – Al – N 薄膜室温条件下的摩擦磨损性能的影响,摩擦磨损实验结束后,对不同 Al 含量 Mo – Al – N 薄膜磨痕表面进行了 SEM 表征,其相关结果如图 3-23 所示。从图 3-23(a)可以看出,当薄膜中 Al 含量为 3.7 at.% 时,Mo – Al – N 薄膜磨痕表面相对光洁,磨痕边界处存在明显的犁沟,磨痕处存在少量的裂纹。这说明此时磨痕表面与摩擦副之间的作用较为剧烈。由图 3-23(b)可知,当薄膜中 Al 含量升高至 9.5 at.% 时,Mo – Al – N 薄膜磨痕表面没有出现裂纹。随着 Al 含量的升高,摩擦副与磨痕表面的相互作用趋于缓和。随着薄膜中 Al 含量的进一步升高,从图 3-23(c)可以看出,当薄膜中 Al 含量为 15.7 at.% 时,Mo – Al – N 薄膜磨痕宽度变宽,磨痕表面出现了大量的裂纹。

　　摩擦实验过程中磨痕所产生的氧化相对过渡族金属氮化物的摩擦磨损性能有着显著的影响。为了便于比对,图 3-24 还给出了不同 Al 含量 Mo – Al – N 薄膜磨痕处的 XRD 图谱。从图 3-24(a)可以看出,当 Al 含量为 3.7 at.% 时,薄膜磨痕 XRD 图谱中除在 37.5° 附近出现一个对应物相为 fcc – Mo_2N 的衍射峰外,还在 35.8° 及 39.5° 附近出现了两个对应物相为 MoO_3 的衍射峰。在摩擦实验中,由于摩擦副与磨痕之间的相互作用,薄膜中的 Mo 与空气中的氧或水汽发生反应,生成了 MoO_3。由图 3-24(b)可知,当薄膜中 Al 含量升高至 9.5 at.% 时,薄膜磨痕 XRD 图谱中也出现了 MoO_3 的衍射峰,然而 MoO_3 衍射峰的数量比图 3-24(a)中的有所减少,且强度比图 3-24(a)中的有所降低。这说明随着 Al 含量的升高,薄膜磨痕中的 MoO_3 相对含量有所降低,随着薄膜中 Al 含量的进一步升高,从图 3-24(c)可以看出,当薄膜中 Al 含量为 15.7 at.% 时,Mo – Al – N 薄膜磨痕 XRD 图谱没有对应物相为 MoO_3 的衍射峰出现,说明此时薄膜磨痕中没有出现氧化相。这与 Al 元素的引入能够提升 Mo – Al – N 薄膜抗氧化性能有关。

　　由图 3-23 可以看出,摩擦磨损实验过程中,由于摩擦副与磨痕之间的相互作用,磨痕表面产生一定程度的变形,从而影响磨痕表面的力学性能。所以,磨痕表面的力学性能与沉积态的力学性能可能有所差异。在薄膜磨痕中心的光洁区域,利用纳米压痕仪测试了不同 Al 含量的 Mo – Al – N 磨痕不同深度处的力学性能。图 3-25 为多步加载过程中,加载次数与压痕深度及加载次数与载荷之间的关系。由图可以看出,通过 40 次的加载—卸载,测量了不同深度处的磨痕硬度及模量。其测试结果如图 3-26 所示。

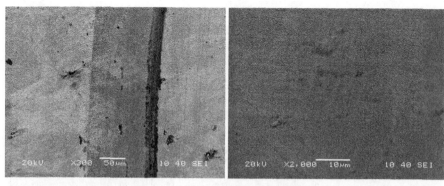

(a) Al 含量为 3.7 at.%

(b) Al 含量为 9.5 at.%

(c) Al 含量为 15.7 at.%

图 3-23　不同 Al 含量 Mo – Al – N 薄膜磨痕 SEM 图

图 3-26 给出了不同 Al 含量 Mo – Al – N 薄膜及磨痕不同深度处的硬度。从图中可以看出，不同 Al 含量 Mo – Al – N 薄膜的磨痕表层区域硬度均略高于沉积态硬度，说明 Mo – Al – N薄膜磨痕表层区域均存在不同程度的塑性变形。Mo – Al – N 薄膜磨痕塑性变形深度随着薄膜中 Al 含量的升高先变浅后变深，当薄膜中 Al 含量为 9.5 at.% 时，Mo – Al – N 薄膜磨痕塑性变形深度最浅，其最浅值约为 180 nm。

H/E 是表征薄膜摩擦磨损性能的重要指标。具有较高 H/E 的过渡族金属氮化物薄膜往往体现出相对优异的摩擦磨损性能。从图 3-26 可以看出，不同 Al 含量 Mo – Al – N 薄膜磨痕表层均存在不同深度的硬度增强区域。为表征薄膜摩擦磨损实验过程中，Mo –

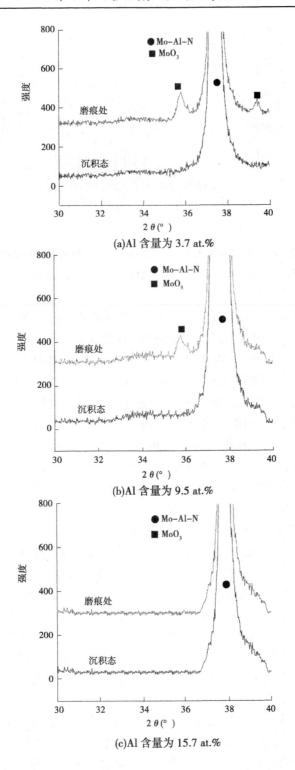

图 3-24　不同 Al 含量 Mo－Al－N 薄膜磨痕 XRD 图谱

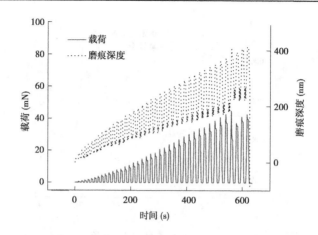

图 3-25　Al 含量为 3.7 at.% 的 Mo – Al – N 薄膜多步加载曲线

Al – N 薄膜磨痕实际服役时的 H/E，图 3-27 给出了不同 Al 含量 Mo – Al – N 薄膜磨痕中心光洁区域中不同深度的 H/E。从图中可以看出，不同 Al 含量 Mo – Al – N 薄膜的磨痕表层区域 H/E 均略高于沉积态 H/E 值。并且，随着薄膜中 Al 含量的升高，Mo – Al – N 薄膜磨痕表层区域 H/E 先升高后降低，当薄膜中 Al 含量为 9.5 at.% 时，薄膜 H/E 最高。

MoO_3 的滑移面较多，使得 MoO_3 易发生滑移变形，所以 MoO_3 能够有效地缓和薄膜和摩擦副的相互作用，起到固体润滑作用。然而 MoO_3 相在宏观上以层状方式堆砌，层与层之间仅靠范德华力结合在一起，极具扩散性能，在摩擦磨损过程中易于被摩擦副磨损，所以 MoO_3 虽然减磨，但并不耐磨。结合以上分析，当薄膜中 Al 含量在 3.7 at.% ~ 9.5 at.% 时，薄膜磨痕处存在润滑氧化物 MoO_3。此时薄膜的硬度相对较高。较高硬度的薄膜单位面积上的负载能力较强，所以此时薄膜磨痕相对较窄。随 Al 含量的升高，薄膜磨痕处 H/E 逐渐增大，塑性变形深度逐渐变浅，磨痕裂纹逐渐地消失，使得此时薄膜平均摩擦系数与磨损率逐渐降低。随着薄膜中 Al 含量的进一步升高，磨痕处润滑氧化物 MoO_3 相消失，硬度及磨痕处 H/E 逐渐降低，导致了薄膜平均摩擦系数与磨损率逐渐升高。

选取室温摩擦磨损性能最优的 Mo – Al – N 薄膜对其进行高温摩擦磨损实验，研究环境温度对 Mo – Al – N 薄膜摩擦磨损性能的影响。图 3-28 给出了 Al 含量为 9.5 at.% 时 Mo – Al – N 薄膜在不同环境温度条件下的平均摩擦系数及磨损率。从图中可以看出，环境温度对 Mo – Al – N 薄膜摩擦磨损性能的影响显著。当环境温度小于 300 ℃时，随着环境温度的升高，Mo – Al – N 薄膜平均摩擦系数先急剧升高至 0.54，随后薄膜平均摩擦系数随着环境温度的变化逐渐趋于稳定。Mo – Al – N 薄膜磨损率随着环境温度的升高逐渐增大，当环境温度为 600 ℃时，薄膜磨损率最大，其最大值为 2.1×10^{-6} $mm^3/$（$N \cdot mm$）。

当环境温度在 25 ~ 300 ℃时，随着环境温度的升高，薄膜表面吸附的润滑介质逐渐被蒸发、变性，失去了润滑作用，加之 Al 元素的引入提升了薄膜的热稳定性能，磨痕表面润滑氧化相不足以起到润滑作用，所以磨痕与摩擦副之间的相互作用随着环境温度的升高逐渐地趋于剧烈，薄膜平均摩擦系数急剧升高，磨损率逐渐增大；随着环境温度的进一步升高，薄膜表面吸附的润滑介质在此温度范围内被消耗殆尽。薄膜平均摩擦系数逐渐地

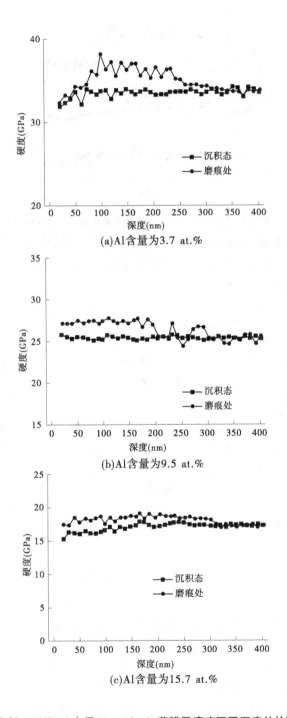

(a)Al 含量为3.7 at.%

(b)Al含量为9.5 at.%

(c)Al含量为15.7 at.%

图 3-26 不同 Al 含量 Mo – Al – N 薄膜及磨痕不同深度处的硬度

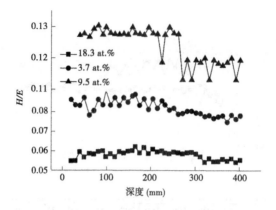

图 3-27　不同 Al 含量 Mo – Al – N 薄膜以及磨痕不同深度处的 H/E 值

趋于稳定。摩擦副与磨痕表面之间的剧烈作用使得磨痕部分区域温度瞬时升高,达到了薄膜的氧化温度,有氧化铝和氧化钼等氧化相出现。硬质氧化铝随着摩擦副的滑动切削磨痕表层,使得薄膜的磨损率进一步增大。

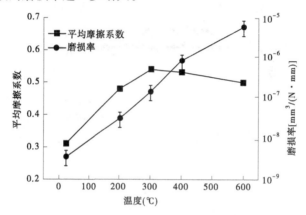

图 3-28　Al 含量为 9.5 at.％ 时 Mo – Al – N 薄膜在不同环境温度下的平均摩擦系数及磨损率

3.3　Nb – Al – N 薄膜

　　过渡族金属氮化物(TMeN)作为一种硬质薄膜被广泛地应用在诸如切削刀具、铸造模具等一系列工业加工领域。由于具有优异的物理性能,NbN 薄膜在微电子、传感器及超导电子学等领域体现出了广阔的应用前景。像诸多过渡族金属氮化物薄膜一样,NbN薄膜也体现出较高的硬度和良好的摩擦磨损性能。另外,NbN 薄膜热膨胀系数与硬质合金的热膨胀系数相近,所以在硬质合金衬底上制备出的 NbN 薄膜具有理想的膜基结合力。

　　随着现代加工制造业的发展,传统的二元 NbN 薄膜不能完全胜任。因此,如何提升材料综合性能是摆在科学家和工程师面前的一个挑战。不同的金属和金属元素复合而成的三元、多元复合膜和多层膜能够体现出各自的优异性能。因为这些金属与金属元素复合后能够形成混合相,导致了薄膜性能的改良。例如,Cr - Al - N 复合膜中,因为 TiN 相中的部分 Ti 原子被 Al 原子所置换,导致了薄膜表现出更好的机械性能(高硬度和高耐磨性),由于在高温下,Ti - Al - N 复合膜表面形成了一层稳定、致密的 Al_2O_3 薄膜,其热稳定性也大幅提升。通过上述分析,有理由相信,在一定程度上,Al 能够改良 NbN 薄膜的力学及摩擦磨损性能。所以,Al 对 Nb - Al - N 薄膜微观结构、力学及摩擦磨损性能的影响具有一定的研究价值。

本书采用射频磁控溅射法制备一系列不同 Al 含量的 Nb - Al - N 薄膜,利用 X 射线衍射仪、扫描电镜、能谱仪、纳米压痕仪和摩擦磨损实验机对薄膜的相结构、形貌、成分、力学性能和摩擦磨损性能进行研究。

3.3.1　Nb - Al - N 薄膜制备及表征

本部分 Nb - Al - N 薄膜制备过程中衬底选取、处理及制备方式与 2.1.1 相同。在沉积过程中,固定溅射气压为 0.3 Pa、Nb 靶功率为 200 W,氩氮比为 10:5。通过改变 Al 靶功率来获得一系列不同 Al 含量的 Nb - Al - N 薄膜。沉积 Nb - Al - N 膜之前,在衬底上预镀厚度约 200 nm 的 Nb 为过渡层。

本部分 XRD、SEM、EDS、TEM、纳米压痕以及摩擦磨损实验设备与 2.1.1 相同。

3.3.2　Nb - Al - N 薄膜微结构及性能

图 3-29 给出了不同 Al 含量[Al/(Nb + Al),at. %,下同]的 Nb - Al - N 薄膜 XRD 图谱。从图中可以看出,二元 NbN 薄膜在 36°、39°、41° 及 59° 附近出现了四个衍射峰,依次对应为面心立方(fcc)NbN(PDF 38 - 1155)(200)、密排六方(hcp)NbN(PDF 14 - 0547)(200)、fcc - NbN(200)及 fcc - NbN(220)。薄膜由 fcc - NbN 及 hcp - NbN 两相构成。对于三元 Nb - Al - N 薄膜,当薄膜中 Al 含量在 14.7 at. % ~ 43.5 at. % 时,薄膜 XRD 图谱中均出现了与二元 NbN 薄膜相近的四个衍射峰,图谱中无 AlN 等衍射峰出现,表明 Nb - Al - N 薄膜为两相共存,即 fcc - NbN + hcp - NbN。当薄膜中 Al 含量大于 43.5 at. % 时,Nb - Al - N 薄膜 XRD 图谱中除出现四个依次对应为 fcc - NbN(111)、hcp - NbN(101)、fcc - NbN(200)及 fcc - NbN(220)的衍射峰外,还出现了对应物相为 hcp - AlN(100)的衍射峰,表明此时薄膜由 fcc - NbN、hcp - AlN 及 hcp - NbN 三相构成。从图 3-29 中还可以看出,随着薄膜中 Al 含量的升高,Nb - Al - N 薄膜衍射峰逐渐向大角度方向偏移。

为进一步分析薄膜中 Al 的存在形式,根据图 3-29 中的数据,计算了不同 Al 含量 Nb - Al - N 薄膜中 fcc - Nb - Al - N 相的晶格常数,其结果如图 3-30 所示。从图中可以看出,二元 fcc - NbN 的晶格常数为 0.439 nm。随着薄膜中 Al 含量的升高,fcc - Nb - Al - N 晶格常数逐渐地降低。

当薄膜中 Al 含量在 14.7 at. % ~ 43.5 at. % 时,薄膜主要为 Al 固溶在 NbN 中的置换固溶体。由于 Al 的原子半径小于 Nb 的原子半径,所以 Al 的固溶使得 Nb - Al - N 薄膜产生晶格畸变,薄膜晶格常数随 Al 含量的升高逐渐降低。当薄膜中 Al 含量大于 43.5 at. % 时,Al 的固溶不足以消耗所有沉积到薄膜中的 Al,所以薄膜中出现了 hcp - AlN 相,

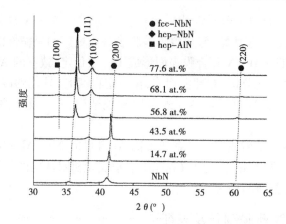

图 3-29　不同 Al 含量的 Nb – Al – N 薄膜 XRD 图谱

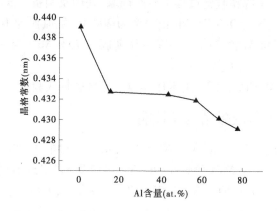

图 3-30　不同 Al 含量的 Nb – Al – N 薄膜中 fcc – Nb – Al – N 的晶格常数

并且此时 Nb – Al – N 薄膜晶格常数进一步下降。

　　图 3-31 给出了不同 Al 含量 Nb – Al – N 薄膜晶粒尺寸。由图可知,二元 NbN 薄膜中 fcc – NbN 及 hcp – NbN 的晶粒尺寸分别为 26 nm、14 nm。当薄膜中 Al 含量在 14.7 at.% ~ 43.5 at.% 时,随 Al 含量的升高,薄膜中 fcc – NbN 的晶粒尺寸逐渐增大,hcp – NbN 的晶粒尺寸基本保持不变;随着薄膜中 Al 含量的进一步升高,薄膜中出现了 hcp – AlN 相,阻碍了 NbN 薄膜晶粒的长大。随着薄膜中 Al 含量的升高,fcc – NbN 晶粒尺寸逐渐降低,hcp – AlN 晶粒尺寸逐渐增大。

　　图 3-32 给出的是不同 Al 含量 Nb – Al – N 薄膜硬度及弹性模量。从图中可知,二元 NbN 薄膜的硬度及弹性模量分别为 29 GPa、326 GPa。三元 Nb – Al – N 薄膜硬度随着薄膜中 Al 含量的升高先增大后减小,当薄膜中 Al 含量为 43.5 at.% 时,薄膜硬度最高,其最高值为 36 GPa。Nb – Al – N 薄膜弹性模量随 Al 含量的变化趋势与其硬度变化趋势相似,当 Al 含量为 56.8 at.% 时,薄膜弹性模量最大,其最大值为 351 GPa。

　　当薄膜中 Al 含量在 14.7 at.% ~ 43.5 at.% 时,固溶强化和细晶强化是薄膜硬度升高的原因;本实验条件下沉积的二元 AlN 薄膜硬度约为 19 GPa。所以,当 Al 含量大于 43.5 at.% 时,hcp – AlN 相的出现是此时薄膜硬度下降的原因。

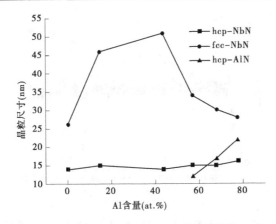

图 3-31　不同 Al 含量 Nb – Al – N 薄膜晶粒尺寸

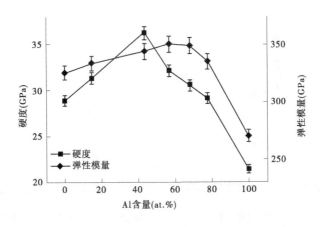

图 3-32　不同 Al 含量 Nb – Al – N 薄膜硬度及弹性模量

　　研究表明,在过渡族金属氮化物薄膜中,金属元素的固溶能够影响弹性模量的变化。Al 元素的引入使 Nb – Al – N 薄膜发生晶格畸变,原子间距变小,从而使得薄膜弹性模量逐渐增大。弹性模量也受相结构的影响。当薄膜中 Al 含量大于 43.5 at.% 时,Nb – Al – N 薄膜中出现了 hcp – AlN 相。为此,在相同制备工艺下制备了 AlN 薄膜,其弹性模量为 180 GPa。综上,当薄膜中 Al 含量在 14.7 at.% ~ 43.5 at.% 时,Al 元素的固溶使得薄膜弹性模量随 Al 含量的升高略有升高;当薄膜中 Al 含量为 56.8 at.% 时,hcp – AlN 相的出现不足以抵消 Al 固溶所引起的弹性模量的升高,所以此时薄膜弹性模量较前者略有升高;随着 Al 含量的进一步升高,hcp – AlN 相的增多是此时薄膜弹性模量降低的原因。

　　图 3-33 给出了不同 Al 含量的 Nb – Al – N 薄膜室温条件下的摩擦曲线。从图中可以看出,每条摩擦曲线均存在跑合阶段和稳定阶段。

　　图 3-34 给出了不同 Al 含量的 Nb – Al – N 薄膜室温条件下的平均摩擦系数。从图中可以看出,二元 NbN 薄膜的平均摩擦系数为 0.68。随着薄膜中 Al 含量的升高,三元 Nb – Al – N 薄膜平均摩擦系数先降低后升高,当薄膜中 Al 含量为 43.5 at.% 时,薄膜平均摩擦系数最低,其最低值为 0.66。

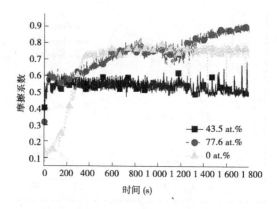

图 3-33 不同 Al 含量的 Nb – Al – N 薄膜室温条件下的摩擦曲线

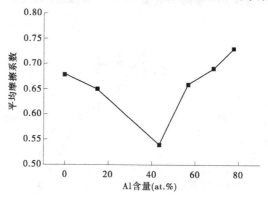

图 3-34 不同 Al 含量的 Nb – Al – N 薄膜室温条件下的平均摩擦系数

图 3-35 给出了不同 Al 含量的 Nb – Al – N 薄膜室温条件下的磨损率。从图中可以看出,二元 NbN 薄膜的磨损率为 6.7×10^{-7} mm³/(mm · N)。三元 Nb – Al – N 薄膜磨损率随着薄膜中 Al 含量的升高先降低后升高,当薄膜中 Al 含量为 43.5 at.% 时,薄膜磨损率最低,其最低值为 9.3×10^{-8} mm³/(mm · N)。

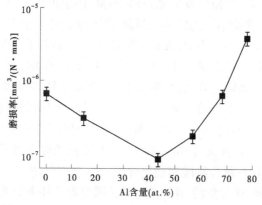

图 3-35 不同 Al 含量的 Nb – Al – N 薄膜室温条件下的磨损率

　　为研究 Al 含量对 Nb－Al－N 薄膜室温摩擦磨损性能的影响,摩擦实验后,对其磨痕进行了 SEM 表征。图 3-36 给出了不同 Al 含量 Nb－Al－N 薄膜室温条件下的磨痕表面 SEM 照片。从图 3-36(a)可以看出,Al 含量为 14.7 at.%时,Nb－Al－N 薄膜磨痕表面出现了明显的裂纹,说明此时摩擦副与磨痕表面的作用剧烈,从而使磨痕开裂。当薄膜中 Al 含量升高至 43.5 at.%时,从图 3-36(b)中可以看出,Nb－Al－N 薄膜磨痕表面裂纹数量明显地减少。随着薄膜中 Al 含量的进一步升高,从图 3-36(c)中可以看出,当薄膜中 Al 含量为 77.6 at.%时,Nb－Al－N 薄膜磨痕表面裂纹数量增多,并且在磨痕处存在明显的犁沟,说明此时薄膜磨损严重。

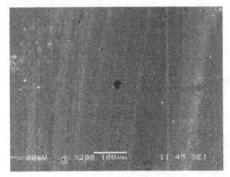

(a)Al 含量为 14.7 at.%

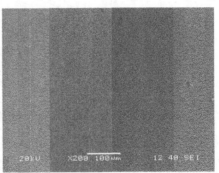

(b)Al 含量为 43.5 at.%

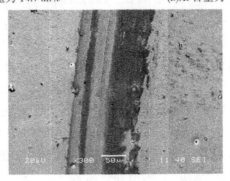

(c)Al 含量为 77.6 at.%

图 3-36　不同 Al 含量 Nb－Al－N 薄膜室温条件下的磨痕表面 SEM 照片

　　研究表明,Al 元素的引入可以在一定程度上使磨痕表面与摩擦副之间的相互作用趋于缓和,从而达到减少裂纹,降低平均摩擦系数及磨损率的作用。所以,当薄膜中 Al 含量在 14.7 at.%～43.5 at.%时,薄膜平均摩擦系数及磨损率随着 Al 含量的升高逐渐降低;随着薄膜中 Al 含量的进一步升高,hcp－AlN 相的出现可能是此时平均摩擦系数及磨损率升高的原因。

　　选取具有最低室温摩擦系数和磨损率的 Nb－Al－N 薄膜(铝含量为 22.3 at.%),研究其高温摩擦磨损性能。图 3-37 给出了不同温度下铝含量为 22.3 at.%的 Nb－Al－N 薄膜的摩擦系数曲线和摩擦系数。由图可知,环境温度会影响摩擦系数曲线和摩擦系数。从室温加热至 200 ℃时,摩擦系数相对较低,约为 0.57。在 200～500 ℃,摩擦系数随实验时间的变化趋势逐渐增大。当实验温度进一步升高到700 ℃时,摩擦系数随实验时间的变化仍然存在,但摩擦系数有所下降。当温度从700 ℃增加到800 ℃时,可获得恒定摩擦系数,约为0.50。

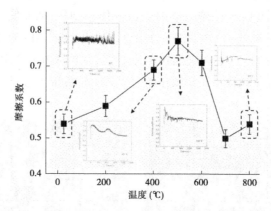

图3-37　不同温度下铝含量为22.3 at.%的Nb-Al-N薄膜的摩擦系数曲线和摩擦系数

除摩擦性能外,过渡族金属氮化物薄膜的另一本质特征是其抗磨损的能力。为了研究含铝量22.3 at.%的Nb-Al-N薄膜的磨损性能,图3-38显示了不同实验温度下磨痕的二维和三维形貌。如图3-38(a)所示,在室温的磨损实验之后,在磨损轨道表面上出现可见的划痕,在磨损轨道中心附近区域检测到大量的磨损碎片,表明在磨损过程中在薄膜和摩擦副之间形成了第三相。磨损轨迹的宽度为300 μm,深度为2 μm。从图3-38(b)可以看出,实验温度升高到200 ℃左右,黏着磨损碎片在磨损轨迹中消失,但存在少量划痕。与图3-38(b)中的磨痕相比,图3-38(a)中的磨痕显得更粗糙,磨痕宽度为300 μm,深度为0.2 μm。当实验温度提高到500 ℃[见图3-38(c)]时,磨痕两侧出现黏结状碎屑,其粗糙表面与室温时相似,磨痕的宽度为400 μm,深度为2 μm。如图3-38(d)~(f)所示,当实验温度进一步升高时,磨损性能得到了显著改善。当实验温度在600 ℃以上时,磨痕宽度大约为800 μm。磨损实验后,所有磨损轨迹的表面高度均高于沉积的薄膜的表面高度,且在此期间,出现了磨痕的磨损区域重建现象。

表3-2为不同温度下铝含量为22.3 at.%的Nb-Al-N薄膜的磨损率。由表3-2可知,当环境温度由室温升高至200 ℃时,磨损率逐渐由9.3×10^{-8} mm³/(N·mm)降低至6.7×10^{-9} mm³/(N·mm)。随着环境温度进一步升高至400 ℃,磨损率逐渐上升至1.4×10^{-7} mm³/(N·mm)。而当环境温度大于400 ℃时,磨损率数值由正变负,且随环境温度的升高而逐渐增大。

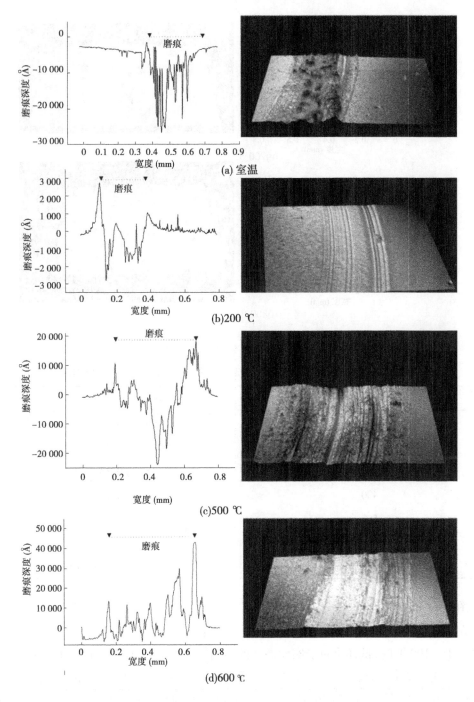

图 3-38　在不同实验温度下磨痕的二维和三维形貌

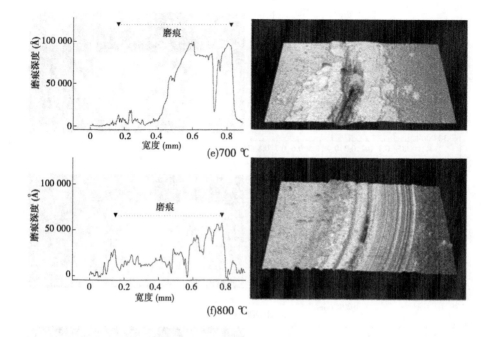

续图 3-38

表 3-2　不同温度下的铝含量为 22.3 at.% 的 Nb–Al–N 薄膜的磨损率

测试温度(℃)	磨损率$[mm^3/(N·mm)]$
室温	$(9.3 \pm 0.5) \times 10^{-8}$
200	$(6.7 \pm 0.3) \times 10^{-9}$
300	$(5.8 \pm 0.3) \times 10^{-8}$
400	$(1.4 \pm 0.1) \times 10^{-7}$
500	$-(3.7 \pm 0.2) \times 10^{-6}$
600	$-(7.2 \pm 0.3) \times 10^{-6}$
700	$-(9.4 \pm 0.5) \times 10^{-6}$

图 3-39(a)为铝含量为 22.3 at.% 的 Nb–Al–N 薄膜的 TG 曲线。图 3-39(b)给出了薄膜在 400 ℃、800 ℃、1 100 ℃和 1 200 ℃时退火态 XRD 图谱。从图中可以看出,当实验温度低于 1 100 ℃时,试样重量受实验温度的影响较小,而当实验温度高于 1 100 ℃时,试样重量呈线性增加。样品在高温下增加的重量与氧化反应有关,薄膜的抗氧化温度为 1 100 ℃。从 XRD 结果[图 3-39(b)]可知,在 400 ℃和 800 ℃退火后,薄膜的物相没有变化,当测试温度高于 1 100 ℃时,出现与 Nb_2O_5、斜方 Al_2O_3(刚玉)和立方 Al_2O_3 对应的衍射峰。

过渡族金属氮化物在无润滑滑动磨损实验中摩擦化学反应现象普遍存在。为研究高温摩擦磨损实验后的元素再分布,表 3-3 给出了在不同实验温度下磨痕和未磨损表面的

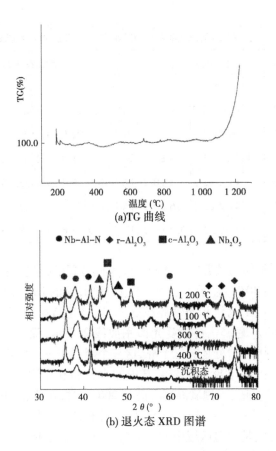

(a)TG 曲线

(b) 退火态 XRD 图谱

图 3-39　铝含量为 22.3 at.% 的 Nb-Al-N 薄膜的 TG 曲线及薄膜
在 400 ℃、800 ℃、1 100 ℃和 1 200 ℃时退火态 XRD 图谱

元素组成。如表 3-3 所示,未磨损区域中的 Nb 和 Al 含量与测试温度无关,其值分别保持在 29 at.% 和 22 at.%。然而,在 800 ℃时,未磨损表面的氧含量从 2.1 at.% 略微增加到 3.9 at.%,相应的氮含量从室温时的 46.6 at.% 下降到 800 ℃时的 45.6 at.%。薄膜在铝含量为 22.3 at.% 时的抗氧化温度为 1 100 ℃,表面吸附和测量误差可能导致氧含量的增加。此外,铝原子在高温下与空气中的氧气反应而扩散到表面形成致密的非晶态 Al_2O_3。由于 Al_2O_3 膜结构致密,其表面形貌被认为是提高其抗氧化温度的主要原因,因此这也可以归因于未磨损区域中氧含量的轻微增加。然而,无论实验温度如何,未磨损区域中的氧含量均低于 5 at.%,可以忽略不计。所以,未磨损区域的化学成分几乎可以被看作是薄膜的化学成分。实验温度对磨痕区域的化学成分有显著影响。无论测试温度如何,在磨痕上都检测到了可能来自摩擦副的 Si,其值在 0.2 at.% ~ 1.3 at.%。磨痕上的氧含量随实验温度的升高先由室温时的 5.7 at.% 下降到 200 ℃时的 3.1 at.%,然后逐渐增加到 30.7 at.%。当测试温度从室温升高到 500 ℃时,Al 和 N 的含量都与测试温度无关,其值与沉积的薄膜相似。然而,实验温度的进一步升高会导致 Al 含量的增加和与之相对应的 N 含量的下降,这表明 500 ℃以上的实验温度导致铝扩散到磨损轨道表面,并形成一定量

的氧化物基摩擦相。

表3-3　在不同测试温度下的磨痕和未磨表面的元素组成

实验温度(℃)	未磨表面的化学成分				磨痕表面的化学成分				
	Nb	Al	N	O	Nb	Al	N	O	Si
室温	29.0 ±1.5	22.3 ±1.1	46.6 ±2.3	2.1 ±0.1	28.2 ±1.4	22.1 ±1.1	43.8 ±2.2	5.7 ±0.3	0.2 ±0.1
200	29.2 ±1.4	22.2 ±1.1	46.3 ±2.3	2.3 ±0.1	26.7 ±1.3	22.9 ±1.1	46.5 ±2.3	3.1 ±0.2	0.8 ±0.1
500	28.8 ±1.4	22.1 ±1.1	45.7 ±2.3	3.4 ±0.2	24.7 ±1.2	21.8 ±1.1	44.6 ±2.2	8.4 ±0.3	0.5 ±0.1
600	28.2 ±1.4	21.8 ±1.1	46.2 ±2.3	3.8 ±0.2	17.5 ±0.9	25.3 ±1.1	35.1 ±1.9	20.9 ±1.0	1.2 ±0.1
700	28.4 ±1.4	22.1 ±1.1	45.9 ±2.3	3.6 ±0.2	17.7 ±0.9	27.4 ±1.1	27.2 ±1.7	26.9 ±1.2	0.8 ±0.1
800	28.6 ±1.4	21.9 ±1.1	45.6 ±2.3	3.9 ±0.2	17.5 ±0.9	30.6 ±1.1	18.9 ±1.4	30.7 ±1.5	1.3 ±0.1

图3-40 显示了在不同测试温度下薄膜磨痕不同位置的拉曼光谱,以研究摩擦磨损实验后的化学反应。图3-40(a)显示了铝含量为 22.3 at.% 的 Nb - Al - N 薄膜在室温磨损实验后的拉曼光谱,曲线 1 为沉积态薄膜拉曼光谱,该光谱在约 220 cm^{-1} 和 645 cm^{-1} 处有两个峰,对应于 NbN。磨损轨迹拉曼光谱用曲线 2 表示,除 NbN 的两个峰外,约 835 cm^{-1}、870 cm^{-1} 和 1 160 cm^{-1} 处还有三个峰,这三个峰属于 γ - Al_2O_3 和 Nb_2O_5。在摩擦磨损实验中,薄膜在复杂的化学反应中与空气中的水分相互作用,形成上述摩擦相。根据图3-40(b)所示的拉曼光谱,当测试温度升高到 200 ℃ 时,在薄膜和磨痕区没有检测到与 Nb_2O_5 或 Al_2O_3 相对应的峰。γ - Al_2O_3 和 Nb_2O_5 摩擦相的缺乏使磨损轨迹平滑而窄。在这个阶段,唯一的环境变化是实验区域中的水分含量比室温时少。在这个温度下没有水分可能导致没摩擦化学反应发生。图3-40(c)为在 500 ℃ 的温度下,在不同位置的磨痕图像和拉曼光谱。测试温度的增加明显导致磨痕上的划痕更加显著。曲线 1 为沉积薄膜的拉曼光谱,在 500 ℃ 下仍可观察到与 NbN 对应的两个峰,没有出现属于氧化物的其他峰,表明该薄膜在 500 ℃ 下具有良好的热稳定性。曲线 2 是磨痕的拉曼光谱,除 220 cm^{-1} 处的 NbN 峰外,还有 4 个属于 γ - Al_2O_3 的在 315 cm^{-1}、450 cm^{-1}、835 cm^{-1} 和 1 360 cm^{-1} 处可见的拉曼峰,1 个属于 Nb_2O_5 的在 690 cm^{-1} 处可见的拉曼峰。虽然测试温度低于薄膜的氧化温度,但是在摩擦磨损实验过程中由表面的凸起物与摩擦副之间的相互作用产生的摩擦热会造成磨痕中的氧化反应。磨痕的拉曼光谱(曲线 2)是 Nb_2O_5 在 235 cm^{-1} 处的峰值、γ - Al_2O_3 在 315 cm^{-1}、1 400 cm^{-1} 处的峰值,α - Al_2O_3 在 414 cm^{-1}、464 cm^{-1}、560 cm^{-1} 处的峰值。此外,在曲线 2 中仍然检测到两个与 NbN 相对应的约 220 cm^{-1} 和 645 cm^{-1} 的拉曼峰。在该测试温度下,形成了一种新的 α - Al_2O_3 摩擦相,它是摩擦后薄膜的主要成分。在 700 ℃ 时,沉积的 Nb - Al - N 拉曼光谱(曲线 1)与 NbN 相似。在曲线 2 的磨痕拉曼光谱中,仍然检测到与图3-40(d)中的曲线 1 相似的峰。除此之外,在 835 cm^{-1} 处出现了一个额外的峰,其对应于 α - Al_2O_3。由此可见,此时的 α - Al_2O_3 的含量大于 600 ℃ 时的。

TG、EDS 和拉曼光谱分析结果表明,测试温度对未磨薄膜表面的化学组成影响不大,未磨表面总是呈现 fcc - NbN 和 hcp - NbN 的双相。然而,磨损轨迹的化学成分和摩擦相

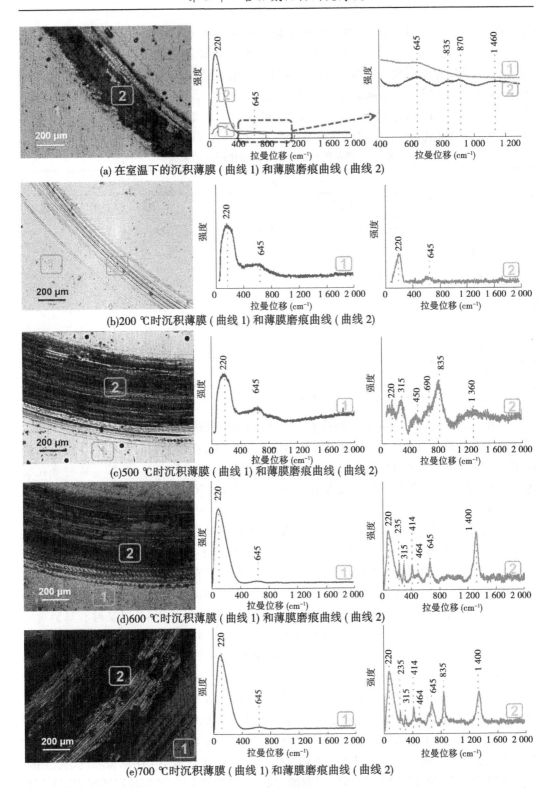

(a) 在室温下的沉积薄膜（曲线 1）和薄膜磨痕曲线（曲线 2）

(b)200 ℃时沉积薄膜（曲线 1）和薄膜磨痕曲线（曲线 2）

(c)500 ℃时沉积薄膜（曲线 1）和薄膜磨痕曲线（曲线 2）

(d)600 ℃时沉积薄膜（曲线 1）和薄膜磨痕曲线（曲线 2）

(e)700 ℃时沉积薄膜（曲线 1）和薄膜磨痕曲线（曲线 2）

图 3-40　铝含量为 22.3 at.% 的 Nb－Al－N 薄膜在不同温度下的摩擦实验的磨痕拉曼光谱

受到测试温度的显著影响。在磨损轨道上形成的所有可能的摩擦相如表 3-4 所示。由表 3-4 可知,无论测试温度如何,磨痕中总是检测到来自摩擦副的 Si_3N_4 磨屑,而 Al_2O_3 和 Nb_2O_3 的其他摩擦相表现出明显的温度相关性。室温时磨损轨迹上出现两种氧化物基摩擦相 $\gamma - Al_2O_3$ 和 Nb_2O_5,但随着测试温度升高到 200 ℃,没有发现明显的氧化物基摩擦相。随着实验温度升高到 500 ℃,$\gamma - Al_2O_3$ 和 Nb_2O_5 再次出现在磨损轨迹上。对于温度 >500 ℃ 的磨损轨迹,检测到的氧化基摩擦相为 $\alpha - Al_2O_3$、$\gamma - Al_2O_3$ 和 Nb_2O_5。

表 3-4 在不同测试温度下磨痕中形成的摩擦相

实验温度 (℃)	摩擦相			
	来自摩擦化学反应		来自摩擦副	
	$\gamma - Al_2O_3$	$\alpha - Al_2O_3$	Nb_2O_5	Si_3N_4
室温	√	×	√	√
200	×	×	×	√
500	√	×	√	√
600	√	√	√	√
700	√	√	√	√
800	√	√	√	√

注:√—在磨痕中检测到的摩擦相;×—在磨痕中未检测到的摩擦相。

薄膜基材在高温下可能影响摩擦磨损性能,因为它的抗氧化温度不高。图 3-41 给出了衬底在不同退火温度下的 XRD 图谱。如图 3-41 所示,在室温时,衬底 XRD 图谱出现了依次对应 γ 相的 43°、44° 和 50° 的三个峰,以及对应 δ 相的 75° 的一个峰。该衬底在温度 <500 ℃ 时表现出优异的抗氧化性能,因为其在温度 <500 ℃ 时的 XRD 图谱与在室温下的 304 不锈钢相似。在这段时间内,衬底对薄膜的摩擦磨损性能影响不大。但是,当温度高于 600 ℃ 时,XRD 图谱中有氧化铁相出现,这表明基体被氧化。基体的软化对硬且脆的 Nb - Al - N 薄膜的摩擦磨损性能可能产生不良影响。但是,在温度大于 600 ℃ 时,由于磨损实验载荷较小,且表面出现软质氧化铌,因此没有发现明显的裂纹。此外,600 ℃ 以上的测试温度导致磨痕的重建,所有磨痕表面高度都高于薄膜。磨痕的表面高度升高可以消除基体软化的影响。虽然衬底的相会受到温度的显著影响,但是衬底对铝含量为 22.3 at.% 的 Nb - Al - N 薄膜的高温摩擦磨损性能影响有限。

基于以上分析,在室温磨损实验中,薄膜表面的凸起首先与摩擦副接触,在摩擦载荷作用下被压碎,在划伤薄膜表面的过程中,被切碎的凸起物沿对应物移动。此外,$\gamma - Al_2O_3$ 摩擦相在对应物的作用下形成,据报道该相具有多孔结构。这种摩擦相容易被摩擦载荷压碎,磨损轨迹与摩擦副之间的相互作用进一步加强。主要磨损机理为黏着磨损和伴随的氧化磨损。在此阶段,磨损率相对较高,为 9.3×10^{-8} $mm^3/(N \cdot mm)$,摩擦系数相对较低,为 0.54。当实验温度提高到 200 ℃ 时,$\gamma - Al_2O_3$ 和 Nb_2O_5 摩擦相的消失使磨损轨迹变得平滑、狭窄。主要磨损机理为抛光磨损,磨损性能较室温时有所改善,摩擦系数保持稳定,而磨损率由于 $\gamma - Al_2O_3$ 在该阶段的消失而降低。当实验温度在 200 ~ 500

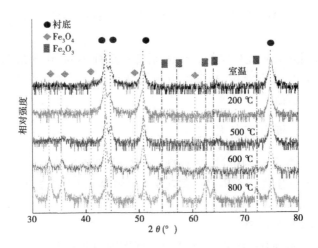

图 3-41　在不同退火温度下的衬底的 XRD 图谱

℃,环境热及摩擦热导致氧化反应,$\gamma - Al_2O_3$ 和 Nb_2O_5 摩擦相重新出现。因此,摩擦系数和磨损率均逐渐增加,主要磨损机理为氧化磨损,伴随黏着磨损。当实验温度进一步升高时,高温诱导多孔 $\gamma - Al_2O_3$ 向致密的 $\alpha - Al_2O_3$ 结构转变。$\alpha - Al_2O_3$ 被称为刚玉,具有高硬度。黏着的摩擦膜提高了磨痕表面硬度,使得磨痕具有更高的承载能力。因此,表面不可能被摩擦副磨损掉。由于 $\alpha - Al_2O_3$(25.8 cm^3/mol)的摩尔体积远高于 NbN(12.6 cm^3/mol),$\alpha - Al_2O_3$ 的形成重建了磨损轨迹的磨损区域,因此 600 ℃以上的测试温度导致磨痕的重建,并且所有磨痕的表面高度都高于薄膜的表面高度。

3.4　V – Al – N 薄膜

现代加工技术的发展,对刀具涂层提出了诸如"高速高温""高精度""高可靠性""长寿命"等更高的服役要求,除要求涂层具有普通切削刀具涂层应有优良的摩擦磨损性能外,还需要涂层具有高硬度、优异的高温抗氧化性。对于在如干式加工等极端服役条件下,需要一种能够兼具高硬度和优良摩擦磨损性能的工具涂层。

由于在高温干切削环境下能够生成具有自润滑性能的 V_2O_5,VN 薄膜体现出优异的摩擦磨损性能。但是,VN 薄膜硬度不高、热稳定性不理想等缺点限制了其在刀具工业中的应用。因此,目前关于 VN 薄膜的研究集中在以类似 Ti – Al – N、CrN、Ti – Al – Si – N 等硬质薄膜为母体的多层膜领域。对 VN 薄膜力磨损性能的改良,国内外学者鲜有研究。对硬质氮化物涂层的致硬机理的研究发现,不同的金属和金属元素复合而成的氮化物硬质薄膜往往能够体现出二者的优异性能。研究表明,在薄膜中引入适量的 Al 能够提高薄膜的硬度和热稳定性能。例如,目前最常用的 TiN 涂层的硬度约为 23 GPa,500 ℃左右便出现了一定程度的氧化现象;Ti – Al – N 复合膜中,因为 TiN 相中的部分 Ti 原子被 Al 原子所置换,导致 Ti – Al – N 薄膜层硬度高达 40 GPa,Al 在高温下能够生成一层稳定、致密的 Al_2O_3 薄膜,致使 Ti – Al – N 薄膜层抗氧化性能在 1 000 ℃以上。Al 的这种作用在 Cr – Al – N、Zr – Al – N、Mo – Al – N 等薄膜中也有所体现。有理由相信,较之 VN 薄膜,Al

元素的引入会使得 V－Al－N 薄膜的力学性能等方面有所提高。Al 对 VN 薄膜综合性能的影响有待深入研究。

为此,本书采用射频磁控溅射的方法来制备一系列不同 Al 含量的 V－Al－N 薄膜,利用 X 射线衍射仪、纳米压痕仪、高温摩擦磨损测试仪和扫描电子显微镜对其微结构、显微硬度、摩擦性能进行研究。

3.4.1　V－Al－N 薄膜制备及表征

本部分 V－Al－N 薄膜制备过程中衬底选取、处理及制备方式与 2.1.1 相同。在沉积过程中,固定溅射气压为 0.3 Pa、Nb 靶功率为 250 W,氩氮比为 10∶3。通过改变 Al 靶功率来获得一系列不同 Al 含量的 V－Al－N 薄膜。沉积 V－Al－N 膜之前,在衬底上预镀厚 200 nm 左右的 V 为过渡层。

本部分 XRD、SEM、EDS、TEM、纳米压痕及摩擦磨损实验设备与 2.1.1 相同。

3.4.2　V－Al－N 薄膜微结构及性能

图 3-42 给出了 V－Al－N 薄膜中 V、Al 元素的相对含量随 Al 靶功率变化情况。由图 3-42 可知,随着 Al 靶功率的增加,薄膜中 Al 含量升高,V 含量降低。

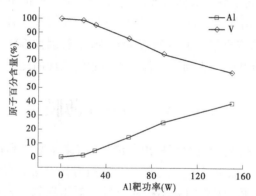

图 3-42　不同 Al 靶功率下 V－Al－N 薄膜 V、Al 元素的相对含量

图 3-43 为 VN 及不同 Al 含量的 V－Al－N 薄膜 XRD 图谱。分析表明,V－Al－N 薄膜与 VN 相结构相似,为面心立方相。薄膜均出现(111)、(222)两个衍射峰,具有(111)择优取向,随 Al 含量的增加,(111)、(222)两个衍射峰逐渐增强,并向大角度方向偏移。XRD 图谱中没有出现 Al 及 AlN 相,分析认为,VAlN 薄膜为 Al 在 VN 中的置换固溶体。

V－Al－N 薄膜晶格常数随 Al 含量的变化趋势如图 3-44 所示。由图可知,随 Al 含量的升高,薄膜晶格常数逐渐降低。该现象可做如下解释:V－Al－N 薄膜为 Al 在 VN 中的置换固溶体,Al 原子取代了 VN 中的部分 V 原子,由于 Al 的原子半径(0.182 nm)小于 V 的原子半径,故 Al 的引入使得薄膜产生晶格畸变,晶格常数较 VN(0.413 41 nm)要小,2θ 相应地向大角度方向偏移。根据谢勒公式计算 V－Al－N 薄膜晶粒尺寸如图 3-44 所示。由图可知,V－Al－N 薄膜晶粒尺寸随薄膜中 Al 含量的升高而增大。

V－Al－N 薄膜的硬度随 Al 含量的变化如图 3-45 所示。由图可知,薄膜硬度随 Al

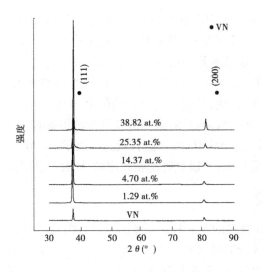

图 3-43　VN 及 V – Al – N 薄膜的 XRD 图谱

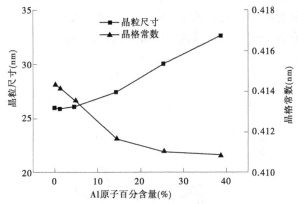

图 3-44　VN 及 V – Al – N 薄膜的晶格常数及晶粒尺寸

含量的增高先升高后降低,其硬度最高值为 24 GPa(Al 含量为 1.29%),较同一实验条件下制备的 VN 薄膜(11 GPa)有大幅的升高。

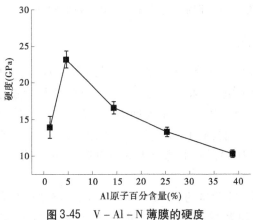

图 3-45　V – Al – N 薄膜的硬度

薄膜显微硬度升高是由固溶强化造成的,根据前述分析,V – Al – N 为置换固溶体。由于 V 原子与 Al 原子的原子半径不同,从而引起晶格畸变,晶格畸变增大了位错运动的阻力,使滑移难以进行,滑移变形因此变得更加困难,从而使复合膜的硬度增加。此外,在置换固溶体中,Cottrell 气团对位错产生"钉扎作用",位错被牢固地固定住,位错运动的阻力增加,使得复合膜得到强化,从而使复合膜的硬度升高。薄膜显微硬度随 Al 含量的升高而降低的现象,可作如下解释:此时影响薄膜硬度的因素有二,其一是固溶强化;其二是晶粒增大。当 Al 含量大于 5% 时,由于晶粒尺寸大幅升高,故固溶强化效应不能抵消晶粒增大带来的硬度降低效应,所以此时薄膜硬度随 Al 含量的升高而逐渐降低。

3.4.3　抗氧化性能

图 3-46 为不同 Al 含量的 V – Al – N 薄膜的 TG 图谱。如图 3-46 所示,在 VN 中加入 Al 可以提高 V – Al – N 薄膜的抗氧化性能,且 V – Al – N 薄膜的抗氧化温度从 Al 含量为 0 at.% 时的 420 ℃ 提高到 Al 含量为 38.8 at.% 时的 790 ℃。薄膜的氧化行为受膜中元素的选择性氧化的影响,随着温度的升高,铝离子不断扩散到薄膜表面,与空气中的氧气反应,形成含铝金属氮化物薄膜的非晶氧化铝。在薄膜表面形成的非晶氧化铝由于其致密且非晶的结构,可有效地防止氧向薄膜中扩散。因此,可以通过加入 Al 来提高 V – Al – N 薄膜的抗氧化温度。

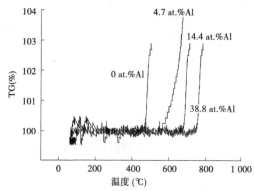

图 3-46　不同 Al 含量的 V – Al – N 薄膜的热重分布

3.4.4　摩擦磨损性能

衬底效应是影响薄膜最终结构和性能的关键因素。本章选 AISI304 不锈钢表面的薄膜进行摩擦磨损实验,使实验结果更接近实际。对 AISI304 不锈钢表面的 XRD 图谱和硬度进行了测定,结果与 Si(100) 晶片表面的 XRD 图谱相似。在合成不同 V 含量的 V – Al – N 薄膜之前,在不同衬底上沉积过渡层 V,并将 V – Al – N 样品沉积在较薄 V 层上。因此,本书根据 Si(100) 晶片上薄膜所得到的结论,对薄膜的摩擦磨损性能进行了讨论。

图 3-47 给出了不同 Al 含量的 V – Al – N 薄膜的室温摩擦系数和磨损率。V – Al – N 薄膜的室温摩擦系数和磨损率在 Al 含量为 0 at.% 时的 0.43 和 6.4×10^{-8} mm³/

（N·mm）下降至 Al 含量 4.7 at.% 时的 0.35 和 9.2×10^{-9} mm³/（N·mm），然后 Al 含量进一步增加到 38.8 at.% 时，逐渐增加到 0.51 和 1.9×10^{-7} mm³/（N·mm）。

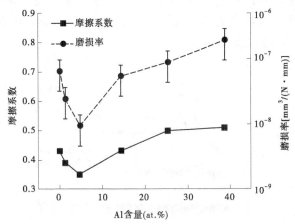

图 3-47　不同 Al 含量的 V-Al-N 薄膜的室温摩擦系数和磨损率

摩擦磨损性能与薄膜的 H/E 和 H^3/E^2 有很大关系，大量文献证实对于同一种材料，H/E 和 H^3/E^2 越高，摩擦系数和磨损率值越低。因此，V-Al-N 薄膜的摩擦系数和磨损率的值的趋势归因于 H/E 和 H^3/E^2 比值。

由于 4.7 at.% Al 的 V-Al-N 薄膜在室温下硬度最高、摩擦系数和磨损率最低，因此选择该薄膜研究其在高温下的摩擦磨损性能，图 3-48 显示了摩擦系数和磨损率随测试温度的变化关系。如图 3-48 所示，在测试温度上升到 700 ℃ 的过程中，在 300 ℃ 时，摩擦系数首先增加到 0.7，然后在 700 ℃ 时下降到 0.28，而磨损率逐渐增加到 4.9×10^{-7} mm³/（N·mm）。

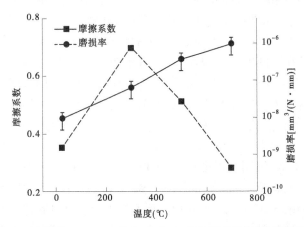

图 3-48　Al 含量为 4.7 at.% 的 V-Al-N 薄膜的高温摩擦系数和磨损率

摩擦化学反应是硬质合金氮化物薄膜的一种常见现象，摩擦相对薄膜的摩擦磨损性能有重要影响。用拉曼光谱对 Al 含量为 4.7 at.% 的 V-Al-N 薄膜的摩擦相进行了表征，结果显示在图 3-49 中。对于 Al 含量为 4.7 at.% 的 V-Al-N 薄膜，在检测范围内没有检测到明显的拉曼峰,而在室温下,磨痕上出现了与 VO_2 和 Al_2O_3 相对应的 800 ~ 900 cm^{-1} 的宽拉曼峰。若将测试温度提高到 300 ℃,在 250 cm^{-1}、820 cm^{-1} 和 900 cm^{-1} 处将出现三个拉曼峰,分别属于 V_2O_5、VO_2 和 Al_2O_3。再进一步升高到 500 ℃,将导致对应于 VO_2 的 250 cm^{-1} 处的拉曼峰消失,而在属于 V_2O_5 的 380 cm^{-1} 处的其他峰出现。500 ℃时, Al_2O_3 的 900 cm^{-1} 的拉曼峰也检测到了磨痕。

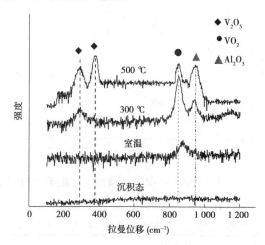

图 3-49　沉积 Al 含量为 4.7 at.% 的 V – Al – N 薄膜在室温和高温下磨痕的拉曼光谱

氮化钒基薄膜在高温下被直接氧化成系列氧化钒相,且随着温度的升高,部分反应氧化钒相可以氧化为 V_2O_5。对于 Al 含量为 4.7 at.% 的 V – Al – N 膜,VO_2 的变化可能将成为高温下影响钒的摩擦磨损性能的主要因素,因为在任何测试温度下,都能检测到氧化铝中所有磨痕。在磨损实验中,氧化钒相可以起到润滑作用,且 V_nO_{2n+1} 由于其优异的润滑性能被定义为 Magnéli 相。Erdemir 利用晶体化学原理,建立了氧化物之间相的润滑性和电离势的关系。根据该原理可知具有高离子值的氧化物表现出低的摩擦系数,由于 V_2O_5 (10.2)的离子电位高于 VO_2(6.8),因此 V_2O_5 的润滑性能优于 VO_2。

图 3-50 显示了在不同的测试温度下 Al 含量为 4.7 at.% 的 V – Al – N 膜的磨痕的 SEM 图像。如图 3-50(a)所示,在室温下,磨痕表面除中心区域有深深的划痕外,其余均呈现平滑。在 Al 含量为 4.7 at.% 时,沉积态薄膜表面发现了一些微小的突起,这些突起是由沉积过程中高能金属粒子轰击引起的。在摩擦磨损实验中,被摩擦副压碎的硬质突起切划了磨痕,使得磨痕表面出现了较深的划痕。

如图 3-50(b)所示,将测试温度提高到 300 ℃时,沉积的薄膜表面会产生更多的凸起,这是由于磨痕表面有裂纹和划痕的出现。然而,进一步提高测试温度至 500 ℃将导致裂纹和划痕消失,如图 3-50(c)所示,并检测到磨痕表面有大量碎片。

基于以上研究可知,Al 含量为 4.7 at.% 的 V – Al – N 薄膜的摩擦磨损性能与实验温度密切相关。在室温下,相对较高的 H/E 和 H^3/E^2 可以防止摩擦副在相互作用时出现裂纹,其中 V_2O_3 润滑了磨痕。因此,当磨损机理为磨粒磨损,磨痕光滑时,薄膜的摩擦系数和磨损率较低。将测试温度提高到 300 ℃,薄膜表面的凸起明显增多,磨损机制转变为黏着磨损。虽然氧化钒在磨痕上也形成 V_2O_3 钒,但磨痕表面在摩擦副的严重相互作用下

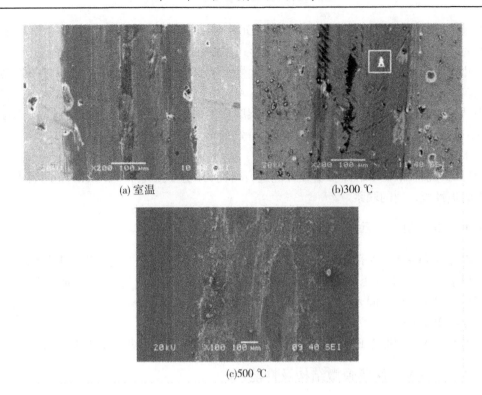

(a) 室温　　　　　　　　(b)300 ℃

(c)500 ℃

图 3-50　Al 含量为 4.7 at.% 的 V – Al – N 薄膜的磨痕 SEM 图像

仍存在明显的裂纹和划痕,使膜的摩擦系数和磨损率均增加。随着静置温度的进一步升高,摩擦热氧化磨痕和摩擦相的数量增加,此外,摩擦热也导致了 VO_2 向 V_2O_5 的变化。磨损机理改变为氧化磨损,此时摩擦系数减小了,而磨损率增大了。

基于以上结果,发现 Al 含量为 4.7 at.% 的薄膜具有最高的硬度和优良的摩擦磨损性能,适合于切削工具的应用。

3.5　Cr – Al – N 薄膜

由于过渡族金属氮化物具有较高的硬度和良好的减磨性能,目前,过渡族金属氮化物已在高速切削等领域得到广泛的应用,并表现出良好的性能。然而,随着诸如加工制造业等领域的高速发展,对切削刀具材料提出了更为苛刻的要求,这些苛刻要求包括良好力学性能、热稳定性能和摩擦性能等。因此,如何研发一种具有上述优异性能的新型切削刀具薄膜材料,是摆在广大科学家和工程师面前的一个难题。

由于具有牢固的膜基结合力、优异的耐蚀性能及良好的热稳定性,CrN 薄膜成为二元薄膜应用最为广泛的薄膜之一。但是,CrN 薄膜也存在着显著的不足,比如其硬度较低、磨损率较高等。CrN 薄膜的这些不足限制了它在高速切削刀具工业中的进一步应用。不同的金属和金属元素复合而成的三元、多元复合膜和多层膜能够体现出各自的优异性能。因为这些金属与金属元素复合后能够形成混合相,导致了薄膜性能的改良。基于此种理论,学者开始尝试将某些元素引入 CrN 薄膜中以期能进一步提升其性能。Cr – Al – N 薄膜便是由此发展而来的一种典型 CrN 基三元薄膜。研究表明,当薄膜中 Al 含量小于 60 at. % 时,Cr – Al – N 薄膜以置换固溶体的形式存在,成 fcc 结构。Al 元素的固溶产生的固溶强化作用能够提升薄膜的硬度。当 Al 含量大于 60 at. % 时,薄膜中出现 AlN 相,薄膜性能较之前者有大幅下降。目前,关于 Cr – Al – N 薄膜的研究大多集中于 Al 含量对薄膜微观结构和热稳定性能的影响上,对其摩擦磨损性能的研究涉及较少。由此,Al 含量对 Cr – Al – N 薄膜摩擦磨损性能的研究具有一定的意义。

本书采用射频磁控溅射的方法来制备一系列 Al 含量小于 60 at. % 的 Cr – Al – N 薄膜,对其微观组织、力学和摩擦磨损性能进行研究,并初步探讨了 Cr – Al – N 薄膜力学与摩擦磨损性能之间的联系。

3.5.1　Cr – Al – N 薄膜制备及表征

本部分 Cr – Al – N 薄膜制备过程中衬底选取、处理及制备方式与 2.1.1 相同。在沉积过程中,固定溅射气压为 0.3 Pa、Nb 靶功率为 100 W,氩氮比为 10∶3。通过改变 Al 靶功率来获得一系列不同 Al 含量的 Cr – Al – N 薄膜。沉积 Cr – Al – N 膜之前,在衬底上预镀厚度约 200 nm 的 Cr 为过渡层。

本部分 XRD、SEM、EDS、TEM、纳米压痕及摩擦磨损实验设备与 2.1.1 相同。

3.5.2　Cr – Al – N 薄膜微结构及性能

图 3-51 给出了 Cr – Al – N 薄膜中 Al 原子百分含量(Al 原子百分含量均指 Al 占 Cr + Al 的百分含量,下同)与 Al 靶功率的关系。由图 3-51 得,随 Al 靶功率的升高,Cr – Al – N 薄膜中 Al 原子百分含量逐渐增加。

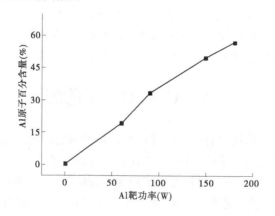

图 3-51　Cr – Al – N 薄膜中 Al 相对于 Cr + Al 的原子百分含量

图 3-52 为 CrN 及不同 Al 含量的 Cr – Al – N 薄膜 XRD 图谱。由图可知,二元 CrN 为 fcc 结构,在扫描范围内出现一个衍射峰,该衍射峰对应晶面为(111)。三元 Cr – Al – N 薄膜结构与 CrN 相同,均为 fcc 结构,随薄膜中 Al 含量的升高,薄膜衍射峰逐渐向大角度方向偏移,图谱中并无 Al 的氮化物及游离态 Al 出现。

据文献,计算 CrN 及不同 Al 含量的 Cr – Al – N 薄膜晶格常数及晶粒尺寸如图 3-53

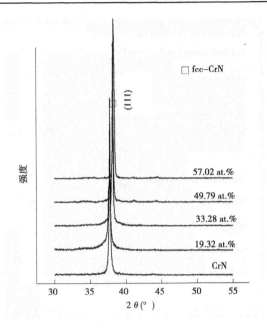

图 3-52　不同 Al 含量的 Cr – Al – N 薄膜 XRD 图谱

所示。由图可知,二元 CrN 薄膜的晶格常数为 0.414 nm,Cr – Al – N 薄膜晶格常数随 Al
含量的增加逐渐地降低。结合图 3-52 分析可知,Cr – Al – N 薄膜主要为 Al 在 CrN 中的
置换固溶体。由于半径较小的 Al 原子(0.125 nm)置换了 CrN 晶格中半径较大的 Cr
(0.128 nm)原子,因此 Cr – Al – N 薄膜晶格常数随 Al 含量的增加逐渐地降低,图 3-52 中
衍射峰向大角方向偏移的现象也佐证了上述的分析。

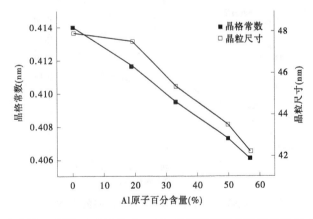

图 3-53　不同 Al 含量的 Cr – Al – N 薄膜晶格常数及晶粒尺寸

　　图 3-53 还给出了根据 Debye – Scherrer 公式计算的薄膜平均晶粒尺寸。由图可知,
Cr – Al – N 薄膜晶粒尺寸随 Al 含量的增加逐渐降低。

　　图 3-54 为 CrN 及不同 Al 含量的 Cr – Al – N 薄膜硬度(简述为 H,下同)和弹性模量
(简述为 E,下同)。由图可得,二元 CrN 薄膜的硬度及弹性模量分别为 16.9 GPa 和 231

GPa。随 Al 含量的升高,Cr – Al – N 薄膜的硬度和弹性模量逐渐升高。当 Al 含量为 57.02 at. %,薄膜硬度最高,最高值为 24.82 GPa,对应弹性模量为 269 GPa。Cr – Al – N 薄膜硬度较 CrN 高是由固溶强化和细晶强化的共同作用造成的。

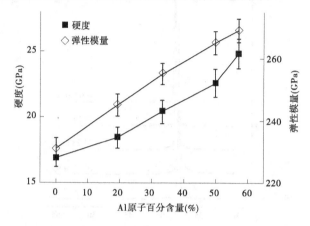

图 3-54　不同 Al 含量 Cr – Al – N 薄膜硬度及弹性模量

据文献,H/E 能够在一定程度上表征薄膜抵抗弹性应变的能力,即 H/E 越大,薄膜使作用在大面积上的加载力得到重新分配的能力越大,越能延缓薄膜的失效时间。H^3/E^{*2} (其中 $E^* = E/(1 - \mu^2)$, μ 是泊松比)能够在一定程度上表征薄膜抵抗裂纹扩展的能力。Cr – Al – N 薄膜的 H/E 及 H^3/E^{*2} 随 Al 含量的变化如图 3-55 所示。由图可知,随 Al 含量的升高,Cr – Al – N 薄膜抵抗弹性应变的能力和抵抗裂纹扩展的能力逐渐增强。

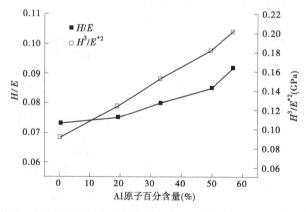

图 3-55　CrN 及不同 Al 含量的 Cr – Al – N 薄膜的 H/E 及 H^3/E^{*2} 值

在室温下,以 Al_2O_3 为摩擦副的摩擦曲线中稳定阶段数值计算的 CrN 及不同 Al 含量的 Cr – Al – N 薄膜平均摩擦系数如图 3-56 所示。由图可知,二元 CrN 薄膜平均摩擦系数约为 0.48。随 Al 含量的升高,Cr – Al – N 薄膜平均摩擦系数逐渐降低。所以,Al 能够有效降低 Cr – Al – N 薄膜的平均摩擦系数。

由图 3-56 还可知,室温下,以 Al_2O_3 为摩擦副的摩擦磨损实验中,CrN 及不同 Al 含量的 Cr – Al – N 薄膜磨损率。二元 CrN 薄膜磨损率约为 9.03×10^{-7} mm³/(N · mm)。随

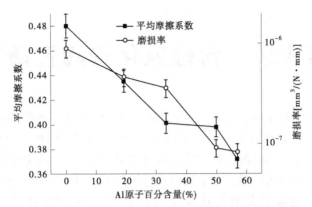

图 3-56　CrN 及不同 Al 含量的 Cr – Al – N 薄膜平均摩擦系数及磨损率

Al 含量的升高，Cr – Al – N 薄膜磨损率逐渐降低。H/E 及 H^3/E^{*2} 对薄膜的磨损率影响很大，较高的 H/E 及 H^3/E^{*2} 往往具有较低的磨损率，这与图 3-55 的实验数据相吻合。

第4章　含硅氮化物陶瓷薄膜

　　自 Veprek 提出"非晶包裹纳米晶"模型以来,Si 对氮化物薄膜微观结构及性能的影响越来越引起国内外学者的关注。nc – MeN/a – SiN$_x$ 薄膜(MeN 为过渡族金属氮化物)往往体现出诸如高硬度、高韧性、低摩擦系数等优异性能,使得该类薄膜在刀具制造业等领域中体现出良好的应用前景。对于利用物理气相沉积(PVD)方法制备的 Ti – SI – N 薄膜,Si 元素的引入能够显著地提升薄膜的力学性能,该薄膜硬度最高可达 60 GPa。Ti – Si – N纳米涂层是由非晶的 Si$_3$N$_4$ 相包裹着晶态纳米 TiN 相组成的,其晶粒尺寸小于10 nm。目前,国内外学者对 Si 元素对过渡族金属氮化物的研究多集中于微观组织及力学性能等方面,对该体系薄膜的摩擦磨损性能的报道较少。基于先前的研究结果,本章选取ⅣB 和 Ⅴ B 两族中具有一定代表性的 TiN 基及 NbN 基薄膜,研究了 Si 对其微观结构、力学性能及不同环境温度条件下的摩擦磨损性能的影响。

4.1　Ti – Si – N 薄膜

　　研究表明,由于具有高硬度和低摩擦系数等优良性能,过渡族金属氮化物薄膜已在刀具等表面作为强化耐磨减摩涂层的工业应用。TiN 薄膜便是由此发展而来的一种具有代表性的二元薄膜。随着加工制造业的发展,对刀具薄膜性能的要求也越来越苛刻。由于TiN 薄膜存在抗氧化温度较低、平均摩擦系数较高等缺陷,限制了其在刀具薄膜中的进一步应用。

　　近年来,为进一步改善薄膜的综合性能,如硬度、高温抗氧化性和耐磨性等,在传统的二元薄膜中引入其他元素三元或多元薄膜成为研究热点。Ti – Si – N 便是由此发展而来的一种薄膜。由于 Si 的引入,Ti – Si – N 薄膜在热稳定性能和力学性能方面有大幅提升,近年来,Si 对 Ti – Si – N 薄膜力学性能的影响引起学者的广泛关注。起初,Ti – Si – N 薄膜硬度提高被认为是由单一的"非晶包裹纳米晶"造成的,随着研究的进一步深入,学者发现固溶强化、细晶强化和"非晶包裹纳米晶"均是薄膜硬度提升的原因。由此,Ti – Si – N 薄膜作为 MeSiN 体系(Me 为过渡族金属)典型模板,对分析该体系薄膜致硬机理起到了很好的指导作用。然而,学者对 Ti – Si – N 薄膜的研究大多集中于力学性能,并有少量关于 Si 对 Ti – Si – N 薄膜热稳定性能影响的报道,Si 对薄膜摩擦磨损性能的研究鲜有涉及。

　　为此,本书采用射频磁控溅射的方法来制备一系列不同 Si 含量的 Ti – Si – N 薄膜,对其微结构、显微硬度、摩擦性能等进行研究。

4.1.1　Ti – Si – N 薄膜制备及表征

　　本部分 Ti – Si – N 薄膜制备过程中衬底选取、处理及制备方式与 2.1.1 相同。在沉积过程中,固定溅射气压为 0.3 Pa、Nb 靶功率为 100 W,氩氮比为 10∶4。通过改变 Si 靶功率来获得一系列不同 Si 含量的 Ti – Si – N 薄膜。沉积 Ti – Si – N 膜之前,在衬底上预镀厚度约 200 nm 的 Ti 为过渡层。

本部分 XRD、SEM、EDS、TEM、纳米压痕及摩擦磨损实验设备与 2.1.1 相同。

4.1.2　Ti – Si – N 薄膜微结构及性能

图 4-1 给出了 Ti – Si – N 薄膜中 Si 相对于 Ti + Si 的原子百分含量与 Si 靶功率之间的关系。由图可知,随 Si 靶功率的升高,薄膜中 Si 含量近似线性升高。

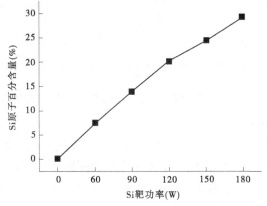

图 4-1　Ti – Si – N 薄膜中 Si 原子百分含量随 Si 靶功率的变化

图 4-2 为不同 Si 含量的 Ti – Si – N 薄膜 XRD 图。由图可知,二元 TiN 薄膜出现三个衍射峰,具有(100)择优取向,为面心立方结构;三元 Ti – Si – N 薄膜择优取向和晶体结构与 TiN 相似,当 Si 含量大于 20.19 at.% 时,随 Si 含量的升高,薄膜衍射峰逐渐宽化,这是由薄膜中出现非晶氮化硅相所致。图谱中无其他相出现。

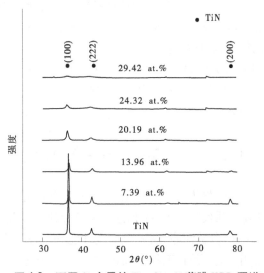

图 4-2　不同 Si 含量的 Ti – Si – N 薄膜 XRD 图谱

结合图 4-2,采用文献中的计算方法计算不同 Si 含量 Ti – Si – N 薄膜晶格常数,根据

Debye – Scherrer公式计算晶粒尺寸,结果如图 4-3 所示。由图可得,当 Si 含量小于 20. 19 at. %时,薄膜晶格常数随 Si 含量的增加逐渐降低;当 Si 含量大于 20. 19 at. %时,薄膜晶格常数随 Si 含量变化不大。

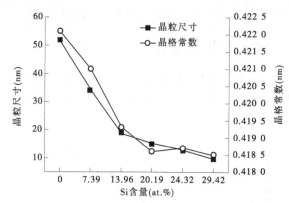

图 4-3　Ti – Si – N 薄膜晶格常数及晶粒尺寸随 Si 含量的变化

结合图 4-2、图 4-3 得,当 Si 含量小于 20. 19 at. %时,薄膜为 Si 固溶在 TiN 中的固溶体,由于 Si 原子半径较小,所以 Si 原子的固溶使得 TiN 发生晶格畸变,晶格常数变小;当 Si 含量小于 20. 19 at. %时,此时 Si 含量大于 TiN 的固溶极限,多余的 Si 与环境中的 N 结合,以非晶氮化硅形式存在于薄膜中(图 4-2 中 Si 含量大于 20. 19 at. %时,薄膜衍射峰发生偏移可以证明上述分析),所以此时薄膜的晶格常数随 Si 含量变化不大。

由图 4-3 还可知,当 Si 含量小于 20. 19 at. %时,Ti – Si – N 薄膜晶粒尺寸随 Si 含量的升高发生大幅减小;当 Si 含量大于 20. 19 at. %时,薄膜晶粒尺寸均在 10 nm 左右,且随 Si 含量的升高略有减小。

图 4-4 为不同 Si 含量的 Ti – Si – N 薄膜硬度。由图 4-4 可知,二元 TiN 薄膜的硬度为 21. 00 GPa。当 Si 含量小于 20. 19 at. %时,薄膜硬度随 Si 含量的升高逐渐升高,并在 Si 含量为 20. 19 at. %时达到最大值,其值为 28. 38 GPa;当 Si 含量大于 20. 19 at. %时,薄膜硬度随 Si 含量的升高先降低,后保持稳定。

当 Si 含量小于 20. 19 at. %时,薄膜硬度的提升是由固溶强化和细晶强化造成的;当 Si 含量大于 20. 19 at. %时,由于薄膜中出现大量非晶氮化硅相,所以此时硬度稳定在 24 GPa 作用,且较之前者有所降低。

4.2　Ti – Mo – Si – N 薄膜

过渡族金属氮化物(TMN)作为一种硬质薄膜被广泛地应用在诸如切削刀具、铸造模具等一系列工业加工领域。现代加工制造业的飞速发展使得传统的材料难以满足其要求,亟须开发一系列兼具诸如力学性能、高温热稳定性能和摩擦磨损性能等更高优异性能的新型材料。这是摆在国内外学者和工程师面前的一个严峻的挑战。研究表明,由于不同种类的金属与金属元素复合后可能出现混合相,所以不同种类的金属元素相互复合制备成的三元或者三元以上复合膜能够体现出其各自所特有的优异性能。例如,由于 TiN

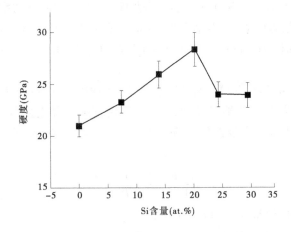

图 4-4　不同 Si 含量的 Ti – Si – N 薄膜硬度

晶格中的部分 Ti 原子被 Al 原子所置换,三元 Ti – Al – N 复合膜比二元 TiN 薄膜体现出更为优异的力学性能。另外,三元 Ti – Al – N 复合膜在高温条件下能够在复合膜表层形成一层致密、稳定的 Al_2O_3 保护层,所以三元 Ti – Al – N 复合膜的高温抗氧化性能比二元 TiN 薄膜更为优异。Al 元素对过渡族金属氮化物薄膜相类似的影响在诸如 Cr – Al – N 等薄膜体系中也有所体现。

　　研究表明,在干切削环境下,像诸如 Cr 及 Mo 等第ⅥB 族元素能够生成具有自润滑性能的 Magnéli 相,所以第ⅥB 族的氮化物薄膜的摩擦磨损性能备受关注。在摩擦磨损实验过程中,Mo 能够与空气中的水汽或者氧发生复杂的化学反应,生成低剪切模量的 Magnéli 相 MoO_3,这种氧化相具有良好的减摩作用,有效缓解薄膜与摩擦副之间的相互作用,从而显著地提升薄膜的摩擦性能,使薄膜在极端的服役环境下连续使用。有报道称,Mo 元素的引入使得 Ti – Mo – N 薄膜体现出优异的力学和摩擦性能。然而,由于 MoO_3 为层状结构,在摩擦过程中易于磨损,所以 Ti – Mo – N 薄膜的磨损性能不理想。

　　自 Veprek 提出"非晶包裹纳米晶"模型以来,Si 对氮化物薄膜微观结构及性能的影响越来越引起国内外学者的关注。nc – MeN/a – SiN_x 薄膜(MeN 为过渡族金属氮化物)往往体现出诸如高硬度、高韧性、低摩擦系数等优异性能,使得该类薄膜在刀具制造业等领域中体现出良好的应用前景。例如,较之二元 TiN 薄膜,Ti – Si – N 薄膜具有更高的硬度和热稳定性能。有报道称,Si 能显著地提高 Mo – Si – N 薄膜的硬度及韧性,有效地降低薄膜的摩擦系数。由此可知,Si 能够提升 Ti – Mo – Si – N 薄膜的力学及摩擦磨损性能。然而,目前关于 Ti – Mo – Si – N 薄膜力学及摩擦磨损性能的报道并不多。Si 含量对 Ti – Mo – Si – N 薄膜微观结构、力学及摩擦磨损性能的影响具有一定的研究价值。

　　本书采用射频磁控溅射法制备一系列不同 Si 含量的 Ti – Mo – Si – N 薄膜,利用 X 射线衍射仪、X 射线光电子能谱仪、扫描电镜、能谱仪、纳米压痕仪和高温摩擦磨损实验机对薄膜的相结构、形貌、成分、力学性能和不同环境温度条件下的摩擦磨损性能进行研究。

4.2.1　Ti – Mo – Si – N 薄膜制备及表征

　　本部分 Ti – Mo – Si – N 薄膜制备过程中衬底选取、处理及制备方式与 2.1.1 相同。

在沉积过程中,固定溅射气压为 0.3 Pa、Ti 靶功率为 250 W、Mo 靶功率为 90 W、氩氮比为 10∶3。通过调整 Si 靶的功率,获得厚度为 2 μm 左右的 Ti – Mo – N 和不同 Si 含量的 Ti – Mo – Si – N 薄膜。沉积 Ti – Mo – Si – N 膜之前,在衬底上预镀厚度约 200 nm 的 Ti 为过渡层。

本部分 XRD、SEM、EDS、TEM、纳米压痕及摩擦磨损实验设备与 2.1.1 相同。摩擦实验过程中,载荷设定为 5 N,摩擦半径为 5 mm。采用德国布鲁克公司生产的 Bruker DEK-TAK – XT 型台阶仪测试衬底及薄膜的曲率半径,然后根据 Stoney 公式计算薄膜残余应力,计算公式为:

$$\sigma = \frac{E}{1-\upsilon}\frac{t_s^2}{6t_f}\left(\frac{1}{R}-\frac{1}{R_s}\right) \tag{4-1}$$

式中　　E——衬底弹性模量,GPa,取 170 GPa;

　　　　υ——衬底泊松比,取 0.3;

　　　　t_s——衬底厚度,μm;

　　　　t_f——薄膜厚度,μm;

　　　　R——衬底曲率半径,μm;

　　　　R_s——薄膜曲率半径,μm。

测膜基结合力时,对每个样品测试 4 次,取平均值,实验参数为:初始加载力 0.03 N,最终加载力 20 N,加载速度 40 N/min,加载时间 20 s,划痕长度 3 mm。根据划痕数据计算薄膜的断裂韧性,其计算公式为:

$$K_{IC} = \frac{2pf_g}{R^2\cot\theta}\left(\frac{a}{\pi}\right)^{1/2}\sin^{-1}\frac{R}{a} \tag{4-2}$$

式中　　K_{IC}——断裂韧性,MPa·m$^{1/2}$;

　　　　p——薄膜破裂时所对应的压力,N;

　　　　f_g——摩擦系数;

　　　　R——划痕头与垂直线之间的半径,m;

　　　　a——薄膜裂纹长度,m;

　　　　θ——金刚石压头面与面之间的夹角,(°)。

4.2.2　Ti – Mo – Si – N 薄膜微结构及性能

图 4-5 给出了 Ti – Mo – Si – N 薄膜元素原子百分含量随 Si 靶功率的变化情况。由图可知,对于三元 Ti – Mo – N 薄膜,薄膜中 Ti、Mo、N 及 O 元素的含量分别为 28.8 at.%、21.8 at.%、48.2 at.% 及 1.2 at.%。对于四元 Ti – Mo – Si – N 薄膜,随 Si 靶功率由 20 W 升高至 130 W,薄膜中 Si 元素的含量由 3.1 at.% 线性升高至 17.2 at.%。与此同时,薄膜中的 Ti 及 Mo 元素的含量逐渐降低,N 元素的含量略有升高,O 元素的含量基本保持不变。

FTIR 并不是主流的检测过渡族金属氮化物薄膜相结构的方式,然而其能够精确地表征非晶相的化学键,是 XRD 的重要补充。FTIR 对过渡族金属氮化物薄膜非晶相化学键的表征在 Zr – Si – N 及 Ti – B – N 等薄膜体系中均有报道。为检测 Ti – Mo – Si – N 薄膜

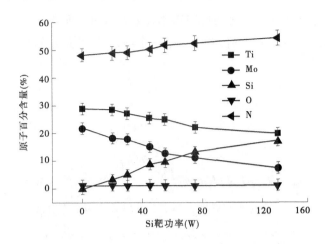

图 4-5　不同 Si 靶功率下的 Ti – Mo – Si – N 薄膜元素原子百分含量

中的非晶相,作者对其进行了 FTIR 测试,其结果如图 4-6 所示。为便于对比,图 4-6 还给出了与 Ti – Mo – Si – N 薄膜相同实验条件下制备的 Si_3N_4 薄膜的红外光谱。由图可知,Si_3N_4 薄膜在 480 cm^{-1}、700 cm^{-1}、1 500 cm^{-1} 和 2 400 cm^{-1} 附近出现四个吸收峰,其中 480 cm^{-1} 及 700 cm^{-1} 附近吸收峰对应的是非晶 Si_3N_4 中的 Si—N 键。1 500 cm^{-1} 和 2 400 cm^{-1} 附近的两个吸收峰与 Pilloud 等所制备的非晶 Si_3N_4 的 FTIR 光谱吸收峰位置大致相同。对 Ti – Mo – Si – N 薄膜,当薄膜中 Si 含量在 3.1 at.% ~5.0 at.% 时,薄膜图谱中无明显的吸收峰出现,说明此时薄膜中没有出现非晶 Si_3N_4;当薄膜中 Si 含量在 8.8 at.% ~17.2 at.% 时,薄膜出现与 Si_3N_4 相同的吸收峰,说明此时薄膜中出现了非晶 Si_3N_4。此时,非晶 Si_3N_4 的吸收峰强度随薄膜中 Si 含量的升高而逐渐增强,表明薄膜中非晶 Si_3N_4 相的含量随薄膜中 Si 含量的升高而逐渐增加。

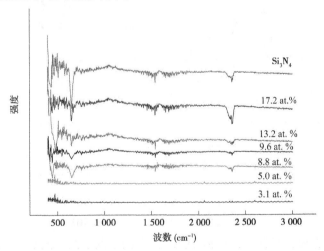

图 4-6　不同 Si 含量的 Ti – Mo – Si – N 薄膜 FTIR 图谱

图 4-7 是不同 Si 含量的 Ti – Mo – Si – N 薄膜中 Si 2p 的 XPS 图谱。由图可以看出,

当薄膜中的 Si 含量小于 5.0 at.% 时,图谱中没有峰出现;薄膜中 Si 含量进一步升高至 8.8 at.% 时,图谱在 101.8 eV 的位置出现了一个峰,对应的是非晶 Si_3N_4。该实验结果与图 4-6 相一致。

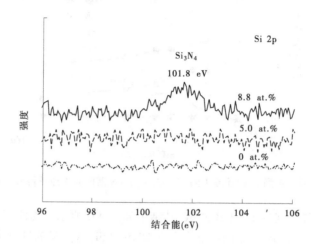

图 4-7　不同 Si 含量 Ti－Mo－Si－N 薄膜 Si 2p 的 XPS 图谱

不同 Si 含量 Ti－Mo－Si－N 薄膜 XRD 图谱如图 4-8 所示。由图可知,三元 Ti－Mo－N 薄膜出现了(111)、(200)、(220)、(311)及(222)五个衍射峰,呈面心立方(fcc)结构,具有(111)择优取向,是 Mo 在 TiN 中的置换固溶体。Ti－Mo－Si－N 薄膜相结构与 Ti－Mo－N 薄膜相同,呈 fcc 结构。由图还可知,图谱中无晶态 Si_3N_4、$MoSi_2$ 及 $TiSi_2$ 等衍射峰出现,这也证明了图 4-6 及图 4-7 中所检测到的 Si_3N_4 为非晶 Si_3N_4。

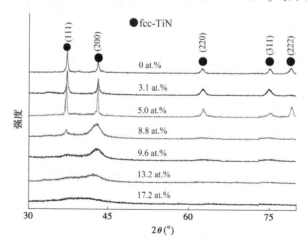

图 4-8　不同 Si 含量 Ti－Mo－Si－N 薄膜 XRD 图谱

Si 对大部分氮化物薄膜择优取向影响显著。例如,Mo－Si－N 及 Zr－Si－N 等薄膜中,随 Si 含量的升高薄膜择优取向由(111)转变为(200)。当薄膜中 Si 含量大于 5.0 at.% 时,薄膜择优取向发生转变。由图 4-6 及图 4-7 可知,此时薄膜中有非晶 Si_3N_4 生成,说明 Si 已难以进入 Ti－Mo－N 晶格中形成固溶体。经计算,面心立方晶格中(111)及

(100)原子面密度分别为 $2.3/a^2$ 和 $2/a^2$(a 为晶格常数),(100)晶面具有较低的原子面密度,Si 能更容易沿(100)晶面固溶到 Ti - Mo - N 晶格中,所以此时薄膜择优取向由(111)转变为(200)。

　　根据图 4-8 中数据计算不同 Si 含量 Ti - Mo - Si - N 薄膜晶格常数,其结果如图 4-9 所示。从图中可以看出,三元 Ti - Mo - N 薄膜的晶格常数为 0.419 nm;随薄膜中 Si 含量的升高,四元 Ti - Mo - Si - N 薄膜的晶格常数逐渐增大。这是由 Si 固溶在 Ti - Mo - N 晶格中形成间隙固溶体所造成的。

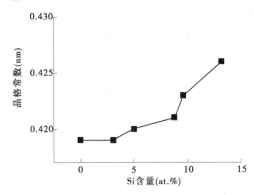

图 4-9　不同 Si 含量 Ti - Mo - Si - N 薄膜的晶格常数

　　薄膜中相的形成受热力学和动力学的影响。较之非晶体,晶体具有更高的势能,所以相同条件下,晶体比非晶体更容易形成。另外,Ti、Si、N 的电负性值分别为 1.5、2.5、3.0,故 Ti 与 N 的电负差大于 Si 与 N 的电负差,所以 TiN 晶体比非晶 Si_3N_4 更易形成。Chung 等对 Ti - Si - N 薄膜的研究表明,在无基底预加热的条件下,TiN 晶体比非晶 Si_3N_4 更容易成核。所以,当 Si 含量小于 5.0 at.% 时,Si 含量较少,薄膜为 Si 固溶在 Ti - Mo - N 晶格中的间隙固溶体;随薄膜中 Si 含量的进一步升高,FTIR 及 XPS 均检测到了非晶 Si_3N_4,这是由于 Si 在 Ti - Mo - N 晶格中的固溶不足以消耗沉积到基底上的全部 Si 原子,薄膜中有非晶 Si_3N_4 生成,此时薄膜由 Ti - Mo - Si - N 固溶体和非晶 Si_3N_4 构成。

　　综上所述,当薄膜中 Si 含量小于 5.0 at.% 时,Ti - Mo - Si - N 薄膜为 Si 固溶在面心立方结构的 Ti - Mo - N 晶格中的间隙固溶体;随薄膜中 Si 含量的进一步升高,Si 在 Ti - Mo - N 晶格中的固溶不足以消耗沉积到基底上的全部 Si 原子,薄膜中有非晶 Si_3N_4 生成,此时薄膜两相共存,由面心立方结构的 Ti - Mo - Si - N 固溶体和非晶 Si_3N_4 构成。

　　图 4-10 是不同 Si 含量 Ti - Mo - Si - N 薄膜残余压应力。从图中可以看出,不同 Si 含量的 Ti - Mo - Si - N 薄膜残余应力状态均体现为压应力。三元 Ti - Mo - N 薄膜残余压应力约为 -1.5 GPa。随薄膜中 Si 含量的升高,四元 Ti - Mo - Si - N 薄膜残余压应力先升高后降低,当薄膜中 Si 含量为 8.8 at.% 时,薄膜残余压应力最大,其最大值为 -2.4 GPa。

　　残余应力由内应力和热应力构成。热应力主要受沉积环境温度及薄膜与衬底的热膨胀系数等因素的影响。其计算公式为:

$$\sigma_T = \frac{E_F}{1 - n_F}(\alpha_F - \alpha_S)(T_D - T_M) \tag{4-3}$$

式中　σ_T——热应力,GPa;

　　　E_F——薄膜弹性模量,GPa;

　　　α_F——薄膜热膨胀系数,1/℃;

　　　α_S——衬底热膨胀系数,1/℃;

　　　n_F——泊松比,取0.3;

　　　T_D——薄膜沉积温度,℃;

　　　T_M——薄膜测试时的环境温度,℃,本实验中测试环境温度为25 ℃。

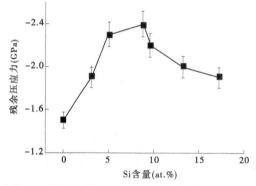

图4-10　不同Si含量Ti-Mo-Si-N薄膜的残余压应力

本书中,由于实验过程中没有恒定沉积环境温度,随Si靶功率由0 W升高至130 W,沉积结束后,经衬底夹具上的温度传感器测得薄膜温度由89 ℃升高至162 ℃。基底单晶Si的热膨胀系数为2.7×10^{-6}/℃,TiN的热膨胀系数为6.0×10^{-6}/℃,Si_3N_4的热膨胀系数为3.2×10^{-6}/℃。根据热应力公式计算可得不同Si含量的Ti-Mo-Si-N薄膜热应力为拉应力,其值在$0.1 \sim 0.2$ GPa。因此,Ti-Mo-Si-N薄膜残余应力主要受内应力的影响。Si原子的固溶使得Ti-Mo-Si-N薄膜产生晶格畸变,最终导致薄膜内应力升高。研究表明,非晶Si_3N_4本身所具有的低密度及无序性等特征,能够起到降低薄膜的残余应力的作用。另外,(200)晶面具有较低的原子面密度,能够起到降低残余应力的作用。所以,择优取向的转变对残余应力的降低也有一定的影响。

结合上述分析,当Si含量小于8.8 at.%时,晶格畸变导致薄膜残余压应力逐渐升高;当Si含量为8.8 at.%时,薄膜中虽有Si_3N_4生成,但是其含量不足以抵消晶格畸变所造成的影响,故此时薄膜残余压应力进一步升高;随薄膜中Si含量的进一步升高,薄膜中出现的大量Si_3N_4及择优取向的转变,导致薄膜残余压应力随Si含量的升高逐渐降低。

图4-11是压痕仪获得的不同Si含量的Ti-Mo-Si-N薄膜载荷—位移曲线。由图可知,压痕仪最大压入深度在$80 \sim 100$ nm,均小于薄膜厚度的10%,能够避免基底对薄膜硬度的影响。

图4-12给出了不同Si含量的Ti-Mo-Si-N薄膜硬度及弹性模量。由图可知,三元Ti-Mo-N薄膜硬度和弹性模量分别为27 GPa、401 GPa。随Si含量的增大,Ti-Mo-Si-N薄膜硬度先升高后降低;薄膜弹性模量先略有升高后逐渐降低。当Si含

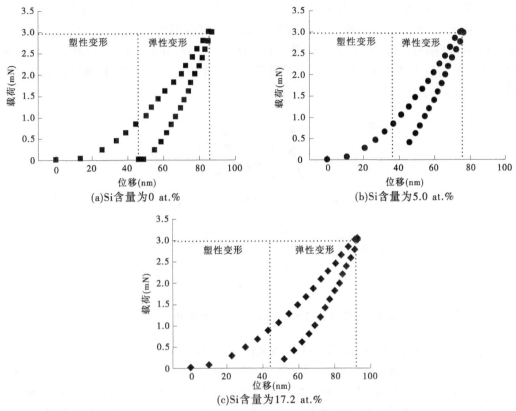

图 4-11　不同 Si 含量 Ti - Mo - Si - N 薄膜载荷—位移曲线

量为 5.0 at.% 时,薄膜硬度及弹性模量达到最高,其最高值分别为 34 GPa、412 GPa。

　　当 Si 含量小于 5.0 at.% 时,固溶强化和残余压应力的升高导致薄膜硬度随 Si 含量的升高逐渐升高;本实验条件下制备的 Si_3N_4 薄膜硬度约为 21 GPa,所以当 Si 含量大于 5.0 at.% 时,Si_3N_4 相的出现是薄膜硬度随 Si 含量的升高逐渐降低的主要原因。另外,当 Si 含量大于 8.8 at.% 时,薄膜残余压应力的降低也对薄膜硬度的降低产生一定的影响。

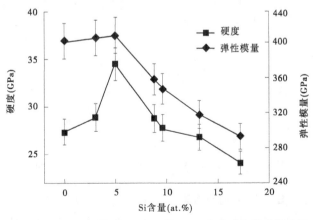

图 4-12　不同 Si 含量 Ti - Mo - Si - N 薄膜硬度及弹性模量

研究表明，H/E 及 H^3/E^{*2} [其中 $E^* = E/(1-\mu^2)$] 对薄膜摩擦磨损性能影响很大，具有较高 H/E 及 H^3/E^{*2} 的薄膜往往体现出良好的摩擦磨损性能。由图 4-13 可知，三元 Ti – Mo – N 薄膜的 H/E 及 H^3/E^{*2} 分别为 0.069 和 0.137 GPa。随 Si 含量的升高，Ti – Mo – Si – N 薄膜 H/E 及 H^3/E^{*2} 先升高后降低，当 Si 含量为 5.0 at.% 时，薄膜硬度及弹性模量达到最高，其最高值分别为 0.085 GPa、0.204 GPa。

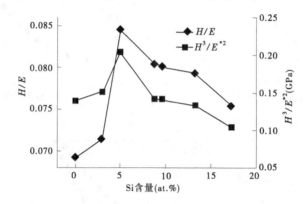

图 4-13　不同 Si 含量 Ti – Mo – Si – N 薄膜的 H/E 及 H^3/E^{*2}

薄膜弹性恢复系数可根据图 4-11 中数据计算，其公式如下：

$$弹性恢复系数 = 塑性变形/(塑性变形 + 弹性变形) \tag{4-4}$$

经计算可知，三元 Ti – Mo – N 薄膜的弹性恢复系数约为 57%。四元 Ti – Mo – Si – N 薄膜的弹性恢复系数为 43% ~ 46%。研究表明，具有较低的弹性恢复系数的薄膜往往体现出较好的断裂韧性。因此，Si 元素的引入可以提升 Ti – Mo – N 薄膜的断裂韧性。为证明这一点，对不同 Si 含量 Ti – Mo – Si – N 薄膜的断裂韧性进行了定量计算，其结果如图 4-14 所示。由图可知，三元 Ti – Mo – N 薄膜韧性值约为 1.3 MPa·m$^{1/2}$，不同 Si 含量的 Ti – Mo – Si – N 薄膜韧性均大于 Ti – Mo – N 薄膜，且随 Si 含量的升高先增大后降低，当 Si 含量为 5.0 at.% 时，薄膜韧性最高，其最高韧性值约为 2.61 MPa·m$^{1/2}$。

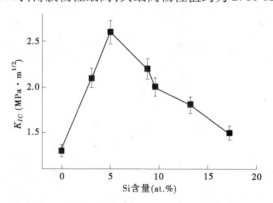

图 4-14　不同 Si 含量 Ti – Mo – Si – N 薄膜断裂韧性

图 4-15 给出了不同 Si 含量 Ti – Mo – Si – N 薄膜断裂韧性与残余压应力及 H^3/E^{*2} 的关系。由图可知，Ti – Mo – Si – N 薄膜韧性受残余压应力及 H^3/E^{*2} 的影响显著。随残余

压应力及 H^3/E^{*2} 的升高,薄膜韧性逐渐增大。这与文献的研究结论一致。

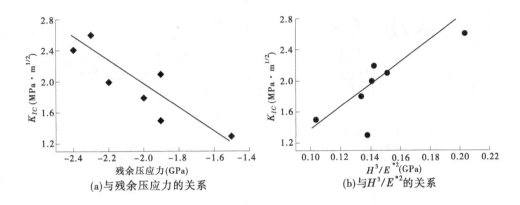

(a)与残余压应力的关系　　　　　(b)与 H^3/E^{*2} 的关系

图 4-15　不同 Si 含量 Ti – Mo – Si – N 薄膜断裂韧性与残余压应力及 H^3/E^{*2} 的关系

图 4-16 为不同 Si 含量 Ti – Mo – Si – N 薄膜室温下的摩擦曲线。由图可知,每条摩擦曲线均存在跑合和稳定两阶段。

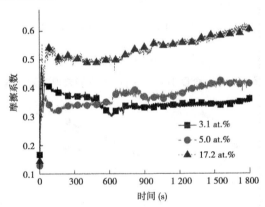

图 4-16　不同 Si 含量 Ti – Mo – Si – N 薄膜室温下的摩擦系数

图 4-17 是不同 Si 含量 Ti – Mo – Si – N 薄膜室温下的磨痕形貌。从图中可以看出,当薄膜中 Si 含量在 3.1 at.% ~ 5.0 at.% 时,薄膜磨痕随 Si 含量的升高而逐渐变浅、变窄;当薄膜中 Si 含量大于 5.0 at.% 时,薄膜磨痕随 Si 含量的升高而逐渐变深、变宽。

根据图 4-16 及图 4-17 中的数据计算不同 Si 含量 Ti – Mo – Si – N 薄膜平均摩擦系数及磨损率,其计算结果如图 4-18 所示。由图可知,在室温条件下,三元 Ti – Mo – N 薄膜的平均摩擦系数和磨损率分别为 0.38、7.11×10^{-7} $\text{mm}^3/(\text{N} \cdot \text{mm})$。Ti – Mo – Si – N 薄膜平均摩擦系数及磨损率随 Si 含量的升高先降低后升高,当 Si 含量为 5.0 at.% 时,薄膜平均摩擦系数及磨损率均达到最低值,其最低值分别为 0.35、7.8×10^{-8} $\text{mm}^3/(\text{N} \cdot \text{mm})$。

为分析 Si 含量对薄膜平均摩擦系数与磨损率的影响,图 4-19 给出了 Si 含量为 3.1 at.%、5.0 at.% 和 17.2 at.% 的 Ti – Mo – Si – N 薄膜室温下磨痕 3D 及光学显微镜照片。由图 4-19(a)可知,当薄膜中 Si 含量为 3.1 at.% 时,薄膜磨痕较为粗糙,存在犁沟;当薄

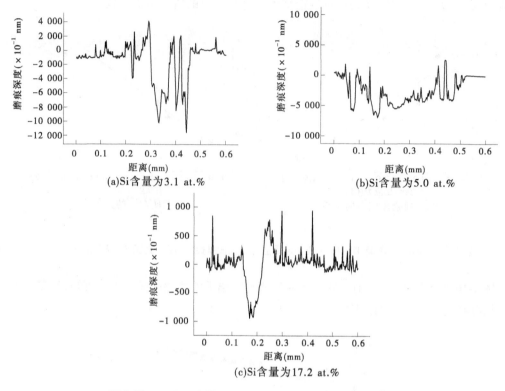

(a)Si含量为3.1 at.%

(b)Si含量为5.0 at.%

(c)Si含量为17.2 at.%

图 4-17　不同 Si 含量 Ti－Mo－Si－N 薄膜室温下的磨痕形貌

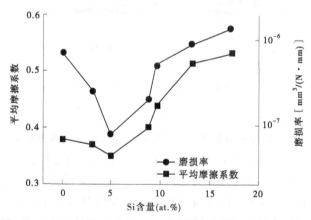

图 4-18　不同 Si 含量 Ti－Mo－Si－N 薄膜室温下的平均摩擦系数及磨损率

膜中 Si 含量升高至 5.0 at.% 时[见图 4-19(b)]，薄膜磨痕光洁，无明显犁沟，这说明 Si 元素的引入能够显著提高薄膜的摩擦磨损性能。研究表明，在摩擦实验中，薄膜与环境中的水汽及氧等反应生成的 MoO_3、SiO_2 及 $Si(OH)_4$ 等具有良好的润滑作用。随 Si 含量的升高，SiO_2 及 $Si(OH)_4$ 等摩擦反应物逐渐增多，使得薄膜磨痕区域光洁。由图 4-19(c)知，当薄膜中 Si 含量进一步升高至 17.2 at.% 时，薄膜磨痕出现大量犁沟，磨痕表明附着大量的磨屑。这可能是薄膜中出现大量 Si_3N_4 造成的。

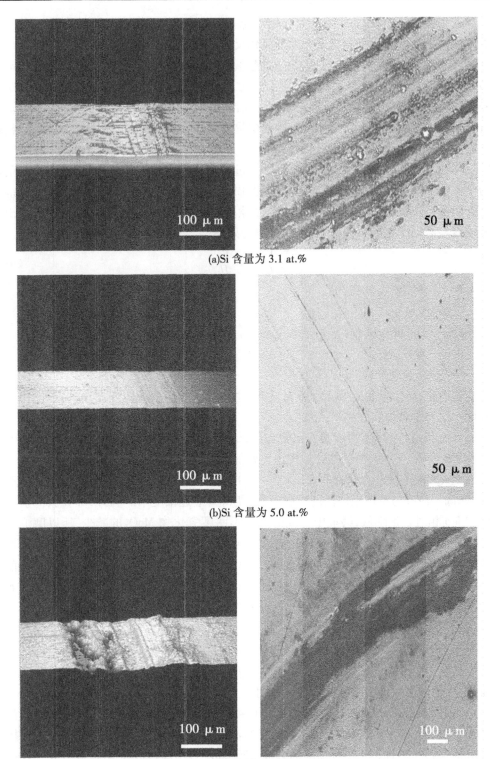

(a)Si 含量为 3.1 at.%

(b)Si 含量为 5.0 at.%

(c)Si 含量为 17.2 at.%

图 4-19　不同 Si 含量 Ti – Mo – Si – N 薄膜室温下磨痕 3D 及光学显微镜照片

　　研究表明,磨痕表面所生成的氧化相对薄膜摩擦磨损性能影响很大。氮化物薄膜在室温摩擦磨损实验过程中会普遍地发生氧化反应。有报道称, Ti - Mo - N 及 Mo - Al - N 等薄膜在室温摩擦磨损实验过程中会发生复杂的化学反应,生成润滑氧化物 MoO_3。 MoO_3 具有多个滑移系,且呈层状结构,层与层之间仅靠范德华力相互吸引,因此 MoO_3 易于被切削,在摩擦磨损实验中能够充当固体润滑物,有效地降低薄膜的平均摩擦系数。然而,由于其具有层状结构,在摩擦实验过程中易于被摩擦副磨损,所以 MoO_3 虽能减磨,但并不耐磨。

　　氮化物薄膜的摩擦磨损性能不仅受摩擦过程中所产生的润滑氧化物的影响,还受薄膜力学性能的影响。硬度是影响薄膜摩擦磨损性能的因素之一。研究表明,高硬度能够提高薄膜的单位抗载荷能力,降低薄膜与摩擦副之间的接触面积。Archards 公式给出了薄膜硬度与磨损率之间的关系,该公式可表述如下:

$$\frac{V}{L} = K\frac{W}{H} \tag{4-5}$$

式中　V——薄膜磨损体积,m^3;

　　　　L——摩擦距离,m;

　　　　K——Archards 系数;

　　　　W——载荷,N;

　　　　H——薄膜硬度,GPa。

　　本实验中,L 与 W 恒定为 75. 36 m、3 N。所以,根据 Archards 公式,磨损率反比于薄膜硬度。这与本书中实验结果一致。

　　另外有报道称,薄膜的抗塑变系数(H/E 及 H^3/E^{*2})对薄膜的摩擦磨损性能影响很大,高 H/E 及 H^3/E^{*2} 的薄膜往往体现出良好的摩擦磨损性能。

　　综上,当薄膜中 Si 含量在 3.1 at. % ~ 5.0 at. % 时,随 Si 含量的升高,薄膜硬度逐渐升高,降低了薄膜与摩擦副之间的接触面积,使得磨痕逐渐变窄。另外,Si 元素的引入使薄膜中 Mo 相对含量降低,磨痕中生成的层状不耐磨氧化物 MoO_3 的减少,所以磨痕逐渐变浅。硬度、H/E 及 H^3/E^{*2} 的升高及磨痕中 MoO_3 的减少共同作用使得薄膜平均摩擦系数及磨损率随 Si 含量的增大逐渐降低;当薄膜中 Si 含量大于 5.0 at. % 时,随 Si 含量的升高,Si_3N_4 逐渐增多是薄膜平均摩擦系数及磨损率逐渐升高的主要原因。另外,硬度、H/E 及 H^3/E^{*2} 的降低也对薄膜平均摩擦系数及磨损率逐渐升高起到一定的作用。

　　选取书中力学及室温摩擦磨损性能最优的 Ti - Mo - Si - N 薄膜(Si 含量为 5.0 at. %)研究环境温度对薄膜摩擦磨损性能的影响。图 4-20 给出了不同环境温度条件下 Ti - Mo - Si - N 薄膜的摩擦曲线。从图中可以看出,每条摩擦曲线均存在跑合阶段和稳定阶段,环境温度对薄膜摩擦曲线的影响明显。

　　图 4-21 给出了 Si 含量为 5.0 at. % 的 Ti - Mo - Si - N 薄膜不同环境温度条件下的平均摩擦系数及磨损率。从图中可以看出,环境温度对 Ti - Mo - Si - N 薄膜的平均摩擦系数和磨损率影响显著。随环境温度的升高,Ti - Mo - Si - N 薄膜平均摩擦系数先升高后逐渐降低。Ti - Mo - Si - N 薄膜最高平均摩擦系数为 0.59,其对应的环境温度是 200 ℃; Ti - Mo - Si - N 薄膜最低平均摩擦系数为 0.35,其对应环境温度是 600 ℃。

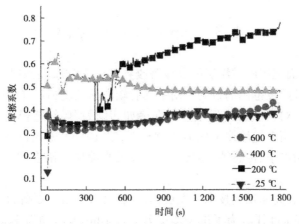

图 4-20　Si 含量为 5.0 at.% 的 Ti－Mo－Si－N 薄膜不同环境温度条件下的摩擦曲线

从图 4-21 还可以看出，随着环境温度的升高，Ti－Mo－Si－N 薄膜磨损率逐渐增大。当环境温度为 600 ℃时，薄膜磨损率最大，其最大值为 3.9×10^{-6} mm³/(N·mm)。

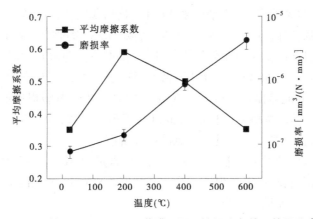

图 4-21　Si 含量为 5.0 at.% 的 Ti－Mo－Si－N 薄膜不同环境温度条件下的平均摩擦系数及磨损率

随着环境温度由室温逐渐升高至 200 ℃，薄膜磨痕表面吸附的水汽和其他润滑物质逐渐被蒸发、变性，失去了相应的润滑作用。加之在过渡族金属氮化物薄膜中引入 Si 元素能够提升薄膜的热稳定性能，在此温度条件下难以生存润滑相，薄膜磨痕表面与摩擦副之间的相互作用逐渐地趋于剧烈，所以 Ti－Mo－Si－N 薄膜平均摩擦系数及磨损率逐渐升高。当环境温度由 200 ℃逐渐升高至 600 ℃时，由于薄膜磨痕与摩擦副之间的剧烈作用，磨痕表面局部区域温度瞬时升高，达到了薄膜的氧化温度，生成了润滑氧化物，所以薄膜平均摩擦系数逐渐降低。随着环境温度的升高，磨痕表面的易磨损润滑氧化物逐渐增多，所以此时薄膜磨损率进一步升高。

与 Ti－Mo－N 薄膜相比可知，由于 Si 元素的引入提升了 Ti－Mo－Si－N 薄膜的抗氧化性能，在相同环境温度条件下磨痕表面的润滑相要低于 Ti－Mo－N 薄膜磨痕表面的，所以 Ti－Mo－Si－N 薄膜磨痕与摩擦副之间的相互作用要更为剧烈，所以在相同环境温度条件下，Ti－Mo－Si－N 薄膜磨损率比 Ti－Mo－N 薄膜要高。

4.3　Nb – Si – N 薄膜

在切削刀具表面沉积硬质涂层能够显著改善其硬度和摩擦磨损性能,从而达到延长其服役寿命、拓宽其服役范围的目的。由于具有较高的硬度和良好的摩擦磨损性能,过渡族金属氮化物(TMeN)薄膜被广泛地应用在诸如切削刀具、铸造模具等一系列工业加工领域。研究表明,与诸多过渡族金属氮化物相似,二元 NbN 薄膜也体现出较为优异的力学及超导性能,在微电子、传感器、超导电子学及刀具涂层等诸多领域展现出了广泛的应用前景。

随着干式切削和高速切削技术的发展,对薄膜材料提出了更高的性能要求,传统的二元 NbN 薄膜不能完全胜任。为了进一步提升二元 NbN 薄膜的力学和摩擦磨损性能,人们通过引入 AlN 及 Si_3N_4 等薄膜体系,制备纳米多层膜。目前,有关 NbN 薄膜的报道多出现在多层膜领域。例如 TiN/NbN、CrN/NbN 等纳米结构多层膜均体现出超硬效应,NbN 薄膜的多层化能够显著地提升其硬度。然而,NbN 基复合薄膜的报道并不多见。自 Veprek 提出"非晶包裹纳米晶"模型以来,Si 对氮化物薄膜微观结构及性能的影响越来越引起国内外学者的关注。nc – MeN/a – SiN_x 薄膜(MeN 为过渡族金属氮化物)往往体现出诸如高硬度、高韧性、低摩擦系数等优异性能,使得该类薄膜在刀具制造等领域中体现出良好的应用前景。例如,较之二元 TiN 薄膜,Ti – Si – N 薄膜具有更高的硬度和热稳定性能。由此可知,Si 能够提升 Nb – Si – N 薄膜的力学及摩擦磨损性能。然而,目前关于 Nb – Si – N 薄膜力学及摩擦磨损性能的报道并不多。Si 含量对 Nb – Si – N 薄膜微观结构、力学及摩擦磨损性能的影响具有一定的研究价值。

本书采用射频磁控溅射法制备一系列不同 Si 含量的 Nb – Si – N 薄膜,利用 X 射线衍射仪、扫描电镜、能谱仪、纳米压痕仪和摩擦磨损实验机对薄膜的相结、形貌、成分、力学性能和室温摩擦磨损性能进行研究。

4.3.1　Nb – Si – N 薄膜制备及表征

本部分 Nb – Si – N 薄膜制备过程中衬底选取、处理及制备方式与 2.1.1 相同。在沉积过程中,固定溅射气压为 0.3 Pa、Nb 靶功率为 200 W,氩氮比为 10∶5。通过改变 Si 靶功率来获得一系列不同 Si 含量的 Nb – Si – N 薄膜。沉积 Nb – Si – N 膜之前,在衬底上预镀厚度约 200 nm 的 Nb 为过渡层。

本部分 XRD、SEM、EDS、纳米压痕及摩擦磨损实验设备与 2.1.1 相同。

4.3.2　Nb – Si – N 薄膜微结构及性能

图 4-22 给出了不同 Si 含量的 Nb – Si – N 薄膜 XRD 图谱。从图中可以看出,二元 NbN 薄膜在 36°、39°、41°及 59°附近出现了四个衍射峰,依次对应为面心立方(fcc) NbN (PDF 38 – 1155)(200)、密排六方(hcp) NbN (PDF 14 – 0547)(200)、fcc – NbN(200)及 fcc – NbN(220)。薄膜由 fcc – NbN 及 hcp – NbN 两相构成。三元 Nb – Si – N 薄膜出现了四个与二元 NbN 薄膜相似的衍射峰,并且随着 Si 含量的升高,薄膜衍射峰逐渐宽化。从

图中还可以看出,随着薄膜中 Si 含量的升高,薄膜衍射峰逐渐向大角度方向偏移,表明 Nb – Si – N 薄膜的晶格常数减小。这主要是因为 NbN 晶格的 Nb 原子被加入的 Si 原子所取代,形成了置换固溶体,而 Si 原子的半径小于 Nb 原子的半径,薄膜晶格常数减小,在 XRD 图谱上就表现为 Nb – Si – N 薄膜的衍射峰向大角度偏移。

研究表明,将 Si 元素引入过渡族金属氮化物(TMN)薄膜中能够形成非晶包裹纳米晶的 TMN/Si$_3$N$_4$ 结构。FTIR 并不是主

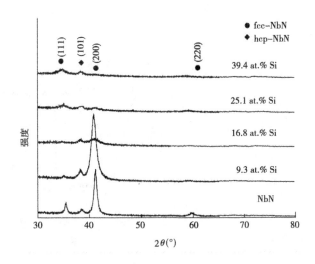

图 4-22　不同 Si 含量的 Nb – Si – N 薄膜的 XRD 图谱

流的检测过渡族金属氮化物薄膜相结构的方式,然而其能够精确地表征非晶相的化学键,是 XRD 的重要补充。FTIR 对过渡族金属氮化物薄膜非晶相化学键的表征在 Zr – Si – N、Ti – Mo – Si – N 等薄膜体系中均有报道。为检测 Nb – Si – N 薄膜中的非晶相,选取了 Si 含量为 16.8 at. % 的 Nb – Si – N 进行 FTIR 测试,其结果如图 4-23 所示。为便于对比,图 4-23 还给出了与 Nb – Si – N 薄膜相同实验条件下制备的 Si$_3$N$_4$ 薄膜的红外光谱。由图可知,Si$_3$N$_4$ 薄膜在 480 cm^{-1}、700 cm^{-1} 附近出现两个吸收峰,对应的是非晶 Si$_3$N$_4$ 中的 Si—N 键。三元 Nb – Si – N 薄膜出现了与 Si$_3$N$_4$ 相同的吸收峰,说明此时薄膜中出现了非晶 Si$_3$N$_4$。

综上,Nb – Si – N 薄膜由 fcc 结构的 Nb – Si – N 固溶体、hcp 结构的 Nb – Si – N 固溶体及非晶 Si$_3$N$_4$ 构成。随着薄膜中 Si 含量的升高,薄膜中 Si$_3$N$_4$ 逐渐增多。

图 4-24 给出了不同 Si 含量 Nb – Si – N 薄膜硬度。从图中可以看出,二元 NbN 薄膜的硬度为 29 GPa。三元 Nb – Si – N 薄膜硬度随着薄膜中 Si 含量的升高逐渐降低。当薄膜中 Si 含量大于 16.8 at. % 时,薄膜硬度趋于稳定,其稳定值约为 24 GPa。与本书相同实验条件下沉积的非晶 Si$_3$N$_4$ 薄膜硬度为 21 GPa。Nb – Si – N 薄膜硬度的降低与薄膜中出现了非晶 Si$_3$N$_4$ 有关。

图 4-25 给出了不同 Si 含量 Nb – Si – N 薄膜平均摩擦系数及磨损率。从图中可以看出,二元 NbN 薄膜的平均摩擦系数及磨损率分别为 0.68、6.7 × 10^{-7} mm^3/(N·mm)。三元 Nb – Si – N 薄膜的平均摩擦系数及磨损率均随着薄膜中 Si 含量的升高而逐渐升高。非晶 Si$_3$N$_4$ 在摩擦副的作用下易发生塑性变形,开裂失效,导致了薄膜平均摩擦系数及磨损率的升高。

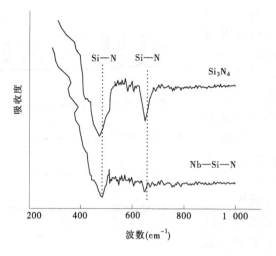

图 4-23　Si₃N₄ 及 Nb – Si – N 薄膜 FTIR 图谱

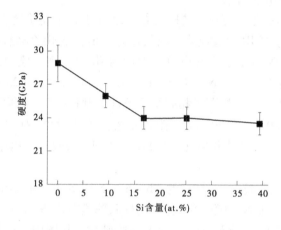

图 4-24　不同 Si 含量 Nb – Si – N 薄膜硬度

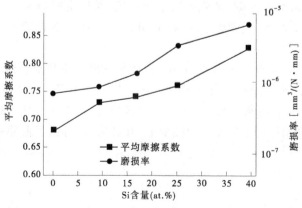

图 4-25　不同 Si 含量 Nb – Si – N 薄膜平均摩擦系数及磨损率

4.4　W – Si – N 薄膜

自古以来,表面改性和摩擦磨损性能研究在加工和制造工业中起着至关重要的作用。传统的降低摩擦系数和提高机械零件使用寿命的主要方法是液体润滑。随着制造技术的进步,人们对液体润滑剂的要求越来越高,特别是在防止污染和减轻结构重量方面。如文献所述,解决这一问题的方法是设计硬质固体润滑薄膜。具有优异的力学和摩擦磨损性能的过渡族金属氮化物(TMN)薄膜得到了广泛的应用。

刀具工程师和材料科学家已经将注意力转向最近报道的氮化钨薄膜,该薄膜在磨损实验中表现出低摩擦系数并形成马格内利相。由于纳米复合材料结构的形成,随着 Si 的加入,TMN 的力学性能有了明显的改善。当 Si 加入 TiN 中形成 Ti – Si – N 纳米复合膜时,获得了超高的硬度。利用物理气相沉积法制备的 W – Si – N 薄膜,其微观结构、力学性能、热稳定性、电学性能都得到了广泛的研究。作者课题小组沉积了一系列不同 Si 含量的 W – Si – N 薄膜,讨论了 Si 含量对薄膜晶体结构、力学性能及室温摩擦系数和磨损率的影响。摩擦系数和磨损率既受本征性能的影响,也受测试环境的影响。典型的例子是二硫化钼薄膜,据报道其在真空中表现出优异的摩擦磨损性能,但在潮湿的测试环境中容易磨损。测试温度是影响 TMN 基薄膜摩擦磨损性能的重要因素。例如,Tillmann 和 Dildrop 利用磁控溅射系统合成了一系列 Ti – Al – Si – N 薄膜,并研究了 Si 含量对薄膜高温摩擦磨损性能的影响。研究发现,低含量的硅(<7.9 at.%)与 Ti – Al – N 基薄膜的结合在 500 ℃时的摩擦系数降低,而高含量的硅(>7.9 at.%)的薄膜在 800 ℃时表现出较好的耐磨性。Yalamanilli 等报道了高硅含量的 Zr – Si – N 薄膜最佳地结合了硬度、韧性和抗氧化性能,在室温和高温下均能获得优异的宏观耐磨性。然而,关于 W – Si – N 薄膜的摩擦磨损性能,特别是高温下的摩擦磨损性能的研究还不多见。本书采用反应磁控溅射方法制备了不同硅含量的 W – Si – N 薄膜,并选择室温下具有优异力学性能和摩擦磨损性能的薄膜,在宽温区(从室温到 600 ℃)下使用未润滑的氧化铝作为摩擦副的滑动实验研究了 W – Si – N 薄膜的摩擦磨损性能。摩擦实验设计的目的是解决以下问题:

(1)不同测试温度下 W – Si – N 薄膜摩擦磨损行为的机理;

(2)在不同测试温度下导致摩擦膜马格内利相产生的原因;

(3)除摩擦膜外,还研究了表面变形对摩擦磨损性能的影响。

4.4.1　W – Si – N 薄膜制备及表征

本部分 W – Si – N 薄膜制备过程中衬底选取、处理及制备方式与 2.1.1 相同。在沉积过程中,固定溅射气压为 0.3 Pa、W 靶功率为 250 W,氩氮比为 10∶10。通过调整 Si 靶的功率,获得厚度为 2 μm 左右的 W_2N 和不同 Si 含量的 W – Si – N 薄膜。沉积 W – Si – N 膜之前,在衬底上预镀厚度约 200 nm 的 W 为过渡层。

本部分 XRD、SEM、EDS、TEM、纳米压痕及摩擦磨损实验设备与 2.1.1 相同。摩擦实验过程中,载荷设定为 3 N,摩擦半径为 4 mm。

4.4.2　W-Si-N薄膜微结构及性能

Si靶材功率对W-Si-N薄膜元素组成的影响如图4-26所示。分别以0 W、50 W、90 W、110 W、120 W、150 W、180 W等不同Si靶功率沉积的W-Si-N膜的Si含量分别为0 at.%、2.6 at.%、5.2 at.%、14.3 at.%、23.5 at.%、28.8 at.%和31.2 at.%,N含量和N/(W+Si)原子比随Si目标功率的增加而略有增加,膜中的氧含量几乎固定在3.8 at.%~4.6 at.%的偏差范围内。

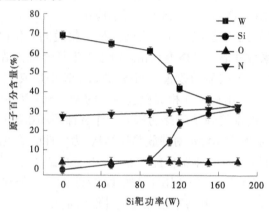

图4-26　不同Si靶功率的W-Si-N薄膜的元素组成

图4-27显示了W-Si-N薄膜的XRD图谱。如图4-27所示,W-N薄膜表现出面心立方(fcc)W_2N相(PDF卡25-1257)。在W-Si-N薄膜的XRD图谱中也检测到对应于fcc-W_2N的衍射峰,不存在对应于晶体氮化硅的其他衍射峰。W-Si-N薄膜的晶粒尺寸约为42 nm、26 nm、12 nm、7 nm、7 nm和7 nm,对应于Si含量分别为0 at.%、2.6 at.%、5.2 at.%、14.3 at.%、23.5 at.%和28.8 at.%。此外,还检测到峰值偏移到更高的衍射角现象,这归因于晶格常数的降低。随着Si含量的增加,三元W-Si-N薄膜的峰形变宽,且W-Si-N薄膜在Si含量高于14.3 at.%时成为X射线无定形,非晶Si_3N_4可能引起这种现象。在Ti-Mo-Si-N和Mo-Al-Si-N薄膜中也报道了类似的XRD峰宽化现象。

图4-28显示了在Si含量2.6 at.%下W-Si-N膜的W 4f、Si 2p和N 1s XPS光谱。对于图4-28(a)所示W 4f光谱,对应于W_2N的W 4f 7/2和W 4f 5/2光谱,存在约32.8 eV和34.9 eV的两个峰。非晶Si_3N_4中的Si—N键具有约101.8 eV的峰。这与如图4-28(b)所示的Si 2p光谱一致,在图4-28(c)中,在397.2 eV和397.6 eV处具有两个峰值,分别对应于W_2N和Si_3N_4中的W—N键和Si—N键。

图4-29显示了W-Si-N薄膜的高分辨率透射电子显微镜(HRTEM)及其相应的面积电子衍射(SAED)图像。图4-29(a)检测到纳米复合结构和Si含量2.6 at.%处的膜由结晶和非晶相组成,该膜以柱状晶体的形式生长,其晶粒尺寸为30 nm。基于图4-27和图4-28所示结果,非晶相为Si_3N_4,出现具有约0.205 7 nm、0.144 3 nm和0.123 0 nm的晶格间距的三个不同的晶格条纹,且这些晶格条纹分别对应于fcc-W_2N(200)、(220)和(311)。对于所有上述晶格边缘,晶格间距的值小于标准晶格间距的值,这表明膜晶格受到Si溶解的影响。图4-29(a)中插入的Si含量2.6 at.%时W-Si-N薄膜的SAED图像

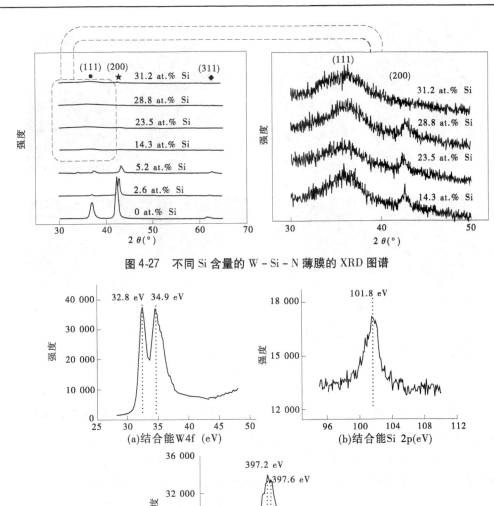

图 4-27　不同 Si 含量的 W - Si - N 薄膜的 XRD 图谱

图 4-28　在 Si 为 2.6 at.% 下 W - Si - N 薄膜的 W 4f、Si 2p 和 N 1s 的 XPS 光谱

表示可以识别 fcc - W_2N(111)、(200)、(220) 和 (311) 衍射环。如图 4-29(b) 所示,柱状晶体消失,随着 Si 含量增加到 23.5 at.%,晶粒细化变得明显,非晶 Si_3N_4 明显阻碍了晶粒的生长。由于 Si 的溶解,fcc - W_2N(220) 和 (311) 晶格条纹的晶格间距进一步降低,另外,从图 4-29 可以看出,随着薄膜中的 Si 含量增加,非晶 Si_3N_4 相的含量显著增加。

根据实验和形成焓结果,W - Si - N 薄膜由 fcc - $W(Si)N_x$ 和非晶 Si_3N_4 的固溶体组成。

图 4-30 示出了 W - Si - N 薄膜的 TG 曲线。如图 4-30 所示,样品的重量不受初始温度升高的影响,而随温度进一步升高逐渐增加。样品重量的增加由氧化造成,因此 W_2N 薄膜的抗氧化温度约为 380 ℃。随着 Si 掺入 W_2N 基体中,Si 含量不断增加,W - Si - N 薄

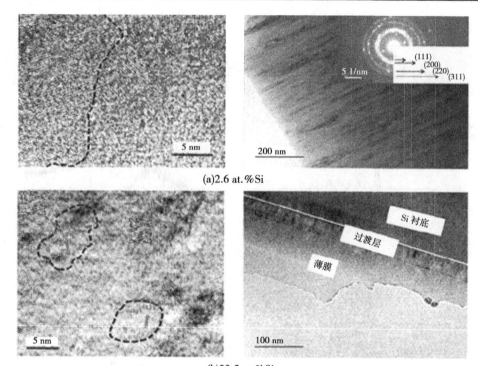

(a)2.6 at.%Si

(b)23.5 at.%Si

图 4-29　在 2.6 at.% Si 和 23.5 at.% Si 处的 W－Si－N 薄膜的 HRTEM 图像及其相应的 SAED 图像

膜的耐氧化温度逐渐升高,W－Si－N 薄膜的最高抗氧化温度在 Si 含量 31.2 at.% 时约为 650 ℃,由于非晶 Si_3N_4 的抗氧化温度高于 1 200 ℃,薄膜中 Si_3N_4 相的上升引起抗氧化温度的升高,一些参考文献中也报道了通过添加硅来改善 W－Si－N 薄膜的抗氧化温度。

图 4-31 显示了 W－Si－N 膜的残余压应力。如图 4-31 所示,所有 W－Si－N 薄膜,都呈现压应力。对于具有较低 Si 含量的 W－Si－N 薄膜,随着 Si 含量增加残余压应力稍微升高,当 Si 含量为 14.3 at.% 时,达到最大值(为 1.85 GPa),在 Si 含量进一步增加的情况下,当 Si 含量为 31.2 at.% 时,残余压应力下降到 1.5 GPa 的最小值。由 Si 原子引起的晶格畸变可能是残余压应力增加的原因,当 Si 含量高于 5.2 at.% 时,残余压应力的升高极缓并随后降低可能与非晶 Si_3N_4 相的增加有关,因为非晶 Si_3N_4 相具有低密度和无序网络。

图 4-32 示出了 W－Si－N 薄膜的硬度和弹性模量。如图 4-32 所示,W_2N 薄膜的硬度和弹性模量分别为 26 GPa 和 295 GPa。对于具有较低 Si 含量的 W－Si－N 薄膜,其硬度和弹性模量显著升高,在 Si 含量 23.5 at.% 处分别达到最大值 40 GPa 和 359 GPa,Si 含量的进一步增加使薄膜的硬度和弹性模量逐渐下降到最小值 27 GPa 和 293 GPa。

细晶强化、固溶强化和增加的残余压应力导致硬度的初始增加,当 Si 含量高于 23.5 at.% 时,硬度的降低可能归因于残余压应力的降低和非晶 Si_3N_4 相($H = 19$ GPa)的出现。

W－Si－N 薄膜的 H/E 和 W_e 也在图 4-32 中示出。W_2N 薄膜的 H/E 约为 0.088,开始时 W－Si－N 薄膜的 H/E 逐渐增加,直到达到最大值,然后随着 W－Si－N 薄膜的 Si 含量的进一步增加而降低,在 Si 含量为 23.5 at.% 时最大值约为 0.11 GPa。W_e 从 Si 含量 0

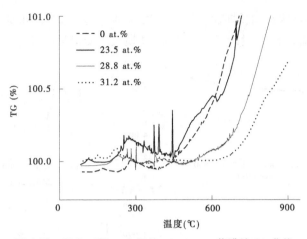

图 4-30　具有不同 Si 含量的 W－Si－N 薄膜的 TG 曲线

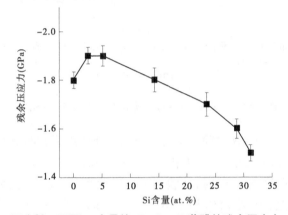

图 4-31　不同 Si 含量的 W－Si－N 薄膜的残余压应力

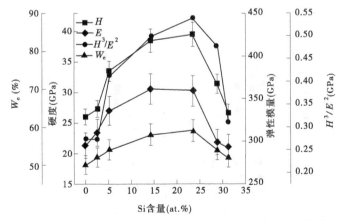

图 4-32　硬度、弹性模量及不同 Si 含量的 W－Si－N 薄膜的 H^3/E^2 比值

at.％ 时的 50％ 上升至 Si 含量 23.5 at.％ 时的 59％，然后在 Si 含量为 31.2 at.％ 时下降至 52％。

图 4-33 示出了 W－Si－N 薄膜的摩擦系数曲线和 2D 图像。如图 4-33 所示，每个摩

擦系数曲线包含磨合状态和长期稳定状态。当 Si 含量低于 23.5 at.% 时，膜的磨损轨迹变得又浅又窄，而随着 Si 含量的进一步增加，磨损轨迹变得又深又宽。

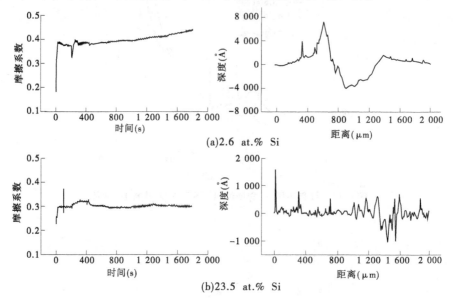

(a)2.6 at.% Si

(b)23.5 at.% Si

图 4-33　W - Si - N 薄膜的摩擦系数曲线和 2D 图像

图 4-34 显示了 W - Si - N 薄膜的平均摩擦系数和磨损率。如图 4-34 所示，W_2N 薄膜的平均摩擦系数和磨损率分别为 0.44 和 7.3×10^{-8} $mm^3/(N \cdot mm)$。当 W - Si - N 薄膜中 Si 含量逐渐升高至 23.5 at.% 时，薄膜的平均摩擦系数和磨损率逐渐降低，在 Si 含量为 23.5 at.% 时分别达到最小值 0.30 和 8.7×10^{-9} $mm^3/(N \cdot mm)$；随着 Si 含量的进一步增加，平均摩擦系数和磨损率逐渐增加到最大值 0.5 和 $4.7 \times 10^{-8} mm^3/(N \cdot mm)$，此时 Si 含量为 31.2 at.%。

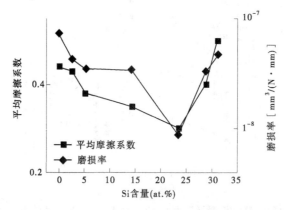

图 4-34　不同 Si 含量的 W - Si - N 薄膜的平均摩擦系数和磨损率

图 4-35 显示了从 W - Si - N 薄膜的磨损轨迹的不同位置获得的拉曼光谱，目的是研究润滑剂摩擦膜对膜的摩擦磨损性能的影响。如图 4-35 所示，曲线 a 示出了在 Si 含量

2.6 at.％时沉积的 W－Si－N 薄膜的拉曼光谱,它在 680 cm^{-1}和 800 cm^{-1}处显示与 W$_2$N 相关的两个峰;曲线 b 是 Si 含量为 2.6 at.％时 W－Si－N 薄膜的磨损轨迹的拉曼光谱,在约 960 cm^{-1}处检测到与 WO$_3$相关的峰;在 Si 含量为 31.2 at.％时沉积的 W－Si－N 薄膜的拉曼光谱为曲线 c,曲线 c 与曲线 a 相似,曲线 d 是 Si 含量为 31.2 at.％时 W－Si－N 薄膜的磨损轨迹的拉曼光谱,如曲线 d 所示,除两个 W$_2$N 拉曼峰外,还检测到与 WO$_3$相关的约 960 cm^{-1}处的峰。

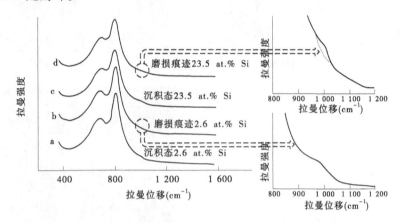

图 4-35 具有不同 Si 含量的 W－Si－N 薄膜的磨损轨迹的拉曼光谱

图 4-36 示出了 W－Si－N 薄膜的磨损轨迹光学图像。如图 4-36(a)所示,当膜中的 Si 含量为 2.6 at.％时,检测到许多划痕槽和裂缝,轨道宽度约为 240 μm,一些磨损颗粒与磨损轨迹分离,并且划伤磨损轨迹的表面,主要磨损机理可能是磨料磨损。如图 4-36(b)所示,在 Si 含量 23.5 at.％处的 W－Si－N 薄膜的磨损轨迹是平滑的,并且轨道宽度大约为 140 μm,磨损机理可能是抛光磨损,如图 4-36(c)所示,随着 Si 含量的进一步增加,在 Si 含量为 31.2 at.％处的 W－Si－N 薄膜的磨损轨迹变宽,且磨损轨迹的宽度约为 330 μm,磨损轨迹上有许多裂缝,磨损轨迹的表面出现了一些微小的裂缝,这可能是由于磨损颗粒刮伤了裂纹并损坏了磨损轨迹的表面。此外,还检测到 Si 含量 2.6 at.％的 W－Si－N 薄膜有一些划痕凹槽,主要的磨损机理改变为磨料磨损。

在弹性/塑料板接触处的刚性球中的屈服压力 P_y 与膜在负载接触中的塑性变形的阻力密切相关,并且可以通过以下公式确定:

$$P_y = 0.78r^2(H^3/E^2) \tag{4-6}$$

式中 r——接触球的半径。

根据上述方程,计算了具有各种 Si 含量的 W－Si－N 膜的 P_y,结果如图 4-37 所示。如图 4-37 所示,随着 Si 含量的增加,W－Si－N 膜的 P_y 值逐渐增加,直到达到最大值,然后随着 Si 含量的进一步增加而降低;在 Si 含量为 23.5 at.％时,最大值约为 6.8 N。

W_e 与 H/E 一起可用于评估膜的抗裂性,摩擦学性质取决于两个参数。作为 H/E 和 W_e 的函数,薄膜的平均摩擦系数和磨损率如图 4-38 所示,这表明随着 W_e 和 H/E 的增加,膜的平均摩擦系数和磨损率都降低。

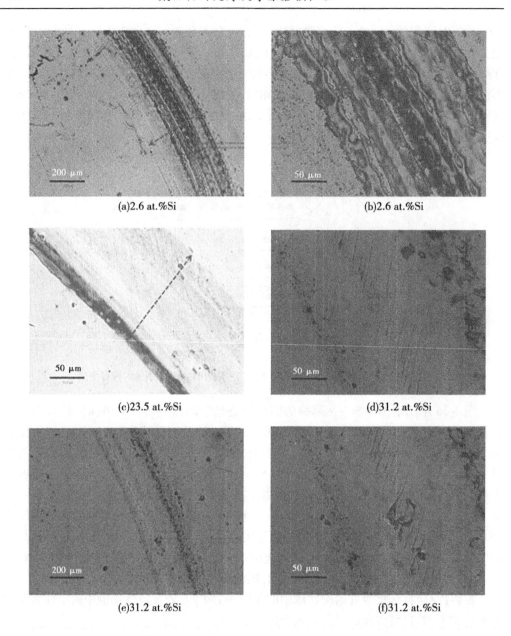

(a)2.6 at.%Si

(b)2.6 at.%Si

(c)23.5 at.%Si

(d)31.2 at.%Si

(e)31.2 at.%Si

(f)31.2 at.%Si

图 4-36　具有不同 Si 含量 W – Si – N 薄膜的磨痕轨迹光学图像

在 W – Si – N 薄膜的所有磨损轨迹中检测到润滑剂摩擦膜 WO_3,因此摩擦膜不是 W – Si – N 膜的室温摩擦磨损性能的主要因素。对于 Si 含量为 2.6 at.% 的 W – Si – N 膜,P_y 的值约为 1.1 N,低于对应的载荷力,在滑动过程中特别是通过负载力的作用下磨损颗粒与磨损颗粒的相互作用,与磨损轨迹的相互作用在某些区域产生塑性变形。因此,在 Si 含量为 2.6 at.% 的 W – Si – N 薄膜的磨损轨迹中出现了一些裂纹,磨损轨迹和对方之间的相互作用变得更加严重。由于膜中的 Si 含量从 2.6 at.% 增加到 23.5 at.%,P_y 的值逐渐增加,这表明膜的耐负载接触中的塑性变形的能力得到改善。因此,在 Si 含量为

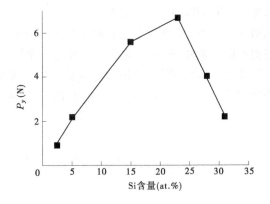

图 4-37　具有不同 Si 含量的 W – Si – N 薄膜的屈服压力(P_y)

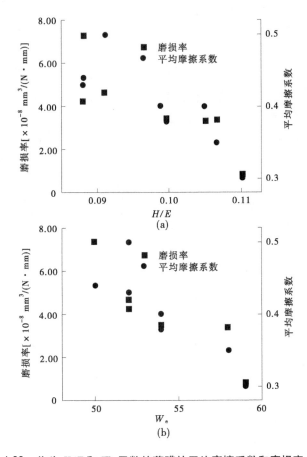

图 4-38　作为 H/E 和 W_e 函数的薄膜的平均摩擦系数和磨损率

23.5 at. % 处的 W – Si – N 膜的磨损轨迹光滑平坦,没有任何裂纹和划痕。主要的磨损机理从 Si 含量为 2.6 at. % 时的磨料磨损改变为 Si 含量为 23.5 at. % 时的抛光磨损。随着 Si 含量的增加,膜的平均摩擦系数和磨损率降低,随着 Si 含量的进一步增加,P_y 的值逐渐降低。虽然润滑剂摩擦膜 WO_3 出现在磨损轨迹上，但薄膜抗塑性变形能力下降，在磨损表面出现一些裂纹和微小的裂缝，使磨损轨迹和对应物之间的相互作用变得更加严重，因此平均摩擦系数和磨损率随着膜中 Si 含量的增加而增加。此外，薄膜的平均摩擦系数和磨损率也由 H/E 和 W_e 决定。因此，摩擦磨损性能受到机械性能的显著影响。在上述分析的基础上可知平均摩擦系数和磨损率达到最低值时，H/E、P_y 和 W_e 达到最高值。

第 5 章　含碳氮化物陶瓷薄膜

5.1　Zr – C – N 薄膜

　　过渡族金属氮化物,如 TiN,由于具有较高的硬度、耐磨性和优良的耐腐蚀性能,不但可以作为耐磨涂层,进行模具和切削刀具的表面强化,而且在表面腐蚀和装饰的许多工业领域也有重要的用途。随着制造技术的高速发展,尤其是高速切削、干式切削等工艺的出现,对刀具的切削性能提出了更高的要求。相比于 TiN 薄膜,ZrN 薄膜具有化学及热稳定性高、硬度大、电阻率低、耐磨性好,以及类似于黄金的金黄色等一系列优异的性能,因此近年来 ZrN 薄膜的研究日益受到重视。

　　然而,虽然 ZrN 薄膜具有众多优异的性能,但是研究发现 ZrN 薄膜的摩擦系数较高,这在很大程度上限制了它的应用。在薄膜中添加元素使薄膜多元化是改善薄膜微结构及综合性能的有效途径。研究表明,向 TiN 薄膜中加入 C 形成 Ti – C – N 复合薄膜,可以显著提高薄膜的硬度,达 47 GPa,降低薄膜的摩擦系数,提高薄膜的摩擦磨损性能。而由于 V 元素在高温下会生成 V_2O_5,且 V_2O_5 的熔点较低,因此加入 V 元素能使薄膜在高温摩擦磨损时的摩擦系数大大降低。为此在 ZrN 薄膜的基础上添加 C、V,设计了 Zr – C – N、Zr – V – N 薄膜。相对于 ZrN 薄膜的广泛研究,国际上关于 Zr – C – N 薄膜的研究鲜有报道,且主要集中在其生物相容性及医用性能方面,而对于 Zr – C – N 薄膜的摩擦磨损性能国内尚未见报道,而国内外对于 Zr – V – N 薄膜的常温及高温摩擦磨损性能尚未见报道。本部分采用射频非平衡磁控溅射法制备了 Zr – C – N 薄膜,分别研究了 C 含量和 V 含量的变化对薄膜成分、微结构、表面形貌、力学性能及摩擦磨损性能的影响,尝试通过改变 C 含量制备出超硬、耐磨等各项性能优异的薄膜使其能应用于极端服役环境中。

5.1.1　Zr – C – N 薄膜制备及表征

　　本部分 Zr – C – N 薄膜制备过程中衬底选取、处理及制备方式与 2.1.1 相同。在沉积过程中,固定溅射气压为 0.3 Pa,Zr 靶功率保持在 200 W,氩氮比为 10∶2。通过改变 C 靶功率来获得一系列不同 C 含量的 Zr – C – N 薄膜。沉积 Zr – C – N 膜之前,在衬底上预镀厚度约 200 nm 的 Zr 为过渡层。

　　本部分 XRD、SEM、EDS、TEM、纳米压痕及摩擦磨损实验设备与 2.1.1 相同。

5.1.2　Zr – C – N 薄膜微结构及性能

　　图 5-1 是使用 XPS 分析的 Zr – C – N 薄膜中 Zr、C、N 和 O 的含量。为避免表面污染物对成分分析的影响,本书在对薄膜表面溅射 60 s 后进行分析。可以看出,随着 C 靶功率的升高,Zr – C – N 薄膜中 C 含量逐渐增加,而 Zr 和 N 含量降低,(C + N)/Zr 逐渐增

大。薄膜中也检测到少量的 O 元素,但其含量都低于 5 at.%,这主要是由于溅射过程中,Zr 靶和 C 靶与真空室中残留的 O_2 反应形成的。

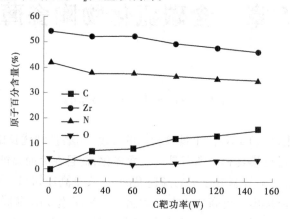

图 5-1　Zr-C-N 薄膜中 Zr、C、N 和 O 的含量

图 5-2 是不同 C 含量 Zr-C-N 薄膜 C 1s,Zr 3d,N 1s 壳层的 XPS 图谱。在图 5-2(a)中,含 C 量 7.1 at.% 的 Zr-C-N 薄膜中 C 主要以 ZrC 的形式存在。随着 C 含量的增加,Zr—C 峰的面积逐渐增大,说明形成了更多的 Zr—C 键。而当 C 含量达到 11.9 at.% 时,在 284.5 eV 位置开始出现 C—C 峰,且其面积也随 C 含量增加而增大。有研究表明,ZrN 在沉积的过程中会形成大量的 N 原子的晶格空位,因此当 N/Zr 小于 1 时,C 就能成功进入,填补这些晶格空位,生成 Zr(C,N) 相,随着 C 含量的增加,(C+N)/Zr 不断增大。当原子比大于 1 时,C 不再进入 ZrN 的晶格空位,这样多余的 C 会形成 C—C 键,从而形成游离的单质 C。而后 C 含量进一步增加,C—C 键的含量也增加,说明单质 C 的含量增加了。

图 5-2(b)中在 180 eV 和 182.4 eV 处检测到 2 个峰,分别是 Zr—N 键和 Zr—O 键。所以,随着 C 含量的增加,Zr—N 键向低键能方向偏移,这主要是逐渐形成了 Zr—C 键,在 179.6 eV 处标出。这说明,随着 C 含量的增加,C 进入 ZrN 晶格空位形成了 Zr-C-N 固溶体,与之前的讨论一致。

图 5-2(c)中可以看出,ZrN 中只检测到 Zr—N 峰,而随着 C 含量的增加,峰位逐渐向低键能方向移动,说明有多余的 C 还可以和 N 形成 C—N 键。

图 5-3(a)是不同 C 含量 Zr-C-N 薄膜的 XRD 图谱。可以看出,在 Zr-C-N 薄膜中,ZrN 相具有(111)、(200)晶面的衍射峰。在 ZrN 薄膜以及含 C 量分别为 7.1 at.%、8.0 at.%、11.9 at.% 的 Zr-C-N 薄膜中,ZrN 相主要呈现(200)择优取向。而随着 C 含量的增加,Zr-C-N 薄膜中的 ZrN(200)晶面衍射峰逐渐降低,当 C 含量增加到 13.2 at.% 时,Zr-C-N 薄膜呈现出 ZrN(111)晶面择优取向,而当 C 含量进一步增加到 15.2 at.% 时,薄膜中的 ZrN(200)晶面的衍射峰消失,ZrN 相呈现(111)择优取向,并且此时 ZrN(111)晶面的衍射峰宽化,这是由于当 C 含量升高时,薄膜的晶粒尺寸逐渐降低[图 5-3(b)],导致晶粒细化,从而致使衍射峰宽化。图 5-3(b)是薄膜晶粒尺寸随 C 含量的变化,其晶粒尺寸的值是通过将 XRD 测得的 ZrN(111)和 ZrN(200)面衍射峰的半峰宽代入

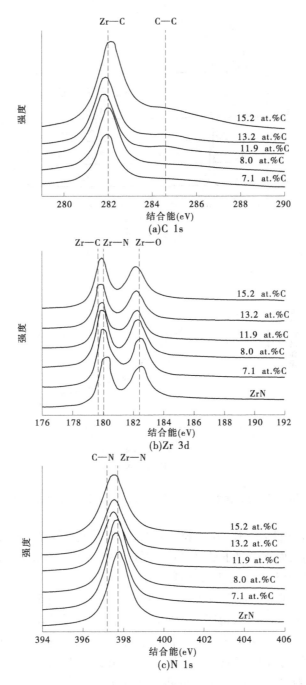

图 5-2　不同 C 含量 Zr‑C‑N 薄膜中各元素的 XPS 图谱

Scherrer 公式计算而得的。由图可见,ZrN 薄膜的晶粒尺寸为 27.3 nm,随着 C 含量的增加,薄膜的晶粒尺寸呈降低的趋势。这可以归结为两个原因:一是 C 的加入能够阻碍 Zr 和 N 的扩散或是成为新的晶粒形核的依托;二是薄膜中非晶态的 C 能够阻止晶粒的长大和组织的形成,因此薄膜中的晶粒尺寸大大降低。

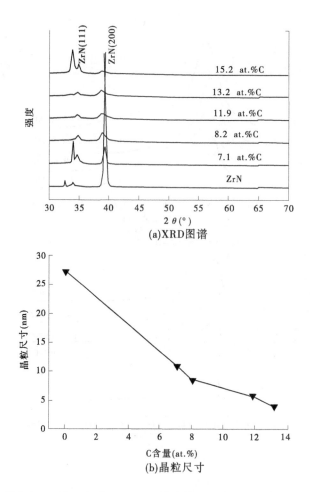

(a)XRD图谱

(b)晶粒尺寸

图 5-3　不同 C 含量 Zr - C - N 薄膜的 XRD 图谱和晶粒尺寸

　　图 5-4 是不同 C 含量 Zr - C - N 薄膜表面的 AFM 形貌。可以看出,随着 C 含量的增加,Zr - C - N 薄膜的表面逐渐趋于平整,粗糙度依次为 37 Å、31 Å、26 Å、14 Å、10 Å 和 2.2 Å,这说明 C 含量的增加使粗糙度大大降低。

　　当 C 含量较低时,薄膜表面呈岛状结构生长[图 5-4(a) ~ 图 5-4(d)],而当 C 含量增加到 13.2 at.% 时[图 5-4(e)],薄膜表面的岛状结构已经不明显,C 含量进一步增加到 15.2 at.% 时[(图 5-4(f)],薄膜表面几乎趋于平面,此时测得的薄膜粗糙度仅为 2.2 Å。根据前述分析,C 含量的增加使得薄膜中生成了非晶的 C 单质,这些 C 阻断了柱状晶的生长,导致了薄膜晶粒尺寸降低,因此薄膜粗糙度也随之降低。

　　图 5-5 是不同 C 含量对 Zr - C - N 薄膜显微硬度的影响,可以看出,ZrN 薄膜的硬度为 26.4 GPa,随着 C 含量的增加,薄膜的硬度逐渐增大,当 C 含量升高到 11.9 at.% 时,薄膜的硬度达到最高值,为 33.3 GPa。C 含量继续增加,薄膜的硬度则急剧下降,C 含量为 15.2 at.% 的 Zr - C - N 薄膜硬度仅为 18.5 GPa。

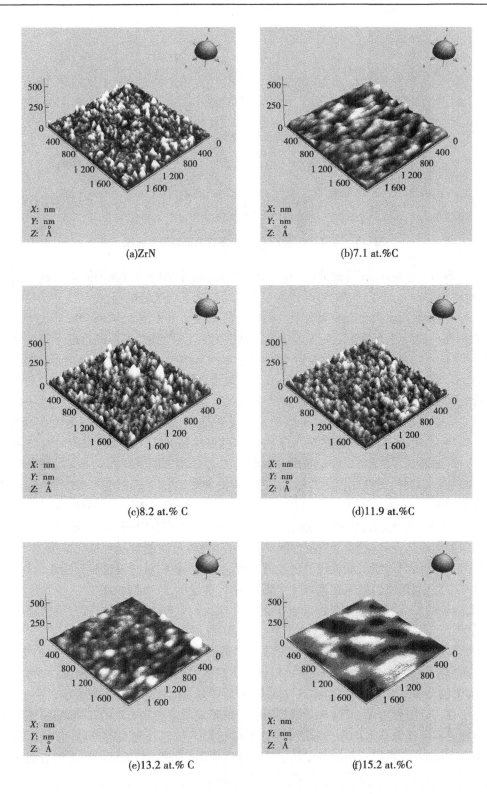

(a)ZrN

(b)7.1 at.%C

(c)8.2 at.% C

(d)11.9 at.%C

(e)13.2 at.% C

(f)15.2 at.%C

图 5-4 不同 C 含量 Zr - C - N 薄膜的 AFM 形貌

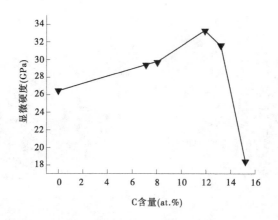

图 5-5　不同 C 含量 Zr - C - N 薄膜的显微硬度曲线

根据 Seung - Hoon Jhi 等的研究,对于具有 NaCl 晶体结构的过渡族元素的碳氮化物来说,成键类型对其硬度造成的影响要远大于微结构对其硬度的影响,并且当其单位价电子数在 8.4 附近时,该类化合物具有最大的硬度值。对于 MeC_xN_{1-x} 来说, Me 的价电子密度一般为 4, C 的价电子密度为 4, N 的价电子密度为 5,因此 MeC_xN_{1-x} 的价电子密度就是 $4+4x+5(1-x)$,那么, MeN 的单位价电子密度为 9($x=0$), MeC 的单位价电子密度为 8($x=1$),而当 $0<x<1$ 时,价电子数对 MeC_xN_{1-x} 硬度的影响呈二次曲线分布,其中最大值点在价电子密度为 8.4 附近。本书制备的 ZrC_xN_{1-x} 薄膜 C 含量较低, ZrN 的价电子数为 9,随着 C 含量的增加,薄膜的单位价电子密度逐渐减小,致使薄膜的硬度增大。而当 C 含量升高到 11.9 at.% 时,薄膜的价电子密度达到最小值 8.75,这是由于此时薄膜中的 (C + N)/Zr 最接近 1,随着 C 含量的进一步增加, C 原子将不能继续进入 ZrN 晶格空位形成 Zr - C - N 固溶体,致使 x 值无法继续增大,因此薄膜的价电子密度不能继续减小,这样薄膜的硬度在 C 含量为 11.9 at.% 时达到了最大值(为 33.3 GPa)。另外,薄膜中加入的 C 原子填补 ZrN 沉积过程中形成的晶格空位,从而形成间隙固溶体,或是取代 N 原子而形成置换固溶体,而这些都会引起薄膜中的晶格畸变,从而能够起到强化薄膜的作用,产生固溶强化,同时薄膜的晶粒尺寸也逐渐降低,细化的晶粒对薄膜也起到强化的作用。综合这三个原因,薄膜的硬度逐渐增大。但随着 C 含量的进一步增加,当(C + N)/Zr 大于 1 时,多余的 C 元素会在薄膜中形成非晶态的 C 和 CN(图 5-2),这导致薄膜的硬度大大降低。

图 5-6 是不同 C 含量对 Zr - C - N 薄膜摩擦系数的影响。可见,随着 C 含量的增加,薄膜的摩擦系数逐渐降低。从 Zr - C - N 薄膜的摩擦系数曲线中可以看出,在初始摩擦阶段,薄膜的摩擦系数相对较高,并且波动剧烈,而经过长时间摩擦后摩擦曲线较为平缓。这是由于在初始摩擦阶段,摩擦头开始接触的是薄膜表面微观和宏观的几何缺陷,使得在开始摩擦时实际接触峰点的压力很高,因此摩擦初期薄膜的摩擦系数较高,磨损比较剧烈。随着摩擦时间的延长,通过点接触磨损和塑性变形,薄膜接触表面的形态和表面压力发生改变,摩擦系数也随之降低,进入稳定摩擦阶段。

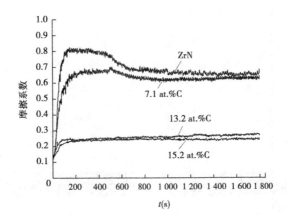

图 5-6　不同 C 含量 Zr – C – N 薄膜的摩擦系数曲线

图 5-7 是不同 C 含量 Zr – C – N 薄膜磨痕的 SEM 图像。可以看出,对于 ZrN 薄膜来说,经过 30 min 摩擦磨损后所形成的磨痕深且粗,随着 C 含量的增加,薄膜的磨痕逐渐变浅、变窄。当 C 含量达到 15.2 at. % 时,从图片上只能观察到很浅的一道磨痕,如图 5-7 (f)所示。

图 5-6 和图 5-7 的结果说明,C 的加入能够极大地降低薄膜的摩擦系数,提高耐磨性,改善摩擦磨损性能。这是由于随着 C 含量的增大,(C + N)/Zr 逐渐增大,(C + N)/Zr 大于 1 时,多余的 C 原子就会形成弥散分布的 C 颗粒。有研究表明,这些 C 颗粒在摩擦副材料表面形成富碳层,成为固体润滑剂,接触面存在的摩擦形变会诱发 C 镀层表面石墨化,从而在接触面上形成一层转移膜。由于该转移膜是一种类石墨的"摩擦膜",能够减小接触面间的剪切力,起固体润滑的作用,因而能减小摩擦力,提高了薄膜的摩擦磨损性能,从而提高薄膜的耐磨性。薄膜的摩擦磨损过程由初期的 Zr – C – N 薄膜与摩擦副的接触,转变为 Zr – C – N 薄膜与富碳层的接触。另外,表面形貌对薄膜的摩擦磨损性能也有较大影响,Takadoum 等研究了表面粗糙度对 TiN 薄膜摩擦磨损性能的影响,结果表明,降低薄膜的粗糙度,薄膜的摩擦系数大大降低。另外还发现,表面粗糙度对其磨损机理也有明显影响,当表面粗糙度较大时,随着摩擦的进行,TiN 薄膜出现了黏着剥落,裸露出了基体,并在摩擦头上发现了 Ti 的转移。而当表面粗糙度较低时,薄膜没有出现黏着现象,也几乎没有发生磨损,仅仅发生了一些塑性变形。这与本部分研究结果一致,结合图 5-6 和图 5-7 可知,C 含量的增高使得 Zr – C – N 薄膜表面粗糙度大大降低,对应与 Zr – C – N 薄膜表面粗糙度的降低,薄膜的磨损形式也发生了改变,图 5-7(a)中 ZrN 薄膜的粗糙度为 37 Å,磨痕深且宽大,并且可以观察到明显的黏着剥落的迹象,而图 5-7(f)含 C 量为 15.2 at. % 的 Zr – C – N 薄膜粗糙度仅为 2.2 Å,其磨痕窄而浅,几乎看不出明显的磨损现象。

采用磁控溅射法在 ZrN 薄膜中加入 C,当 C 含量太低时,C 可以和薄膜内的其他金属原子化合成硬质纳米颗粒,使得镀层硬度提高,但摩擦磨损性能较差。而当 C 含量太高时,多余的 C 则以润滑相单质碳形式存在,虽然提高了薄膜的摩擦磨损性能,却也因此使得薄膜的硬度大大降低。因此,需要选择合适的工艺参数,本书在 C 靶功率为 120 W 的工艺参数下制备的含 C 量为 13.2 at. % 的 Zr – C – N 薄膜,在保持 31 GPa 的高硬度的同

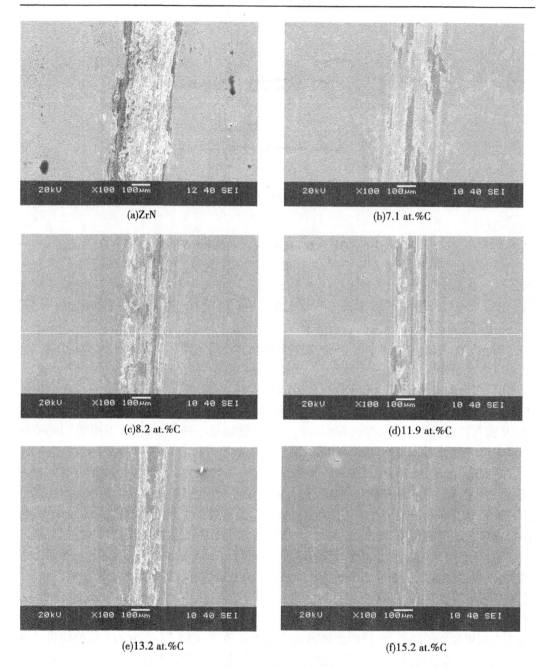

(a)ZrN

(b)7.1 at.%C

(c)8.2 at.%C

(d)11.9 at.%C

(e)13.2 at.%C

(f)15.2 at.%C

图 5-7　不同 C 含量 Zr - C - N 薄膜磨痕的 SEM 图像

时摩擦系数仅为 0.26,综合具备了硬度高、摩擦磨损性能好的优良特点。

5.2　Cr - C - N 薄膜

　　随着现代加工制造业的发展,要求开发具有一系列的优异性能的新刀具材料,这些优异性能包括诸如良好的力学性能、热稳定性能和摩擦性能等。因此,如何提升材料的上述性能是摆在科学家和工程师面前的一个挑战。

目前,改良刀具力学及摩擦性能的重要途径之一便是薄膜技术。研究表明,过渡金属的氮化物涂层具有较高的硬度和优异的摩擦磨损性能,其中,由于具有较高的硬度及良好的稳定性,CrN 薄膜便是具有代表性的二元薄膜体系,由于 CrN 薄膜有着良好的膜基结合力及耐蚀性能,现已广泛地应用于刀具制造业中。但是,CrN 薄膜存在显著的不足,例如其硬度不高、摩擦系数较高等。CrN 薄膜的这些不足限制了其在刀具工业中的进一步应用。因此,人们开始尝试将某些元素引入 CrN 系涂层中以期能改良其性能。

目前,国内外学者正在寻找一种途径,改良 CrN 基薄膜的力学及摩擦磨损性能。有报道称,C 是一种优异的固体润滑材料,能够显著降低薄膜的摩擦系数。有研究表明,C 元素的引入可以在一定程度上改善 Cr – C – N 薄膜的力学性能。由上述分析,有理由相信,C 元素的引入能够改良 CrN 基薄膜的力学及摩擦性能,因此 C 对 Cr – C – N 薄膜微结构、力学及摩擦性能的影响有一定的研究意义。

本书采用射频磁控溅射的方法来制备一系列不同 C 靶功率的 Cr – C – N 薄膜,对其微结构、力学及摩擦性能等进行研究。

5.2.1　Cr – C – N 薄膜制备及表征

本部分 Cr – C – N 薄膜制备过程中衬底选取、处理及制备方式与 2.1.1 相同。在沉积过程中,固定溅射气压为 0.3 Pa、Cr 靶功率为 150 W,氩氮比为 10∶3。通过改变 C 靶功率来获得一系列不同 C 含量的 Cr – C – N 薄膜。沉积 Cr – C – N 膜之前,在衬底上预镀厚度约 200 nm 的 Cr 为过渡层。

本部分 XRD、SEM、EDS、TEM、纳米压痕以及摩擦磨损实验设备与 2.1.1 相同。

5.2.2　Cr – C – N 薄膜微结构及性能

图 5-8 为不同 C 靶功率 Cr – C – N 薄膜的沉积速率与膜厚。由图 5-8 得,随 C 靶功率的增加,Cr – C – N 薄膜的沉积速率及膜厚近似呈线性增高。由入射离子能量和原子溅射产额的关系知,当 Ar^+ 能量大于或等于临界值时,能使靶材表面的原子溅射离开靶材表面,在一定范围内溅射产额随着入射离子能量的增加而近似呈线性增加,溅射功率增加相当于增加了 Ar^+ 的能量,单位时间内到达样品表面的溅射粒子数增加,更多的 C 原子沉积至基片。因此,随 C 靶功率的增加,Cr – C – N 薄膜的沉积速率及膜厚近似呈线性增加。

图 5-9 给出了 CrN 薄膜及不同 C 靶功率的 Cr – C – N 薄膜 XRD 图谱。分析可知,CrN 薄膜为面心立方结构,出现(111)、(200)、(220)三个衍射峰,具有(200)择优取向。不同 C 靶功率的 Cr – C – N 薄膜与 CrN 薄膜相结构相似,为面心立方结构。当 C 靶功率在 30 ~ 90 W 时,薄膜具有(111)择优取向;当 C 靶功率为 150 W 时,薄膜择优取向发生转变,为(200)择优取向。

采用文献中的计算方法计算不同 C 靶功率的 Cr – C – N 薄膜晶格常数,根据 Debye – Scherrer 公式计算薄膜晶粒尺寸,结果如图 5-10 所示。结合图 5-9 和图 5-10 可知,随 C 靶功率的升高,薄膜衍射峰逐渐向小角度偏移,晶粒尺寸逐渐增大。

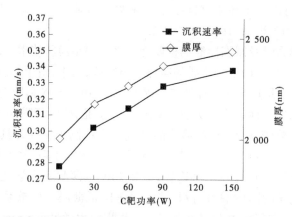

图 5-8　不同 C 靶功率 Cr－C－N 薄膜的沉积速率与膜厚

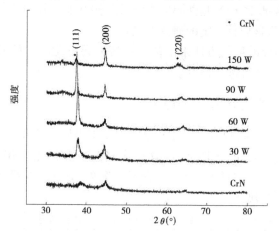

图 5-9　CrN 及不同 C 靶功率的 Cr－C－N 薄膜 XRD 图谱

由图 5-10 还可知,随 C 靶功率升高,薄膜晶格常数逐渐增大。这是因为,薄膜主要为 C 在 CrN 中的固溶体,其化学式可近似表述为 Cr(CN)。C 的固溶使薄膜产生晶格畸变,随 C 靶功率升高,薄膜中 C 含量逐渐增多,因此随 C 靶功率升高,薄膜晶格常数逐渐增大。为方便叙述,将化学式为 Cr(CN)的薄膜简称为 Cr－C－N 薄膜。

图 5-11 给出了不同 C 靶功率的 Cr－C－N 薄膜的显微硬度及弹性模量。由图可见,二元 CrN 薄膜的硬度为 16.90 GPa,弹性模量为 252.74 GPa;随 C 靶功率的升高,Cr－C－N 薄膜显微硬度及弹性模量逐渐降低,其显微硬度最高值为 18.96 GPa(C 靶功率为 30 W),最低值为 9.34 GPa(C 靶功率为 150 W);弹性模量最高值为 273.77 GPa(C 靶功率为 30 W),最低值为 192.83 GPa(C 靶功率为 150 W)。

Cr－C－N(C 靶功率为 30 W)薄膜显微硬度较 CrN 薄膜略有升高,分析认为是由固溶强化造成的。薄膜显微硬度随 C 靶功率的升高而降低的现象是因为,此时影响薄膜硬度的因素有二,其一是固溶强化,其二是晶粒增大。当 C 靶功率大于 30 W 时,由于薄膜晶粒尺寸大幅升高,此时固溶强化效应不能抵消晶粒增大带来的硬度降低效应,所以薄膜硬度随 C 靶功率的升高而逐渐降低。

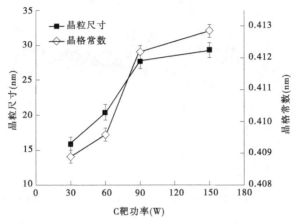

图 5-10　不同 C 靶功率的 Cr－C－N 薄膜晶格常数及晶粒尺寸

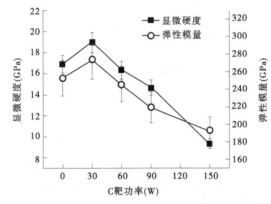

图 5-11　不同 C 靶功率的 Cr－C－N 薄膜的显微硬度及弹性模量

图 5-12 给出了不同 C 靶功率的 Cr－C－N 薄膜室温摩擦曲线。由图可知,Cr－C－N 薄膜摩擦曲线均存在跑合阶段和稳定阶段。随 C 靶功率的升高,薄膜跑合阶段摩擦曲线逐渐趋于平缓。这说明 C 能够有限缓解摩擦副与薄膜磨痕之间的相互作用。C 的这种作用在 Ti－C－N 等薄膜中有所体现。

取图 5-12 中 Cr－C－N 薄膜摩擦曲线稳定阶段数值,计算其平均值的薄膜平均摩擦系数,其结果如图 5-13 所示。由图 5-13 可知,Cr－C－N 薄膜平均摩擦系数随 C 靶功率的升高而降低。C 的引入能够有效降低 Cr－C－N 薄膜平均摩擦系数,这与文献研究结果一致。

为进一步分析 C 靶功率对 Cr－C－N 薄膜摩擦性能的影响。摩擦实验后,取 C 靶功率为 30 W 和 150 W 的 Cr－C－N 薄膜,对其磨痕进行 SEM 分析,结果见图 5-14。由图 5-14(a)可知,C 靶功率为 30 W 时,薄膜磨痕表面粗糙,出现大面积犁沟,这是因为,在摩擦实验中,摩擦最先发生在薄膜表面的微小凸起上,薄膜表面的微凸起在摩擦副的切削作用下从薄膜表面脱落,并随摩擦副在磨痕表面移动,形成了摩擦中的最初磨屑。随后的摩擦实验中,这些磨屑又在新的表面产生黏着,随后又被切断、转移。一些较硬的磨屑随摩擦副碾压磨痕,导致磨痕塑性变形,最终使磨痕出现犁沟。由图 5-14(b)可知,C 靶功

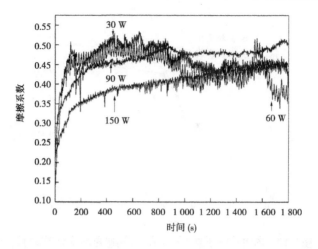

图 5-12　不同 C 靶功率的 Cr – C – N 薄膜的室温摩擦曲线

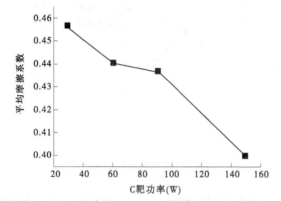

图 5-13　不同 C 靶功率 Cr – C – N 薄膜室温平均摩擦系数

率为 150 W 时,薄膜磨痕表面光洁,无明显犁沟出现。因此,C 的引入可显著降低摩擦副与磨痕之间的相互作用,这也证明了图 5-12 的分析结论。

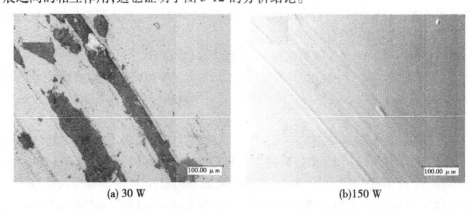

图 5-14　不同 C 靶功率的 Cr – C – N 薄膜磨痕 SEM 图谱

据文献,Cr – C – N 薄膜中 C 原子除以固溶体形式存在外,多余部分 C 原子是以无定形润滑相形式存在的,无定形相中存在 sp^2 结构 C 原子,能改善薄膜的摩擦磨损性能,降低薄膜与摩擦副之间的相互作用,提高薄膜摩擦性能。另外,C能吸附空气中的水汽,降低相邻晶粒之间的黏着力,从而对降低薄膜平均摩擦系数起到一定的作用。

5.3　Nb – V – C – N薄膜

氮化铌薄膜由于其优异的力学性能和摩擦磨损性能,被广泛应用于刀具等工业领域。然而,传统的过渡族金属氮化物(TMN)不能满足现代工业应用的要求,如高硬度、耐磨性能、防腐性能、优异的摩擦性能和在恶劣工作环境下的稳定性。例如,虽然氮化铌薄膜具有优异的摩擦磨损性能、较高的超导临界转变温度和临界电流密度,但由于薄膜在高载荷条件下断裂韧性低,其脆性特性限制了其在高级摩擦学过程中的应用。

钼、钨和钒作为添加元素加入TMN薄膜中是为了改善其摩擦性能。这是因为形成了Magnéli的润滑相并最终在磨损测试中显著降低了膜的摩擦系数。将V加入氮化铌薄膜中,结果表明V的加入同时改变了常温和高温的摩擦磨损性能,而且膜的断裂韧性由于V的加入也得以改善。这是因为V的加入引起了位错钉扎点的增加。碳作为另一种添加元素加入氮化铌基薄膜,形成了润滑相碳,从而也改善了其摩擦性能。例如,Zhang等采用磁控溅射技术沉积一系列NbN/CNx多层膜。结果显示,NbN基纳米薄膜中加入CNx层后,硬度和摩擦系数明显提高。Kwon等参考了吉布斯自由能的结果,对碳在Nb – C – N相中的影响进行了分析,得出氮化铌薄膜的机械和摩擦磨损性能可能通过将钒和碳同时结合到氮化铌薄膜中而得到增强的结论。然而,对磁控溅射法制备Nb – V – C薄膜的研究较少。本书中,将V加入氮化铌薄膜中,当V含量为6.4 at.%时,Nb – V – N薄膜性能最优,选择其作为基体,通过将其与碳结合的方法,研究了不同碳含量的掺杂时,Nb – V – C – N复合薄膜微观结构和力学性能及摩擦磨损性能产生的影响。

5.3.1　Nb – V – C – N薄膜制备及表征

本部分Nb – V – C – N薄膜制备过程中衬底选取、处理及制备方式与2.1.1相同。在沉积过程中,固定溅射气压为0.3 Pa、铌靶功率为200 W、钒靶功率为80 W,氩氮比为10:3。通过改变C靶功率来获得一系列不同C含量的Nb – V – C – N薄膜。沉积Nb – V – C – N膜之前,在衬底上预镀厚度约200 nm的Nb为过渡层。

本部分XRD、SEM、EDS、TEM、纳米压痕及摩擦磨损实验设备与2.1.1相同。

5.3.2　Nb – V – C – N薄膜微结构及性能

表5-1给出了作为不同碳靶功率的Nb – V – C – N膜的元素变化。如表5-1所示,随着碳靶功率上升,薄膜中的碳含量从0 at.%逐渐增加到21.6 at.%,氮的含量从34.6 at.%降低到29.7 at.%。除此之外,对于所有Nb – V – C – N膜,不管碳靶功率如何,铌、钒和氧的含量基本保持不变。N/(Nb + V)从0 at.%C时的80.9开始下降到12.5 at.%C时的61.0,然后随着碳含量的进一步升高而保持不变。Nb/V与碳含量无关,所有的Nb – V – C – N薄膜的Nb/V都为2.6左右。

表 5-1　Nb - V - C - N 薄膜的元素组成

碳靶功率(W)	Nb(%)	V(%)	C(%)	N(%)	O(%)
0	44.7±2.2	18.2±0.9	0	34.6±1.7	2.5±0.1
40	39.1±2.1	15.8±0.8	6.3±0.3	36.8±1.8	2.0±0.1
70	38.2±2.1	15.3±0.8	9.1±0.4	35.1±1.8	2.3±0.1
90	37.3±1.8	14.8±0.7	12.5±0.6	33.4±1.7	2.0±0.1
110	37.1±1.8	14.5±0.7	15.3±0.8	31.0±1.6	2.1±0.1
140	34.1±1.7	12.3±0.6	21.6±1.1	29.7±1.5	2.3±0.1

图 5-15 是不同碳含量的 Nb - V - C - N 薄膜的 XRD 图谱。分析图谱可知,在约35°、39°和41°处检测到三个峰,这些峰分别对应于面心立方结构的(fcc)NbN(111)(ICCD - PDF 卡 65 - 0346)、密排六方结构的(hcp)Nb$_2$N(101)(ICCD - PDF 卡 20 - 0802)和面心立方结构的 fcc - NbN(200)。Musil 等用磁控溅射合成了具有高温 β 相的薄膜。这种类型的薄膜由结晶在不同晶体结构中的元素组成,是一类异质结构薄膜。与同质结构薄膜相比,异质结构薄膜具有较高的硬度和弹性恢复能力,呈现出更加优异的性能。在 Nb - V - N 基体中掺入 9.1 at.% 以下的碳,不会引起 Nb - V - C - N 薄膜的其他衍射峰,XRD 图谱中仍然出现与 Nb - V - N 薄膜相似的三个衍射峰。然而,进一步提高薄膜中的碳含量会引起衍射峰的增宽。没有检测到对应于碳化铌或碳化钒相的峰。另外,碳含量低于 15.3 at.% 的薄膜的衍射峰向低角度移动,这可能是因为碳的固溶导致了薄膜晶格常数的增加。根据 XRD 数据计算薄膜中 fcc 相的晶格常数,结果表明,晶格常数约从 0 at.% C 的 0.410 1 nm 逐渐上升到 15.3 at.% C 的 0.420 3 nm。

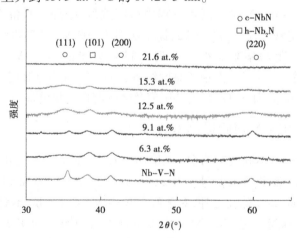

图 5-15　不同碳含量的 Nb - V - C - N 薄膜的 XRD 图谱

根据 Nb - V - C - N 薄膜的 XRD 图谱,Nb - V - C - N 薄膜无论碳含量如何,都表现出异质结构、为 fcc 和 hcp 结构共存。

　　为进一步研究薄膜中 C 的状态,选择拉曼光谱仪对其进行检测。图 5-16 显示了当含碳量不同时,Nb－V－C－N 薄膜中的碳元素状态。由图可见,碳含量小于 9.1 at.% 时,该薄膜的拉曼光谱中无明显峰出现;当含碳量大于 9.1 at.% 时,在 1 390 cm^{-1} 和 1 580 cm^{-1} 处,分别检测到两个拉曼峰:无序峰(D 峰)和石墨峰(G 峰)。D 峰的形成是由于环中 sp^2 原子的呼吸模式。G 峰则是由于所有环和链中 sp^2 原子对的呼吸。这个结果是由于非晶结构的影响使得与 XRD 显示的不一致。

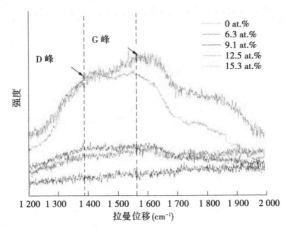

图 5-16　碳含量大于 9.1 at.% 的不同碳含量 Nb－V－C－N 薄膜的拉曼光谱

　　为进一步研究碳含量对 Nb－V－C－N 薄膜性质的影响,对其进行了 XPS 表征,结果如图 5-17 所示。图 5-17 给出了碳含量为 9.1 at.% 和 12.5 at.% 的 Nb－V－C－N 薄膜的 Nb 3d、V 2p 和 N 1s XPS 谱。对于薄膜的 Nb 3d 光谱,在约 204 eV 和 207 eV 处出现了两个峰,这两个峰的形成与氮化铌中的 Nb—N 键有关;在 9.1 at.% 和 12.5 at.% C 含量的薄膜的 V 2p 谱在约为 514 eV 处出现了一个峰,且都对应于 V—N 键。至于薄膜的 N 1s XPS 光谱,只有一个对应于 Nb—N 和 V—N 键的 397～399 eV 的宽峰出现在具有 9.1 at.% 的 C 的薄膜上,而另一个在 395 eV 处的峰,与非晶 CN$_x$ 中的 CN 键一致,在 Nb—N 和 V—N 键的宽峰旁边被检测到。

　　碳含量不同时, Nb－V－C－N 膜的 HRTEM 图像和其对应的 SAED 模式如图 5-18 所示。在图 5-18(a)中,碳含量为 9.1 at.% 的薄膜基于膜的 SAED 图谱在薄膜中存在共存的 fcc－NbN 和 hcp－Nb$_2$N 的两相。该膜的 HRTEM 图像[见图 5-18(b)]中,其晶格条纹清晰可见,间距约为 0.237 5 nm,这与已有数据(ICCD－PDF:20－0802)相符。经过观察发现,该薄膜的 Nb$_2$N(101)密排结构的晶格间距较标准值更大,通过分析总结出该现象的主要原因为碳在氮化铌晶格中发生了溶解,这也与 XRD 的结果相符。正如图 5-18(c)所示,当碳含量增加到 12.5 at.% 时,薄膜的 SAED 图谱阐述了从内到外分别对应于 hcp－Nb$_2$N(101) 和 fcc－NbN(220) 的晶格面的两种衍射环。由图 5-18(d) 的 HRTEM 结果,可知碳含量为 12.5 at.% 的薄膜由晶体和非晶相组成。除此之外,由于更多的碳固溶在 NbN 晶格中,碳含量为 12.5 at.% 的薄膜中的 hcp－Nb$_2$N(101) 的间距增加。进一步提

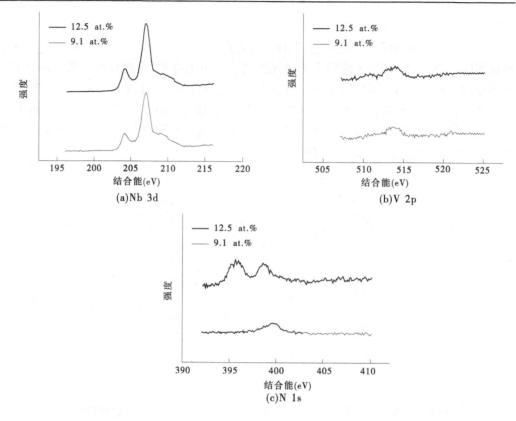

图 5-17　不同碳含量的 Nb – V – C – N 薄膜的 XPS 光谱(其中检测峰为 Nb 3d,V 2p 和 N 1s)

高碳含量,如图 5-18(e)所示,SAED 图谱中不存在明显的衍射环。如图 5-18(f)所示,其中非晶相的占比有上升趋势,并有纳米晶嵌入其中。

通过以上分析可知,随着 Nb – V – C – N 薄膜中碳含量从 0 at. % 上升到 9.1 at. %,N/(Nb + V)逐渐降低,薄膜中不出现非晶态石墨和 CN_x 相。由此可以说明,Nb – V – N 晶格中的 N 原子已经被 C 原子所取代,并在该薄膜中面心立方(NbV)(CN)和密排六方(NbV)$_2$(CN)两相共存。对于碳含量高于 9.1 at. % 的膜,N/(Nb + V)保持不变,石墨和 CN_x 的非晶相形成在膜中。此时碳固溶于 Nb – V – N 晶格中,不能充分沉积到薄膜中的碳原子,形成非晶态石墨和 CN_x,薄膜由四相组成,分别为面心 – (NbV)$_2$(CN)、密排 – (NbV)$_2$(CN)、非晶石墨以及 CN_x。

图 5-19 显示了不同碳含量的 Nb – V – C – N 薄膜的载荷—位移曲线及弹性模量、硬度、弹性恢复和 H/E。如图 5-19(a)所示,所有薄膜的压头深度范围为 70 ~ 110 nm,与薄膜的碳含量无关,深度值低于薄膜厚度的 10%。如图 5-19(b)所示,薄膜的硬度和弹性模量首先约从含碳量为 0 at. % 时的 27 GPa 和 310 GPa 上升到含碳量为 9.1 at. % 时的 32 GPa 和 340 GPa,当碳含量上升到 21.6 at. % 时,又逐渐下降到约 20 GPa 和 270 GPa。碳含量低于 9.1 at. % 时,固相强化和异质结构强化提高了薄膜硬度。但是随着碳含量的进一步升高,非晶石墨和 CN_x 的形成会降低薄膜的硬度。

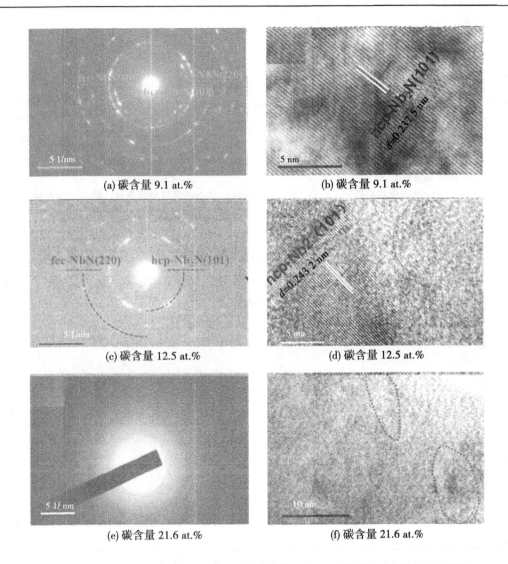

图 5-18　不同碳含量的 Nb–V–C–N 薄膜横截面的 TEM 图谱及对应的 SEAD 图谱

H/E 和 W_e 是描述膜抗裂性的重要因素，图 5-20(b)也显示了 H/E 和 W_e 随着碳含量的变化趋势。薄膜的 H/E 和 W_e 约从碳含量为 0 at.% 时的 0.087 和 0.58 上升到碳含量为 9.1 at.% 时的 0.094 和 0.60，然后逐渐下降到碳含量为 21.6 at.% 时的 0.074 和 0.49。不管碳含量如何，所有不同碳含量的样本表现出的 H/E 比值和 W_e 值都很低，这归因于入射到薄膜表面并形成薄膜 E_p 的粒子的轰击和凝聚的动能。$E_p = E_{bi} \approx (U_s i_s)/a_D$，这里 U_s 为基板压力，i_s 为基板离子流密度，a_D 为膜的沉积速率。本部分的样品是在无偏压的情况下沉积的。薄膜的断裂韧性取决于 H/E 和 W_e，H/E 和 W_e 越高，总是导致越高的韧性。表征断裂韧性最常用的方法是径向开裂压痕法，压痕深度要求在薄膜总厚度的 10% 以下，以保证精度。在本书中，很难用压痕深度小于薄膜厚度的 10% 的载荷引起裂纹。因此，使用 350 mN 的载荷引起裂纹。尽管纳米压痕实验的实际深度远大于膜厚的 10%。但由于薄膜具有相同的基体和过渡层，因此可以反映断裂韧性的趋势。具有不同碳含量

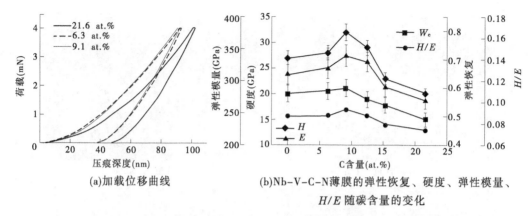

(a)加载位移曲线

(b)Nb–V–C–N薄膜的弹性恢复、硬度、弹性模量、
H/E随碳含量的变化

图5-19　不同碳含量的 Nb – V – C – N 薄膜的载荷—位移曲线及弹性模量、
硬度、弹性恢复和 H/E

的 Nb – V – C – N 膜的光学压痕形貌如图5-20所示。如图5-20(a)所示,该膜在 C 原子含量为6.3 at.%下出现三个明显的裂纹。当碳原子含量上升到9.1 at.%时,产生裂缝荷

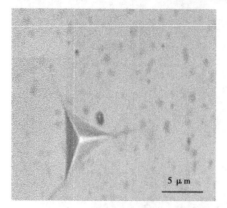

(a)6.3 at.%C

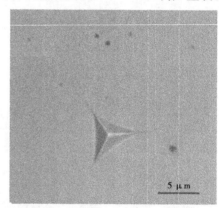

(b)9.1 at.%C

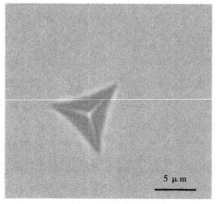

(c)21.6 at.%C

图5-20　载荷350 mN 所得到的光学压痕形貌

如图 5-20(b)所示,压痕形貌也呈现出三个明显的裂纹,而且裂纹的长度比 C 原子含量为 6.3 at.% 时的短。随着碳含量的进一步增加[(图 5-20(c)],裂纹消失。研究表明,材料的断裂韧性受很多因素影响,如其微观结构、H/E 及残余应力等。当薄膜的碳含量低于 9.1 at.% 时,其断裂韧性的改善的直接原因是残余压应力和 H/E 同时增加。当碳含量从 12.5 at.% 上升到 21.6 at.% 时,非晶石墨和 CN_x 相的形成导致了晶界的增加,限制了初始裂纹尺寸并使裂纹停止生长。因此,可以通过向膜中添加碳来提高断裂韧性。

图 5-21 为室温下薄膜的平均摩擦系数、磨损率随碳含量的变化曲线图。如图 5-21 所示,薄膜含碳量增加,平均摩擦系数降低。当薄膜的碳含量为 0 at.% 时,平均摩擦系数为 0.61;含碳量为 21.6 at.% 时,平均摩擦系数为 0.25。而当碳含量从开始的 0 at.% 升高至 9.1 at.% 时,磨损率从原来的 2.6×10^{-8} mm^3/(N·mm)下降至 1.2×10^{-8} mm^3/(N·mm),当碳含量继续上升到 21.6 at.% 时,磨损率又降低为 8.7×10^{-7} mm^3/(N·mm)。碳具有润滑的效果,因此碳与氮化铌的组合可以润滑磨损轨迹并减少磨损轨迹与对应物之间的反应。因此,平均摩擦系数与碳含量相关,随着薄膜中碳的含量逐渐增加,其显现出逐渐下降的趋势。当碳含量超过 9.1 at.% 时,平均摩擦系数的进一步下降是由于非晶石墨和 CN_x 的形成。碳含量低于 9.1 at.% 的薄膜,较高的 H/E 和 W_e 都有助于磨损率的减小。除此之外,膜的硬度的提高也降低了磨损率,因为较高的硬度提高了膜的承载能力。然而,当碳含量大于 9.1 at.% 时,软非晶石墨相和 CN_x 会逐渐形成,H/E 呈下降趋势,磨损率逐渐升高。

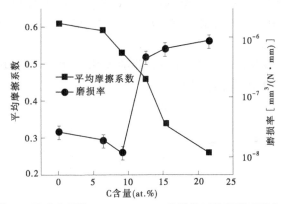

图 5-21　不同碳含量的 Nb – V – C – N 薄膜的平均摩擦系数和磨损率

5.4　V – C – N 薄膜

近几十年来,氮化物过渡族金属(TMN)薄膜由于其优异的性能而吸引了研究者广泛的兴趣。TMN 薄膜在很多领域都有运用,比如在刀具和机械零部件中作为耐磨损膜、装饰膜、润滑膜;在电子设备中作为阻挡扩散层、电气接触等。人们为了满足现代工业对材料越来越苛刻的要求,研究了很多二元、三元和四元 TMN 薄膜。

最近,氮化钒(VN)由于其高硬度、低磨损率及良好的粗糙度而受到关注。另外,高温时,V 容易生成低剪切模量的马格内利相 V_2O_5,降低了氮化钒薄膜高温下的摩擦系数。

越来越多的研究者尝试在 VN 二元薄膜的基础上添加第三种元素(如 C、Ti 和 Ag 等)来进一步提高其性能,从而满足制造工业对工具性能的苛刻要求。磁控溅射系统由于高的沉积速率、精确的成分控制、良好的膜基结合力及广泛的溅射材料等优势而得到广泛使用。许俊华等对 Ti – C – N 薄膜的研究表明,该薄膜具有良好的力学性能、耐磨性能,是非常优异的润滑材料;Ti – Al – C – N 薄膜中随 C 含量的增加,薄膜的摩擦系数明显减小;向 ZrN 中加入 C 可以有效地改善薄膜在室温下的摩擦性能。喻利花等研究了 C 含量对 TaCN 复合膜的性能的影响。本部分采用磁控溅射方法,制备了一系列的 V – C – N 复合膜,在改变 C 含量的条件下,分别对相结构、力学性能,以及摩擦磨损性能进行研究。

5.4.1　V – C – N 薄膜制备及表征

本部分 V – C – N 薄膜制备过程中衬底选取、处理及制备方式与 2.1.1 相同。在沉积过程中,固定溅射气压为 0.3 Pa、V 靶功率为 200 W,氩氮比为 10:7。通过改变 C 靶功率来获得一系列不同 C 含量的 V – C – N 薄膜。沉积 V – C – N 膜之前,在衬底上预镀厚度约 200 nm 的 V 为过渡层。

本部分 XRD、SEM、EDS、TEM、纳米压痕及摩擦磨损实验设备与 2.1.1 相同。

5.4.2　V – C – N 薄膜微结构及性能

图 5-22 为不同 C 靶功率 V – C – N 复合膜中(V + N)和 C 原子的含量。可以看出,随 C 靶功率升高,对应复合膜中 C 含量逐渐增加。C 靶功率从 0 到 120 W 所对应的 C 原子的原子百分比分别为 0 at.%、3.61 at.%、8.31 at.%、12.38 at.%、16.89 at.% 和 21.18 at.%。

图 5-23 为不同 C 含量的 V – C – N 复合膜的 XRD 图谱,可以看出,在 V – C – N 薄膜中,VN 相具有(111)、(220)晶面衍射峰。

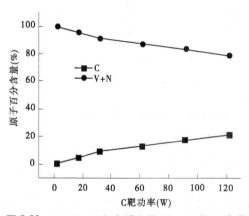

图 5-22　V – C – N 复合膜中的(V + N)和 C 含量

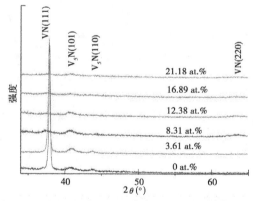

图 5-23　不同 C 含量的 V – C – N 复合膜的 XRD 图谱

由图 5-23 可以看出,VN 薄膜由面心立方结构 VN 及少量的四方结构 V_5N 相构成,面心立方结构 VN 主要沿(111)面择优,当 C 含量为 3.61 at.% 时,VN(111)衍射峰很强,VN(111)衍射峰略向小角度偏移;当 C 含量增加到 8.31 at.% 时,VN(111)衍射峰强度急剧下降,随着 C 含量的进一步增大,VN(111)衍射峰强度进一步下降。

通过 Scherrer 公式计算可得,当 C 含量为 0 at.% 时,VN 晶粒尺寸为 44.4 nm,随 C 含量的升高,薄膜晶粒尺寸逐渐减小(见图 5-24)。

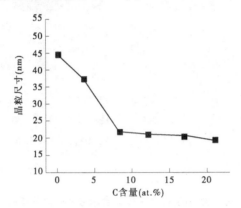

图 5-24　不同 C 含量 V – C – N 薄膜的晶粒尺寸

由图 5-24 可见,VN 薄膜的晶粒尺寸为 44.4 nm,随着 C 含量的增加,薄膜的晶粒尺寸呈降低的趋势。这可以归结为两个原因:一是 C 的加入能够阻碍 C 和 N 的扩散或为新的晶粒形核提供依托;二是薄膜中非晶态的 C 能够阻止晶粒的长大和组织的形成,因此薄膜中的晶粒尺寸大大降低。

图 5-25 为不同 C 含量的 V – C – N 复合膜截面的高分辨率透射电镜图。从图 5-25 (a)中只观察得到间距为 0.236 9 nm 的晶格条纹,对应于晶面间距为 0.238 9 nm 的 c – VN 相(111)晶面;C 含量为 3.61 at.% 的 V – C – N 复合膜晶粒尺寸在 25 nm 左右且没有发现非晶相,这意味着该复合膜中的 C 元素固溶在晶格中且薄膜具有高的结晶度,生长良好。当 C 含量为 16.89 at.% 时,V – C – N 复合膜[见图 5-25(b)]呈现出典型的晶相与非晶相的纳米复合结构。在图中发现间距分别为 0.236 9 nm 的晶格条纹和非晶相 a – C,这表明当 C 含量偏高时,薄膜结晶度相对较低和生长较差。

综合以上分析可知,C 的加入对 VN 薄膜的成分及相结构有明显的影响。当加入的 C 含量小于 3.61 at.% 时,V – C – N 薄膜主要由面心立方的 VN 相和少量四方结构的 V_5N 相组成,V – C – N 薄膜以固溶体的形式存在;当 C 含量大于 8.31 at.% 时,V – C – N 薄膜除有面心立方的 VN 相和少量的四方结构的 V_5N 相外,还有非晶相 C,并且随着 C 含量的增大,非晶相 C 也增多。

图 5-26 为不同 C 含量的 V – C – N 复合膜显微硬度曲线。由图可以看出,随着 C 含量增加,薄膜硬度和弹性模量先增大后减小,VN 薄膜的硬度为 19.6 GPa,当 C 含量升高到 16.89 at.% 时,薄膜的硬度达到最高值 28.1 GPa;C 含量进一步增大,薄膜的硬度减小,当 C 含量为 21.18 at.% 时,薄膜的硬度降低为 26 GPa。

对于具有 NaCl 晶体结构的过渡族元素的碳氮化物来说,成键类型对其硬度造成的影响要远大于相结构对其硬度的影响,并且当其单位价电子数在 8.4 附近时,该类化合物具有最大的硬度值。对于 MeC_xN_{1-x} 来说,Me 的价电子密度一般为 4,C 的价电子密度为 4,N 的价电子密度为 5,因此 MeC_xN_{1-x} 的价电子密度就是 $4 + 4x + 5(1-x)$,那么,MeN 的单

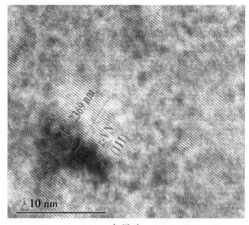 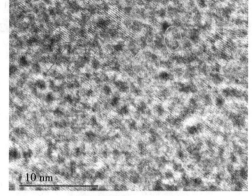

(a)C 含量为 2.42 at.%　　　　　　(b)C 含量为 16.89 at.%

图 5-25　不同 C 含量的 V–C–N 复合膜截面的高分辨率透射电镜图

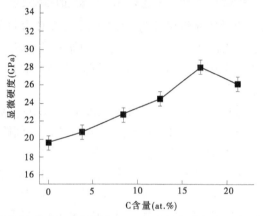

图 5-26　不同 C 含量的 V–C–N 复合膜显微硬度曲线

位价电子密度为 $9(x=0)$，MeC 的单位价电子密度为 $8(x=1)$。本部分制备的 VC_xN_{1-x} 薄膜 C 含量较低，VN 的价电子数为 9，随着 C 含量的增加，薄膜的单位价电子密度逐渐减小，致使薄膜的硬度逐渐增大（$x=0.036\ 1$ 时，价电子密度 $=8.963\ 9$；$x=0.008\ 31$ 时，价电子密度 $=8.916\ 9$；$x=0.128\ 3$ 时，价电子密度 $=8.871\ 7$；$x=0.168\ 9$ 时，价电子密度 $=8.831\ 1$；$x=21.18$ 时，价电子密度 $=8.788\ 2$）。另外，当 C 含量较少时，V–C–N 薄膜以固溶体的形式存在，从而起到固溶强化作用。同时，薄膜的晶粒尺寸也逐渐降低，细化的晶粒对薄膜也起强化的作用。综合这三个原因，薄膜的硬度逐渐增大。然而当 C 含量为 8.31 at.%、12.38 at.%、16.89 at.% 时，虽然 V–C–N 薄膜已经存在非晶 C，但此时非晶 C 对薄膜硬度的影响要小于成键类型、固溶强化及细晶强化作用对其的影响，随着 C 含量的进一步增加，非晶态的 C 也随之增多，此时非晶 C 对薄膜硬度的影响要大于成键类型、固溶强化及细晶强化作用对其的影响，从而导致薄膜硬度降低，该结果与文献结果一致。

根据 Matthews 等的研究，H/E 能表示薄膜抵抗弹性应变的能力，其值越大，薄膜使作用在单位面积上的加载力得到重新分配的能力越大，越能延缓薄膜的失效时间。

V－C－N 复合膜的 H/E 随 C 含量的变化如图 5-27 所示。由图可知,随 C 含量的升高,V－C－N 复合薄膜的 H/E 呈先上升后下降趋势,当 C 含量为 16.89 at.% 时,达到最大值 0.094,此时薄膜抵抗弹性应变能力较强。

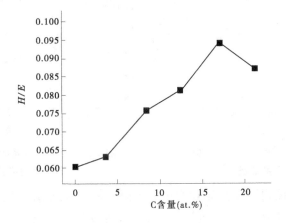

图 5-27　不同 C 含量的 V－C－N 薄膜的 H/E

图 5-28 ~ 图 5-30 分别为不同 C 含量的 V－C－N 薄膜摩擦曲线、平均摩擦系数曲线和磨损率曲线。由图 5-28 可以看出,在摩擦的前 400 s 内,摩擦曲线均处于波动上升的磨合期,随后逐渐趋于稳定;随摩擦的进行,摩擦副接触点磨损及由塑性变形导致的接触表面形态和所受压力趋于稳定,摩擦系数也随之降低,进入摩擦稳定阶段。

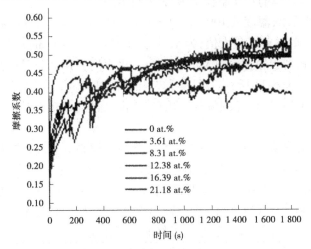

图 5-28　不同 C 含量的 V－C－N 薄膜摩擦曲线

由图 5-29 可以看出,随着 C 含量的增加,V－C－N 复合膜的室温摩擦系数逐渐降低,V－C－N 复合膜的摩擦系数整体低于 VN 薄膜;磨损率变化规律与摩擦系数一致,也是逐渐降低的。

据图 5-30 可知,VN 的磨损率为 6.96×10^{-8} mm³/(N·mm),随着 C 含量的升高,磨损率逐渐降低,最小为 1.17×10^{-8} mm³/(N·mm)。

根据文献,当 C 含量一定时,部分 C 原子是以类石墨结构的碳原子形式存在的,非晶

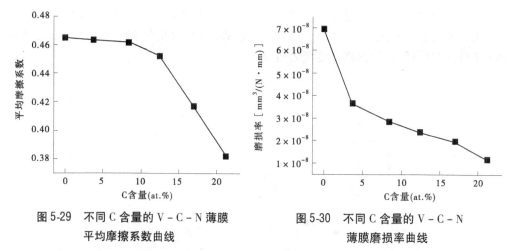

图 5-29　不同 C 含量的 V-C-N 薄膜　　　图 5-30　不同 C 含量的 V-C-N
　　　　平均摩擦系数曲线　　　　　　　　　　　薄膜磨损率曲线

态的碳原子层能在摩擦副材料表面起到润滑的作用,使得含碳薄膜具有减摩性,从而提高摩擦磨损性能。此外,Leyland 和 Matthews 等提出,高的 H/E 对应的不是塑性变形而是高弹性应变,在摩擦过程中,纯粹的弹性接触有利于磨损率的降低。Musil 也认为,H/E 高的涂层具有更好的耐磨性能。

图 5-31(a)、(b)、(c)、(d)分别为 C 含量 0 at.%、8.31 at.%、12.38 at.%、16.89 at.%的 V-C-N 复合膜磨痕表面 SEM 图。由图可见,随 C 含量的增加,V-C-N 复合膜磨痕深度逐渐变浅,磨痕表面逐渐光滑,磨损量显著减少。这也与图 5-30 中随 C 含量的增加,V-C-N 复合膜的平均磨损率显著降低的结论一致。

由图 5-32 可以看出,温度从 100 ℃升高到 500 ℃,随着温度上升,薄膜的磨损率呈逐渐升高趋势,500 ℃时达到了最大值,为 4.88×10^{-7} mm^3/(N·mm)。

为了进一步分析薄膜摩擦系数及磨损率的变化原因,对不同环境温度摩擦后的试样进行了 XRD 测试,如图 5-33 所示。由图可知,随着温度升高,磨痕中的 VN 衍射峰减弱,当温度升高到 400 ℃时,V_2O_5 衍射峰逐渐出现,当温度达到 500 ℃时,V_2O_5 衍射峰强度增强。

温度从 100 ℃升高到 300 ℃,V-C-N 复合膜摩擦系数升高,这是由于在这个温度范围内,随着温度的上升,空气中水分被蒸发,加之此时薄膜的表面吸附作用消失,再者随着温度的升高,失去了 C 的减摩作用,导致高转速的干摩擦下摩擦系数增大明显。温度继续从 300 ℃上升到 500 ℃过程中,V-C-N 复合膜摩擦系数逐渐下降,这是因为随着温度的升高,薄膜中 V_2O_5 含量增强,起到很好的减摩作用。

图 5-34 为不同温度下 V-C-N 复合膜摩擦磨痕形貌。从图中可看出,磨痕随温度升高而变宽、变深。200 ℃下薄膜的磨痕很窄,深度较浅,随着温度升高,磨痕变深宽化,磨痕内磨屑增多。随着温度升高,薄膜氧化加剧,生成了大量层状氧化物,由于氧化物本身就不平整,因此当摩擦副与薄膜剧烈作用时,不平整的地方就会互相摩擦切削,又因为氧化物本身硬度低,因此很容易破裂生成白色磨屑,导致磨损率逐渐增高。

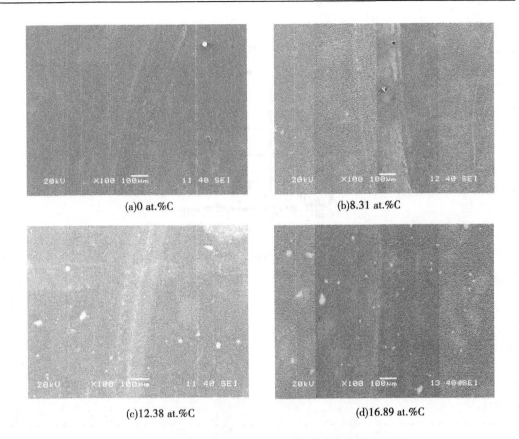

图 5-31　不同 C 含量的 V－C－N 复合膜磨痕表面 SEM 图

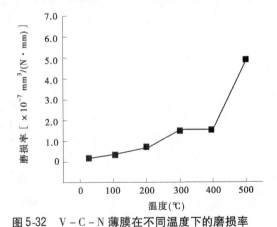

图 5-32　V－C－N 薄膜在不同温度下的磨损率

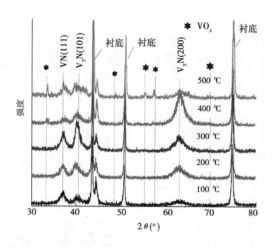

图 5-33　V‑C‑N 复合膜在不同温度下的 XRD 图谱

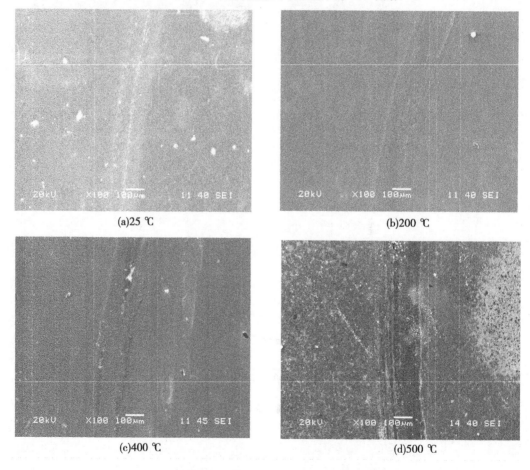

图 5-34　不同温度下的 V‑C‑N 复合膜摩擦磨痕形貌

第 6 章　高温自润滑氮化物陶瓷薄膜

高性能切削加工的主要特征是在具有与加工件黏着反应摩擦表面上的高温/应力和来自环境的剧烈氧化侵蚀的结合,这些运行环境使得在摩擦表面产生剧烈的局部塑性变形、相转变、质量传递和化学反应等综合现象,这些极端的工作条件导致切削工具的大量磨损。因此,设计一种能满足极端的服役条件的薄膜材料,一直是各国学者追求的目标。研究表明,诸如 Cr、Mo 等ⅥB 族元素的氮化物薄膜在摩擦磨损实验过程中能够生成具有润滑作用的固态层状氧化物 Magnéli 相,这使得该族的氮化物薄膜成为研究热点之一。目前,较为常见的 Magnéli 相有 MoO_3、V_2O_5、WO_3 等,该类氧化物呈层状结构,层与层之间仅依靠范德华力结合,具有相对较多的滑移系,其剪切模量也相对较低,所以在摩擦磨损实验过程中能够起到固体润滑作用,使薄膜可在极端的工作条件下体现出优异的摩擦性能。Zhou 等对 TiAlN/VN 纳米多层膜研究发现,其表现出优异的耐磨性和低摩擦系数,与形成具有自润滑性的 V_2O_5 有关。Fox - Rabinovich 等通过对 TiAlCrN/WN 纳米多层膜涂层的自适应摩擦行为研究认为,未来耐磨性涂层的发展趋势是在自适应基础上改进硬质涂层。目前,对含有 Magnéli 相元素的过渡族金属氮化物薄膜的研究多集中于多层膜领域,对其复合薄膜的研究刚刚开始。为此,本书选取 Magnéli 相典型元素 Mo、V,以具有一定代表意义的 TiN 及 NbN 薄膜为母版,研究了 Magnéli 相对其微观结构、力学性能及摩擦磨损性能的影响,并研究了环境温度对该类薄膜摩擦磨损性能的影响。

6.1　Ti - Mo - N 薄膜

过渡族金属氮化物薄膜具有较高的硬度和优异的耐蚀性能,在诸如刀具薄膜等领域占据着重要的一席之地。早期,国内外学者对其的研究主要集中于ⅣB 族元素(如 Ti 和 Zr) 的氮化物。其中,TiN 薄膜是最具有代表意义的薄膜体系。然而,随着现代加工技术的发展,要求应用于刀具的涂层具有更高的硬度,以及更为优异的摩擦磨损性能,传统的 TiN 薄膜已难以满足其要求,亟须开发一系列兼具诸如力学性能、高温热稳定性能和摩擦磨损性能等更高优异性能的新型材料。这也是摆在国内外学者和工程师面前的一个严峻的挑战。研究表明,由于不同种类的金属与金属元素复合后可能出现混合相,所以不同种类的金属元素相互复合制备成的三元或者三元以上复合膜能够体现出其各自所特有的优异性能。例如,由于 TiN 晶格中的部分 Ti 原子被 Al 原子所置换,三元 Ti - Al - N 复合膜比二元 TiN 薄膜体现出更为优异的力学性能。20 多年来,Ti - Al - N 薄膜成功地取代二元 TiN 薄膜,现已广泛应用于高速切削、高温及微润滑切削刀具、模具等机械加工领域。然而,Ti - Al - N 薄膜也存在许多不足之处,阻碍了其在高性能刀具涂层领域的进一步应用,这些不足之处有摩擦系数较高等。现代加工技术的发展,对刀具涂层提出了诸如"高速高温""高精度""高可靠性""长寿命"等更高的服役要求,特别是对于在如干式加工等极端服役条件下,需要一种能够兼具优异减磨耐磨性能的工具涂层。因此,提高 Ti－Al－N 薄膜的摩擦性能值得人们深入研究。

研究表明,在干切削环境下,像诸如 Cr 及 Mo 等ⅥB 族元素能够生成具有自润滑性能的 Magnéli 相,所以ⅥB 族的氮化物薄膜的摩擦磨损性能备受关注。在摩擦磨损实验过程中,Mo 能够与空气中的水汽或者氧发生复杂的化学反应,生成低剪切模量的 Magnéli 相 MoO_3 相,这种氧化相具有良好的减磨作用,能有效缓解薄膜与摩擦副之间的相互作用,从而显著提升薄膜的摩擦性能,使薄膜在极端的服役环境下连续使用。研究表明,在硬质薄膜中添加适量的 Magnéli 相形成元素如 V、Ta 和 B 等,在摩擦过程中能够与环境中的 O_2 结合,形成具有独特的剪切性能,可起润滑作用的氧化物,能够有效地提高薄膜的摩擦磨损性能,使薄膜可在极端的工作条件下连续使用。例如,Yang 等研究表明,TiN 薄膜中引入 Mo 元素,特别是引入较高含量的 Mo 元素能够有效地提高薄膜的硬度和摩擦性能。然而,Mo 含量对 Ti－Mo－N 薄膜的微观组织影响的报道并不多见。Yang 等虽然得出了在 TiN 薄膜中引入较高含量的 Mo 能够显著改善其力学及摩擦性能,但是并没有阐明其原因,并且,Ti－Mo－N 薄膜高温摩擦磨损性能的报道也并不多见。因此,Mo 含量对 Ti－Mo－N 薄膜微观结构、力学性能及摩擦磨损性能影响的研究具有一定的意义。

本书中,采用射频磁控溅射制备一系列不同 Mo 含量的 Ti－Mo－N 薄膜。利用 X 射线衍射仪、透射电镜、扫描电镜、能谱仪、纳米压痕仪和高温摩擦磨损实验机对薄膜的相结构、形貌、成分、力学性能和高温摩擦磨损性能进行研究。

6.1.1　Ti－Mo－N 薄膜制备及表征

Ti－Mo－N 薄膜制备过程中衬底选取、处理及制备方式与 2.1.1 相同。在沉积过程中,固定溅射气压为 0.3 Pa、Ti 靶功率为 250 W,氩氮比为 10∶3。通过改变 Mo 靶功率来获得一系列不同 Mo 含量的 Ti－Mo－N 薄膜。沉积 Ti－Mo－N 膜之前,在衬底上预镀厚度约 200 nm 的 Ti 为过渡层。

本部分 XRD、SEM、EDS、TEM、纳米压痕以及摩擦磨损实验设备与 2.1.1 相同。摩擦实验过程中,载荷设定为 5 N,摩擦半径为 5 mm。

6.1.2　Ti－Mo－N 薄膜微结构及性能

图 6-1 给出了不同 Mo 靶功率 Ti－Mo－N 薄膜元素原子百分含量。由图可以看出,二元 TiN 薄膜中 Ti 和 N 元素的原子百分含量分别为 51.1 at.% 和 48.9 at.%,其 Ti 与 N 的原子分数比接近 1∶1。二元 Mo_2N 薄膜中 Mo 和 N 元素的原子百分含量分别为 65.7 at.% 和 34.3 at.%,其 Mo 与 N 的原子分数比接近 2∶1。对于三元 Ti－Mo－N 薄膜,随 Mo 靶功率的升高,薄膜中 Mo 元素原子百分含量逐渐升高,Ti 及 N 元素的原子百分含量逐渐降低。

图 6-2 是 TiN、Mo_2N 及不同 Mo 含量 Ti－Mo－N 薄膜的 XRD 图谱,为便于分析,图中还给出了相同实验条件下制备的二元 TiN 及 Mo_2N 薄膜的 XRD 图谱。由图可知,二元 TiN 以及 Mo_2N 薄膜均为面心立方(fcc)结构,三元 Ti－Mo－N 薄膜也呈 fcc 结构。

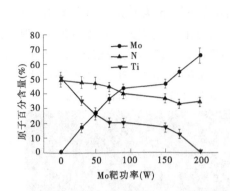

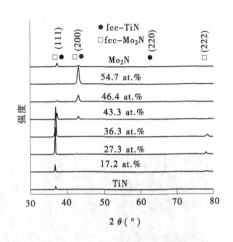

图 6-1　不同 Mo 靶功率 Ti－Mo－N
薄膜的元素原子百分含量

图 6-2　TiN、Mo₂N 及不同 Mo 含量
Ti－Mo－N 薄膜的 XRD 图谱

　　图 6-3 给出了 TiN、Mo₂N 及不同 Mo 含量 Ti－Mo－N 薄膜(111)及(200)的 2θ 值。从图中可以看出,二元 TiN 薄膜的(111)及(200)的 2θ 值分别为 36.9°、42.8°;二元 Mo₂N 薄膜的(111)及(200)的 2θ 值分别为 37.3°、43.4°。对于三元 Ti－Mo－N 薄膜,当薄膜中 Mo 含量为 36.3 at.% 时,(111)及(200)的 2θ 值与 TiN 薄膜相近,且随 Mo 含量的升高逐渐降低;当薄膜中 Mo 含量大于 43.3 at.% 时,(111)及(200)的 2θ 值与 Mo₂N 薄膜相近,且随 Mo 含量的升高逐渐增大。

　　图 6-4 给出了不同 Mo 含量 Ti－Mo－N 薄膜的晶格常数及晶粒尺寸。从图中可以看出,二元 TiN 薄膜的晶格常数和平均晶粒尺寸分别为 0.422 nm 和 45 nm;二元 Mo₂N 薄膜的晶格常数和平均晶粒尺寸分别为 0.417 nm 和 11 nm。

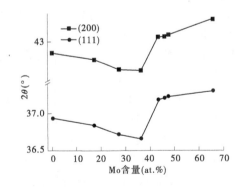

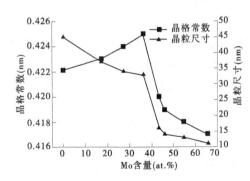

图 6-3　TiN、Mo₂N 及不同 Mo 含量
Ti－Mo－N 薄膜(111)及(200)的 2θ 值

图 6-4　不同 Mo 含量 Ti－Mo－N 薄
膜的晶格常数及晶粒尺寸

　　对于三元 Ti－Mo－N 薄膜,当薄膜中 Mo 含量在 17.2 at.% ~36.3 at.% 时,薄膜晶格常数及平均晶粒尺寸与 TiN 薄膜相近,且其晶格常数随 Mo 含量的升高逐渐降低,平均晶粒尺寸随 Mo 含量的升高逐渐增大;当薄膜中 Mo 含量大于 43.3 at.% 时,薄膜晶格常数及

晶粒尺寸与 Mo_2N 薄膜相近,且两者随 Mo 含量的升高逐渐降低。

　　为进一步分析 Mo 含量对 Ti – Mo – N 薄膜相结构的影响,选取薄膜中 Mo 含量为 17.2 at.% 和 46.0 at.% 的薄膜进行透射电镜测试,图6-5 为其选区电子衍射照片。由图 6-5(a)可知,当 Mo 含量为 17.2 at.%,薄膜选区电子衍射花样为一套面心立方衍射环,经计算可以得出,图中三条衍射环依次对应为 fcc – TiN(111)、(200)以及(220)。由图 6-5(b) 所给出的数据经计算可知,当薄膜中 Mo 含量为 46.0 at.% 时,其选取电子衍射花样与 fcc – Mo_2N 相匹配,三条衍射环依次对应为 fcc – Mo_2N(111)、(200)以及(220)。

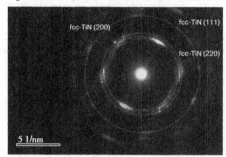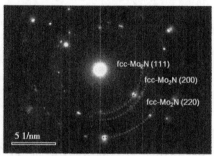

(a)Mo含量为71.2 at.%　　　　　　　　(b)Mo含量为46.0 at.%

图6-5　不同 Mo 含量 Ti – Mo – N 薄膜选区电子衍射照片

　　综上可知,当薄膜中 Mo 含量在 17.2 at.% ~36.3 at.% 时,Ti – Mo – N 薄膜 XRD 图谱中的主要衍射峰与 TiN 相近,Ti、Mo 元素与 N 元素的化学计量比接近1:1,薄膜选区电子衍射花样为一套 fcc – TiN 衍射环。此时薄膜主要为 Mo 固溶在 TiN 晶格中的置换固溶体,其化学式可近似表述为 $(Ti_{1-x}Mo_x)N$。由于 Mo 原子半径大于 Ti 原子半径,所以 Mo 的固溶使得 Ti – Mo – N 薄膜产生晶格畸变,晶格常数比 TiN 薄膜的大,且随 Mo 含量的升高,Ti – Mo – N 薄膜晶格常数逐渐增大;当薄膜中 Mo 含量大于 43.3 at.% 时,Ti – Mo – N 薄膜 XRD 图谱中的主要衍射峰与 Mo_2N 相近,Ti、Mo 元素与 N 元素的化学计量比接近 2:1,薄膜选区电子衍射花样为一套 fcc – Mo_2N 衍射环。此时薄膜主要为 Ti 固溶在 Mo_2N 晶格中的置换固溶体,其化学式可近似表述为 $(Ti_{1-x}Mo_x)_2N$。由于 Ti 与 Mo 的原子半径有差异,所以 Ti 的固溶使得 Ti – Mo – N 薄膜产生晶格畸变,晶格常数比 Mo_2N 薄膜的大,且随 Mo 含量的升高,Ti – Mo – N 薄膜晶格常数逐渐减小。然而上述两种不同相的薄膜均为单一的面心立方结构,晶格常数十分接近,所以在此统称为 Ti – Mo – N 薄膜。

　　图6-6 给出了 TiN、Mo_2N 及不同 Mo 含量 Ti – Mo – N 薄膜硬度及膜基结合力。由图可知,二元 TiN 及 Mo_2N 薄膜的硬度为 21 GPa 和 26 GPa。对于三元 Ti – Mo – N 薄膜,薄膜硬度均高于 TiN 薄膜,且随 Mo 含量的升高整体呈上升趋势,薄膜硬度最低值为 22 GPa (Mo 含量 17.2 at.% 时),最高值为 36 GPa(Mo 含量为 46.0 at.% 时)。当 Mo 含量在 17.2 at.% ~36.3 at.% 时,薄膜硬度略高于 TiN 薄膜,且随 Mo 含量的升高变化不大;当 Mo 含量大于 43.3 at.% 时,薄膜硬度较之前者发生大幅升高。从图6-6 还可知,二元 TiN 及 Mo_2N 薄膜的膜基结合力分别为 7.6 N 和 8.3 N。三元 Ti – Mo – N 薄膜膜基结合力的变化趋势与硬度基本一致,当 Mo 含量为 46.0 at.% 时,薄膜膜基结合力最大,其最大值为 9.4 N。

当 Mo 含量在 17.2 at.% ~ 36.3 at.% 时,细晶强化和固溶强化使得薄膜硬度较二元 TiN 薄膜略有升高;当 Mo 含量大于 43.3 at.% 时,薄膜主要为 Ti 固溶于 Mo_2N 中的固溶体,由于二元 Mo_2N 薄膜硬度较高,因此此时薄膜硬度较前者发生大幅升高。

过渡族金属氮化物中固溶其他元素能够提升薄膜的断裂韧性。具有较高断裂韧性的过渡族金属氮化物薄膜往往体现出较为优异的抗拉应变能力,因此体现出相对较高的膜基结合力。所以,三元 Ti – Mo – N 薄膜膜基结合力均高于二元 TiN 以及 Mo_2N 薄膜。

图 6-7 给出了 TiN、Mo_2N 及不同 Mo 含量 Ti – Mo – N 薄膜室温平均摩擦系数。从图中可以看出,二元 TiN 及 Mo_2N 薄膜室温条件下的平均摩擦系数依次为 0.84 和 0.30。三元 Ti – Mo – N 薄膜平均摩擦系数均小于二元 TiN 薄膜,其最高平均摩擦系数为 0.67(Mo 含量为 17.2 at.% 时),最低平均摩擦系数为 0.38(Mo 含量为 46.0 at.% 时)。Mo 元素的引入能够降低薄膜的平均摩擦系数,类似的报道也在文献中体现。

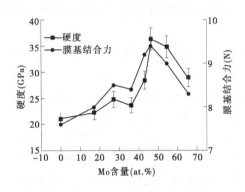

图 6-6　TiN、Mo_2N 及不同 Mo 含量
Ti – Mo – N 薄膜硬度及膜基结合力

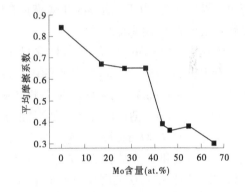

图 6-7　TiN、Mo_2N 及不同 Mo 含量 Ti – Mo – N
薄膜室温条件下的平均摩擦系数

为了更好地分析 Ti – Mo – N 薄膜低摩擦系数的原因,选取 Mo 含量为 43.3 at.% 的薄膜,摩擦实验后,在磨痕表面进行 XRD 分析,以研究磨痕表面的新生相,结果如图 6-8 所示。为便于比对,图中还列出了 Mo 含量为 43.3 at.% 的薄膜 XRD 图谱。从图中可以看出,薄膜磨痕中出现了微量的 TiO_2 及 MoO_3 相。在摩擦实验中,由于摩擦副与磨痕之间的相互作用,薄膜中的 Ti 和 Mo 与空气中的氧或水汽发生反应,生成了 TiO_2 及 MoO_3。有学者研究表明,摩擦过程中在磨痕表面生成的具有低剪切

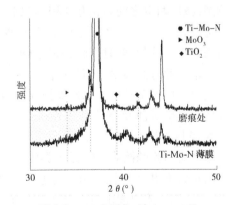

图 6-8　Mo 含量为 43.3 at.% 的
Ti – Mo – N 薄膜摩擦实验后磨痕 XRD 图谱

模量、自润滑效应的 MoO_3,导致了 Ti – Mo – N 薄膜的低摩擦系数。MoO_3 的这种减摩效应在 Cr – Ti – Mo – Al – N 薄膜、Mo_2N 薄膜中都有很好的体现。

研究表明,摩擦实验过程中磨痕所产生的氧化相对过渡族金属氮化物的摩擦磨损性能有着显著的影响。根据晶体化学理论,氧化物的润滑性能与其相应的离子电势、阳离子

的磁场强度和剪切流变之间有着密切的关联。具有较高离子电势的摩擦相往往体现出较为优异的摩擦性能,能有效降低薄膜的平均摩擦系数。

根据文献,离子电势 Φ 可以表述为:

$$\Phi = Z/r \tag{6-1}$$

式中　Z——阳离子电荷数;

　　　r——阳离子半径,nm。

摩擦实验中磨痕表面的新生相主要为 TiO_2 和 MoO_3。其中,Mo^{6+} 半径为 0.067 nm,Ti^{4+} 半径为 0.064 nm。根据离子电势公式计算可知,MoO_3 的离子电势为 8.9,TiO_2 的离子电势为 5.8,所以相较 TiO_2,MoO_3 的润滑性能更为优异。

结合上述分析可知,当 Mo 含量在 17.2 at.% ~36.3 at.% 时,由于磨痕中有具有润滑作用的 MoO_3,因此薄膜平均摩擦系数比二元 TiN 薄膜低;当 Mo 含量大于 43.3 at.% 时,薄膜相发生转变,由于二元 Mo_2N 薄膜具有较低的平均摩擦系数,所以此时薄膜平均摩擦系数较之前者大幅降低。

图 6-9 为 TiN、Mo_2N 及不同 Mo 含量 Ti-Mo-N 薄膜室温条件下的磨损率。从图中可以看出,二元 TiN 及 Mo_2N 薄膜的磨损率分别为 1.7×10^{-6} mm^3/(N·mm) 及 6.4×10^{-6} mm^3/(N·mm)。Ti-Mo-N 薄膜磨损率随 Mo 含量的升高先降低后升高,当 Mo 含量为 43.3 at.% 时,薄膜磨损率最低,其最低值为 3.2×10^{-7} mm^3/(N·mm)。

研究表明,MoO_3 的滑移面较多,易于沿着平行于(101)晶面方向产生滑移,所以 MoO_3 能够有效地缓和薄膜和摩擦副的相互作用,起到固体润滑作用。然而 MoO_3 相在宏观上以层状方式堆砌,层与层之间仅靠范德华力结合在一起,极具扩散性能,易于在摩擦实验中被摩擦副磨损,所以 MoO_3 虽然减磨,但并不耐磨。

当 Mo 含量在 17.2 at.% ~36.3 at.% 时,磨痕中 MoO_3 相的出现能够润滑磨痕表面和摩擦副,减缓两者之间的相互作用,起到一定的减磨作用,此时薄膜磨损率随 Mo 含量的升高逐渐降低;当 Mo 含量大于 43.3 at.% 时,薄膜发生相转变,由于二元 Mo_2N 薄膜具有较高的磨损率,因此此时薄膜磨损率随 Mo 含量的升高逐渐增大。另外,磨痕中 MoO_3 相的增多也是此时磨损率升高的原因。

选取书中力学及室温摩擦磨损性能最优的 Ti-Mo-N 薄膜(Mo 含量为 46.0 at.%)研究环境温度对薄膜摩擦磨损性能的影响。图 6-10 给出了不同环境温度条件下 Ti-Mo-N 薄膜的摩擦曲线。从图中可以看出,每条摩擦曲线均存在跑合阶段和稳定阶段,环境温度对薄膜摩擦曲线的影响明显。

图 6-11 给出了不同环境温度下 Ti-Mo-N 薄膜磨痕 SEM 以及 2D 形貌图。从图中可以看出,当环境温度由室温升高至 200 ℃ 时,薄膜磨痕表面的裂纹逐渐增多,2D 形貌图显示的磨痕粗糙度明显增大,说明此时随着环境温度的升高,磨痕表面与摩擦副之间的作用趋于剧烈;当环境温度进一步升高至 600 ℃ 时,薄膜磨痕表面光滑,裂纹数量减少,2D 形貌图显示的磨痕粗糙度较前者有所降低,表明在此温度范围内,磨痕表面与摩擦副之间的相互作用得到了一定的缓解。

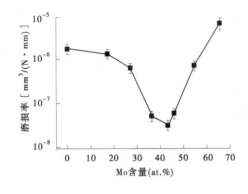

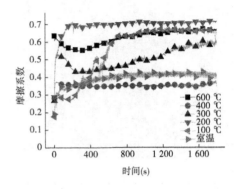

图 6-9　TiN、Mo₂N 及不同 Mo 含量 Ti – Mo – N
薄膜室温条件下的磨损率

图 6-10　不同环境温度条件下
Ti – Mo – N 薄膜摩擦曲线

　　根据图 6-10、图 6-11 中的数据计算不同环境温度条件下的 Ti – Mo – N 薄膜平均摩擦系数及磨损率,其结果如图 6-12 所示。从图中可以看出,环境温度对薄膜的平均摩擦系数和磨损率影响显著。随着环境温度的升高,薄膜平均摩擦系数先升高,之后保持稳定,最后逐渐降低。薄膜最高平均摩擦系数为 0.69,其对应的环境温度是 200 ℃;薄膜最低平均摩擦系数为 0.35,其对应的环境温度是 600 ℃。薄膜磨损率随环境温度的升高先降低,后趋于稳定,最后逐渐升高,与平均摩擦系数的变化趋势相反。薄膜最低磨损率出现

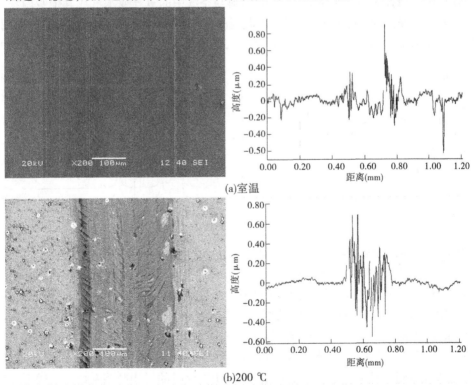

图 6-11　不同环境温度下 Ti – Mo – N 薄膜磨痕 SEM 以及 2D 形貌图

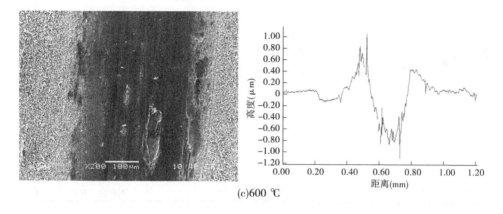

(c)600 ℃

续图 6-11

在 200 ℃时,其最低值为 5.38×10^{-7} mm³/(N·mm);薄膜最高磨损率出现在 600 ℃,其最低值为 1.60×10^{-6} mm³/(N·mm)。

在摩擦磨损实验过程中,磨痕表面生成的摩擦相对薄膜摩擦磨损性能的影响显著。为分析不同环境温度条件下磨痕表面的摩擦相对薄膜摩擦磨损性能的影响,在摩擦实验后,分别对其进行了 XRD 检测,其结果如图 6-13 所示。从图中可以看出,在不同的环境温度条件下,Ti – Mo – N 薄膜磨痕表面均出现了 MoO_3 及 TiO_2 相。当环境温度在室温至 300 ℃时,由于摩擦副与磨痕的相互作用,磨痕与空气中的氧气或水汽或其他吸附物发生复杂的反应,生成 MoO_3 及 TiO_2 相;当环境温度高于 400 ℃时,摩擦副与薄膜剧烈作用,使磨痕表面温度瞬时升高,达到了薄膜氧化温度,薄膜发生氧化,从而生成 MoO_3 及 TiO_2 相。

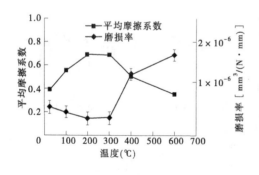

图 6-12 不同环境温度条件下 Ti – Mo – N
薄膜平均摩擦系数及磨损率

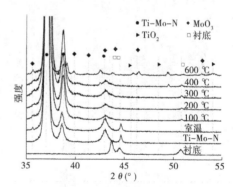

图 6-13 不同环境温度条件下
Ti – Mo – N 薄膜磨痕 XRD 图谱

根据图 6-13 中的实验数据,计算不同环境温度条件下 Ti – Mo – N 薄膜磨痕中 Ti – Mo – N、MoO_3 及 TiO_2 相对质量分数,结果见图 6-14。由图 6-14 可知,随环境温度的升高,薄膜磨痕中的摩擦相 MoO_3 及 TiO_2 的相对质量分数先降低,后趋于稳定,最后逐渐升高。

结合上述实验结果可知,当环境温度为室温时,薄膜磨痕中的摩擦相的相对含量较少,但是薄膜吸附了环境中的水汽等润滑物质,所以此时的平均摩擦系数相对较低。随着环境温度由室温逐渐升高至 200 ℃,薄膜磨痕表面吸附的水汽和其他润滑物质逐渐被蒸发、变性,失去了相应的润滑作用,加之此时薄膜磨痕中的摩擦相的相对质量分数最低,润

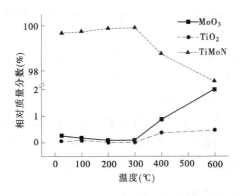

图 6-14　不同环境温度条件下 Ti – Mo – N 薄膜
磨痕中 Ti – Mo – N、MoO_3 及 TiO_2 相对质量分数

滑作用微弱,不能有效地润滑磨痕与摩擦副,使得两者之间的相互作用趋于剧烈,所以此时薄膜平均摩擦系数随环境温度的升高逐渐增大;当环境温度在 200 ~ 400 ℃时,此时环境温度相对较高,薄膜吸附的润滑介质被蒸发殆尽,加之此时磨痕中的摩擦相的相对质量分数没有明显变化,润滑作用微弱,所以此时的平均摩擦系数随环境温度的变化不明显;当环境温度高于 400 ℃时,薄膜磨痕中的摩擦相的相对质量分数随环境温度的升高逐渐增大,能够润滑磨痕与摩擦副,使得两者间的相互作用趋于缓和,所以此时薄膜的平均摩擦系数随环境温度的升高逐渐降低。MoO_3 的滑移面较多,其(010)仅靠分子力结合在一起,使得 MoO_3 易于发生滑移变形,故 MoO_3 的存在能够有效地缓和薄膜和摩擦副的相互作用,起到固体润滑作用。然而 MoO_3 相在宏观上以层状方式堆砌,层与层之间仅靠范德华力结合在一起,极具扩散性能,在摩擦实验过程中易于被摩擦副磨损,所以 MoO_3 虽然减磨,但并不耐磨。因此,薄膜磨损率与磨痕中 MoO_3 的相对质量分数的变化趋势相反。

6.2　Nb – V – Si – N 薄膜

　　薄膜技术是改良材料性能的重要手段之一。在切削刀具表面沉积硬质涂层能够显著改善其硬度和摩擦磨损性能,从而达到延长其服役寿命、拓宽其服役范围的目的。研究表明,与诸多过渡族金属氮化物相似,二元 NbN 薄膜也显现出较为优异的力学及超导性能,在微电子、传感器、超导电子以及刀具涂层等诸多领域展现出了广泛的应用前景。

　　随着干式切削和高速切削技术的发展,对高硬度和良好耐磨性薄膜的要求也不断增加,传统的二元 NbN 薄膜不能完全胜任。为了进一步提升二元 NbN 薄膜的力学和摩擦磨损性能,人们通过引入 AlN 及 SiN 等薄膜,制备纳米多层膜。目前,有关 NbN 薄膜的报道多出现在多层膜领域。例如 TiN/NbN、TaN/NbN 等纳米结构多层膜均体现出超硬效应,NbN 薄膜的多层化能够显著提升其硬度。薄膜的多元化也是改良薄膜性能的重要手段之一。例如,Mo 元素的引入使得 Ti – Mo – N 薄膜体现出优异的力学和摩擦性能。较之二元 TiN 薄膜,Ti – Si – N 薄膜具有更高的硬度和热稳定性能。有报道称,Si 能显著地提高 Mo – Al – Si – N 薄膜的硬度及韧性,有效地降低薄膜的摩擦系数。V 在摩擦磨损过程中易于生成 Magnéli 相 V_2O_5，能够显著地降低薄膜的平均摩擦系数。Zhou 等对 Ti - Al - N/VN 纳米多层膜研究发现，其表现出优异的耐磨性和低摩擦系数，与形成具有自润滑性的 V_2O_5 有关。基于第 4 章的研究结果可知，Si 元素的引入能够在一定程度上改良 Nb - Si - N 薄膜的力学性能。然而，Nb - Si - N 薄膜的摩擦磨损性能并不十分理想。从上述分析可以推测，V 能够改良 Nb - Si - N 薄膜摩擦磨损性能。本书采用射频磁控溅射法制备一系列不同 V 含量的 Nb - V - Si - N 薄膜，利用 X 射线衍射仪、X 射线光电子能谱仪、透射电镜、扫描电镜、能谱仪、纳米压痕仪和高温摩擦磨损实验机对薄膜的相结、形貌、成分、力学性能和不同环境温度条件下摩擦磨损性能进行研究。

6.2.1　Nb - V - Si - N 薄膜制备及表征

本部分中 Nb - V - Si - N 薄膜制备过程中衬底选取、处理及制备方式与 2.1.1 相同。在沉积过程中，固定溅射气压为 0.3 Pa、Nb 靶功率为 200 W、Si 靶功率为 90 W，氩氮比为 10:5。通过调整 V 靶功率，获得厚度为 2 μm 左右的 Nb - Si - N 和不同 Si 含量的 Nb - V - Si - N 薄膜。沉积 Nb - V - Si - N 膜之前，在衬底上预镀厚度约 200 nm 的 Nb 为过渡层。

本部分 XRD、SEM、EDS、TEM、纳米压痕以及摩擦磨损实验设备与 2.1.1 相同。采用德国生产的 Bruker DEKTAK - XT 型台阶仪测试衬底及薄膜的曲率半径，然后根据 Stoney 公式计算薄膜残余应力，计算公式如下：

$$\sigma = \frac{E}{1-v}\frac{t_s{}^2}{6t_f}\left(\frac{1}{R}-\frac{1}{R_s}\right) \tag{6-2}$$

式中　E——衬底弹性模量，GPa，取 $E = 170$ GPa；

　　　v——衬底泊松比，取 0.3；

　　　t_s——衬底厚度，μm；

　　　t_f——薄膜厚度，μm；

　　　R——衬底曲率半径，μm；

　　　R_s——薄膜曲率半径，μm。

测膜基结合力时，对每个样品测试 4 次取平均值，实验参数为：初始加载力为 0.03 N，最终加载力为 20 N，加载速度为 40 N/min，加载时间为 20 s，划痕长度为 3 mm。根据划痕数据计算薄膜的断裂韧性，其计算公式为：

$$K_{IC} = \frac{2pf_g}{R^2\cot\theta}\left(\frac{a}{\pi}\right)^{1/2}\sin^{-1}\frac{R}{a} \tag{6-3}$$

式中　K_{IC}——断裂韧性，MPa·m$^{1/2}$；

　　　p——薄膜破裂时所对应的压力，N；

　　　f_g——摩擦系数；

　　　R——划痕头与垂直线之间的长度，m；

　　　a——薄膜裂纹长度，m；

　　　θ——金刚石压头面与面之间的夹角，(°)。

6.2.2 Nb – V – Si – N 薄膜微结构及性能

表 6-1 为不同 V 靶功率的 Nb – V – Si – N 薄膜中元素原子百分含量及薄膜厚度。从表中可以看出,随 V 靶功率的升高,薄膜中 V 含量逐渐升高,薄膜厚度逐渐增大。

表 6-1 不同 V 靶功率的 Nb – V – Si – N 薄膜中元素原子百分含量及薄膜厚度

靶功率 (W)	原子百分含量(at. %)					薄膜厚度 (μm)
	Nb	V	Si	N	O	
0	45.9 ±2.3	0	9.3 ±0.5	43.6 ±2.2	1.2 ±0.1	2.1 ±0.1
40	43.8 ±2.2	3.7 ±0.2	8.4 ±0.4	43.1 ±2.2	1.0 ±0.1	2.2 ±0.1
90	42.2 ±2.1	6.4 ±0.3	7.6 ±0.4	42.5 ±2.1	1.3 ±0.1	2.3 ±0.1
140	39.9 ±2.0	8.9 ±0.4	7.1 ±0.4	42.7 ±2.1	1.4 ±0.1	2.4 ±0.1
180	37.5 ±1.9	13.2 ±0.7	5.8 ±0.3	42.4 ±2.1	1.1 ±0.1	2.5 ±0.1

图 6-15 为不同 V 含量 Nb – V – Si – N 薄膜 XRD 图谱。从图中可以看出,三元 Nb – Si – N 薄膜在 36°、39° 以及 41° 附近出现了三个衍射峰,依次对应为面心立方(fcc) NbN (PDF 38 – 1155)(200)、密排六方(hcp) NbN(PDF 14 – 0547)(200)及 fcc – NbN (200)。薄膜由 fcc – NbN 和 hcp – NbN 两相构成。对于四元 Nb – V – Si – N 薄膜,不同 V 含量薄膜 XRD 图谱中均出现与三元 Nb – Si – N 薄膜相近的三个衍射峰,图谱中无 VN 等衍射峰出现,表明 Nb – V – Si – N 薄膜为两相共存,即 fcc – NbN + hcp – NbN。由图 6-15 还可以看出,不同 V 含量 Nb – V – Si – N 薄膜中 fcc – NbN 为主要相。随 V 含量的升高, 薄膜衍射峰逐渐向高角度偏移,薄膜中部分 Nb 被 V 所取代,形成置换固溶体,由于 V 的原子半径小于 Nb,所以 V 的固溶使得薄膜的晶格产生畸变,晶格常数变小。

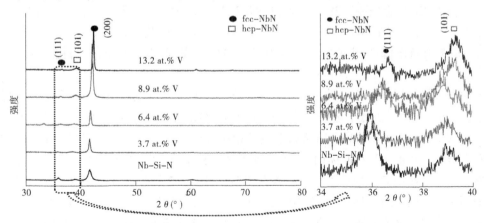

图 6-15 不同 V 含量的 Nb – V – Si – N 薄膜 XRD 图谱

根据图 6-15 中的数据,由 Scherrer 公式计算不同 V 含量 Nb – V – Si – N 薄膜平均晶粒尺寸。经计算可知,三元 Nb – Si – N 薄膜平均晶粒尺寸约为 10 nm。随薄膜中 V 含量的升高,Nb – V – Si – N 薄膜平均晶粒尺寸由 19 nm(此时 V 含量为 3.7 at. %)逐渐升高至 53 nm(此时 V 含量为 13.2 at.%)。

研究表明,将 Si 元素引入过渡族金属氮化物(TMN)薄膜中能够形成非晶包裹纳米晶的 TMN/Si₃N₄ 结构。FTIR 并不是主流的检测过渡族金属氮化物薄膜相结构的方式,然而其能够精确地表征非晶相的化学键,是 XRD 的重要补充。为检测 Nb－Si－N 薄膜中的非晶相,作者对其进行了 FTIR 测试,其结果如图 6-16 所示。为便于对比,图 6-16 还给出了与 Nb－Si－N 薄膜相同实验条件下制备的 Si₃N₄ 薄膜的红外光谱。由图可知,Si₃N₄ 薄膜在 480 cm⁻¹、700 cm⁻¹ 附近出现两个吸收峰,对应的是非晶 Si₃N₄ 中的 Si—N 键。三元 Nb－Si－N 薄膜出现与 Si₃N₄ 相同的吸收峰,说明此时薄膜中出现了非晶 Si₃N₄。

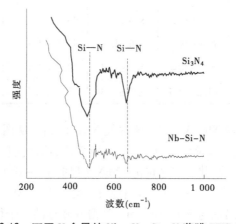

图 6-16　不同 V 含量的 Nb－V－Si－N 薄膜 FTIR 图谱

通过 XPS 进一步地分析了不同 V 含量的 Nb－V－Si－N 薄膜相结构随 V 含量的变化情况。图 6-17 是不同 V 含量的 Nb－V－Si－N 薄膜 Si 2p 及 N 1s 的 XPS 图谱。根据 XPS 数据库以及相关的文献报道可得,Si 2p 在 Si₃N₄ 中的结合能为 101.8 eV;N 1s 在 NbN 和 Si₃N₄ 中的结合能分别为 397.6 eV 和 399.7 eV。从图中可以看出,不同 V 含量的 Nb－V－Si－N 薄膜均存在 Si₃N₄,且 Si 2p 在 Si₃N₄ 中的结合能以及 N 1s 在 Si₃N₄ 中的结合能随 V 含量的升高逐渐降低,表明随着薄膜中 V 含量的升高,薄膜中 Si₃N₄ 相的相对含量逐渐减少。

为进一步分析 Nb－V－Si－N 薄膜微观结构随 V 含量的变化情况,对不同 V 含量的 Nb－V－Si－N 薄膜进行了透射电镜分析,图 6-18 给出了 V 含量为 3.7 at.% 和 8.9 at.% 的 Nb－V－Si－N 薄膜的高分辨透射电镜及相应选区电子衍射照片。从图 6-18(a)中可以看出,当 V 含量为 3.7 at.% 时,薄膜出现了晶态和非晶态两种相结构,晶态和非晶态可以通过晶格条纹很容易地识别出来。根据图 6-16、图 6-17 的分析可知,图 6-18(a)中的非晶为 Si₃N₄。薄膜晶粒尺寸一般在 10~15 nm,该结果与根据图 6-16 中的数据所计算的薄膜平均晶粒尺寸基本一致。图 6-18(a)的右上方是该薄膜的选区电子衍射花样,经计算可知,薄膜选区电子衍射花样由 fcc－NbN 和 hcp－NbN 两套衍射花样构成,其衍射环依次对应为 fcc－NbN(111)、hcp－NbN(101)、fcc－NbN(200)以及 fcc－NbN(222)。该结果与图 6-16 中的 XRD 图谱一致。由图 6-18(b)可以看出,当薄膜中 V 含量升高至 8.9 at.% 时,薄膜依旧出现了晶态和非晶态相。然而,与图 6-18(a)相比较,此时薄膜晶粒尺

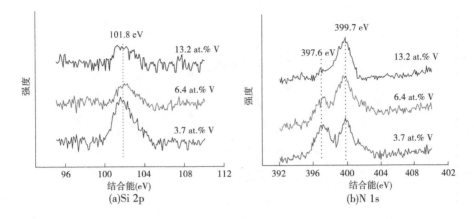

图 6-17　不同 V 含量的 Nb – V – Si – N 薄膜 Si 2p 以及 N 1s 的 XPS 图谱

寸明显增大,薄膜中非晶 Si_3N_4 明显减少。这表明随 V 含量的升高,薄膜中非晶 Si_3N_4 逐渐降低,薄膜晶粒尺寸逐渐增大。该现象与图 6-17 的实验结果一致。

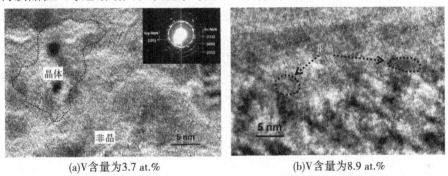

图 6-18　不同 V 含量 Nb – V – Si – N 薄膜的高分辨透射电镜及相应选区电子衍射照片

　　结合上述分析可知,不同 V 含量 Nb – V – Si – N 薄膜由 fcc 结构固溶体 Nb – V – Si – N、hcp 结构固溶体 Nb – V – Si – N 及非晶 Si_3N_4 三相构成,其中 fcc 结构固溶体 Nb – V – Si – N 为薄膜的主要相。随薄膜中 V 含量的升高,薄膜中非晶 Si_3N_4 逐渐减少。

　　图 6-19 为不同 V 含量 Nb – V – Si – N 薄膜的残余压应力。从图中可以看出,所有的 Nb – V – Si – N 薄膜的残余应力均体现为压应力,在图中以负号表示。三元 Nb – Si – N 薄膜的残余压应力约为 – 1.3 GPa。随薄膜中 V 含量的升高,Nb – V – Si – N 薄膜的残余压应力逐渐升高。V 的固溶所引起的晶格畸变是导致 Nb – V – Si – N 薄膜残余压应力升高的原因。另外,有研究表明,非晶 Si_3N_4 相能够在一定程度上释放过渡族金属氮化物的残余压应力,随薄膜中 V 含量的升高,非晶 Si_3N_4 相逐渐减少,其所起到的释放残余压应力作用减弱,这也使得薄膜的残余压应力随 V 含量的升高逐渐增大。

　　图 6-19 还给出了不同 V 含量 Nb – V – Si – N 薄膜硬度及弹性模量。从图中可以看出,三元 Nb – Si – N 薄膜的硬度和弹性模量分别为 29 GPa、326 GPa。随 V 含量的升高,Nb – V – Si – N 薄膜硬度和弹性模量先升高后降低,当薄膜中 V 含量为 6.4 at.% 时,薄膜的硬度和弹性模量达到最大,其最大值分别为 35 GPa、368 GPa。当薄膜中 V 含量在 4.5

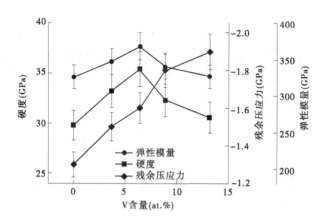

图 6-19　不同 V 含量 Nb – V – Si – N
薄膜残余压应力、硬度及弹性模量

at. % ~10. 3 at. % 时,薄膜硬度的升高可能与固溶强化和残余压应力的升高有关;当薄膜中 V 含量大于 10. 3 at. % 时,晶粒粗化可能是此时薄膜硬度随 V 含量的升高而降低的原因。

　　研究表明,H/E 以及 H^3/E^2 是表征薄膜力学及摩擦磨损性能的重要指标。图 6-20 给出了不同 V 含量 Nb – V – Si – N 薄膜 H/E 以及 H^3/E^2。由图可知,三元 Nb – Si – N 薄膜的 H/E 以及 H^3/E^2 值分别为 0. 091、0. 25 GPa。不同 V 含量 Nb – V – Si – N 薄膜的 H/E 以及 H^3/E^2 值均高于三元 Nb – Si – N 薄膜,且随 V 含量的升高先升高后降低,当薄膜中 V 含量为 6. 4 at. % 时,其 H/E 以及 H^3/E^2 值均达到最大,其最大值分别为 0. 096、0. 33 GPa。

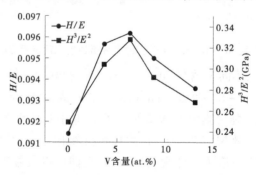

图 6-20　不同 V 含量 Nb – V – Si – N 薄膜 H/E 以及 H^3/E^2

　　图 6-21 给出了不同 V 含量 Nb – V – Si – N 薄膜划痕形貌。从图中可以看出,所有 Nb – V – Si – N 薄膜划痕中均出现了塑性变形,随后出现薄膜破裂、失效。薄膜失效的临界载荷是指薄膜划痕过程中首次出现破裂所对应的加载力,是表征薄膜膜基结合力的重要指标。从图中可知,Nb – V – Si – N 薄膜临界载荷受 V 含量的影响显著。

　　根据图 6-21 中的实验数据计算不同 V 含量 Nb – V – Si – N 薄膜的临界载荷及断裂韧性,其结果如图 6-22 所示。由图可知,三元 Nb – Si – N 薄膜的临界载荷和断裂韧性分别为 3. 3 N、0. 92 MPa · m$^{1/2}$。Nb – V – Si – N 薄膜的临界载荷均高于三元 Nb – Si – N 薄

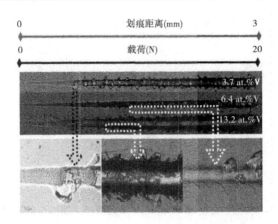

图 6-21　不同 V 含量 Nb – V – Si – N 薄膜划痕形貌

膜,且随 V 含量的升高先升高后降低,当薄膜中 V 含量为 6.4 at.% 时,薄膜临界载荷最大,其最大值为 9.8 N。V 元素的引入能够显著提升薄膜的断裂韧性。Nb – V – Si – N 薄膜断裂韧性随 V 含量的升高线性升高,当 V 含量为 13.2 at.% 时,薄膜断裂韧性最大,其最大值为 1.67 MPa · m$^{1/2}$。

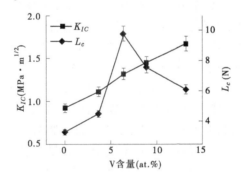

图 6-22　不同 V 含量 Nb – V – Si – N 薄膜断裂韧性(K_{IC})及临界载荷(L_c)

研究表明,由于 V 能够诱发材料的位错钉扎,在诸如 TiN 等过渡族金属氮化物中引入 V 元素能够提升薄膜的断裂韧性,因此 Nb – V – Si – N 薄膜的断裂韧性随薄膜中 V 含量的升高而线性上升。断裂韧性与薄膜的临界载荷有着密切的联系。具有较高的断裂韧性的薄膜具有较为优异的抗拉应变能力,因此具有较高断裂韧性的薄膜往往体现出较高的临界载荷。所以,当薄膜中 V 含量小于 6.4 at.% 时,Nb – V – Si – N 薄膜断裂韧性的升高导致了此时薄膜临界载荷随薄膜中 V 含量的升高而逐渐增大;随着薄膜中 V 含量的进一步升高,薄膜厚度的升高可能是此时薄膜临界载荷随 V 含量升高而降低的原因。

图 6-23 为不同 V 含量 Nb – V – Si – N 薄膜平均摩擦系数和磨损率。由图可知,三元 Nb – Si – N 薄膜的平均摩擦系数以及磨损率分别为 0.82、7.51×10^{-7} mm^3/(N · mm)。四元 Nb – V – Si – N 薄膜的平均摩擦系数随 V 含量的升高逐渐降低,当薄膜中 V 含量为 13.2 at.% 时,薄膜平均摩擦系数最低,其最低值为 0.55。从图中还可知,Nb – V – Si – N 薄膜的磨损率随薄膜中 V 含量的升高先降低后升高,当 V 含量为 6.4 at.% 时,薄膜磨损

率最低,其最低值为 6.35×10^{-7} mm^3/(N·mm)。

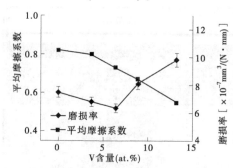

图 6-23 不同 V 含量 Nb – V – Si – N 薄膜平均摩擦系数及磨损率

为进一步分析 V 对 Nb – V – Si – N 薄膜室温摩擦磨损性能的影响,对不同 V 含量的 Nb – V – Si – N 薄膜磨痕表面进行了 SEM 及拉曼光谱测试,其结果如图 6-24 所示。从图 6-24(a)中可以看出,当薄膜中 V 含量为 3.7 at.% 时,薄膜磨痕表面较为光洁,在磨痕周边黏附有明显的磨屑。为分析薄膜磨痕表面的磨屑构成,对该薄膜磨痕表面不同区域进行了拉曼光谱测试,其结果如图 6-24(d)所示。由拉曼光谱可知,Nb – V – Si – N 薄膜拉曼光谱(区域 1 中的拉曼光谱)中在 300 cm^{-1} 及 580 cm^{-1} 附近出现两个吸收峰,对应物相为 NbN。薄膜磨痕区域拉曼光谱(区域 2 中的拉曼光谱)中在 300 cm^{-1} 及 580 cm^{-1} 附近也出现两个对应物相为 NbN 的吸收峰。除此之外,在 287 cm^{-1} 以及 1 002 cm^{-1} 附近出现了两个对应物相为 V$_2$O$_5$ 的吸收峰;在 601 cm^{-1}、790 cm^{-1} 附近有两个对应物相为 VO$_2$ 的吸收峰。这表明薄膜磨痕处发生了化学反应。由图 6-24(b)可知,当薄膜中 V 含量由 3.7 at.% 升高至 6.4 at.% 时,磨痕表面磨屑数量有了一定程度的增加,并且磨痕宽度逐渐变窄。较高的硬度能够提升薄膜的承载能力,降低薄膜磨痕与摩擦副之间的接触面积。类似的实验现象在文献中也有报道。随着薄膜中 V 含量的进一步升高,由图 6-24(c)可知,薄膜磨痕表面黏附有大量的磨屑。另外,薄膜磨痕宽度较前者变宽,这与此时薄膜硬度的降低有一定的关系。

在摩擦实验过程中,磨痕表面生成的摩擦相对薄膜摩擦磨损性能的影响显著。根据晶体化学理论,氧化物的润滑性能与其相应的离子电势、阳离子的磁场强度和剪切流变之间有着密切的关联。具有较高离子电势的摩擦相往往体现出较为优异的摩擦性能,能有效降低薄膜的平均摩擦系数。

根据文献,离子电势 Φ 可以表述为

$$\Phi = Z/r \tag{6-4}$$

式中　Z——阳离子电荷数;

　　　r——阳离子半径,nm。

根据式(6-4)计算可得,V$_2$O$_5$ 的离子电势为 10.2,VO$_2$ 的离子电势为 6.8。因此,V$_2$O$_5$ 的润滑性能要比 VO$_2$ 优异。薄膜磨痕中主要起润滑作用的摩擦相为 V$_2$O$_5$。V$_2$O$_5$ 为正方棱锥结构,由于具有该结构,V$_2$O$_5$ 易于沿着平行于(001)晶面方向产生滑移,故 V$_2$O$_5$ 的存在能够有效地缓和薄膜和摩擦副的相互作用,起到固体润滑作用。Reeswinkel 等研究表明,V$_2$O$_5$ 平行于(001)晶面方向的减聚力能与石墨相当。因此,V$_2$O$_5$ 极具扩散性能,所以

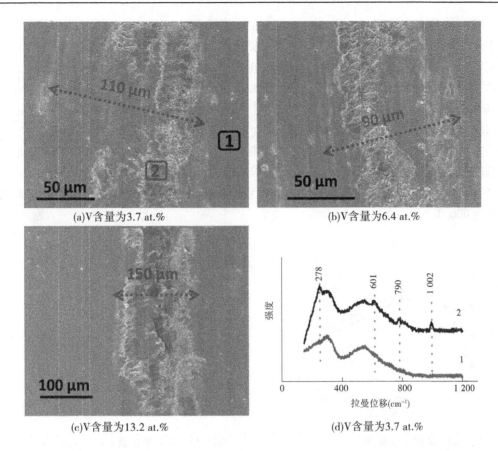

(a)V含量为3.7 at.%

(b)V含量为6.4 at.%

(c)V含量为13.2 at.%

(d)V含量为3.7 at.%

图 6-24　不同 V 含量 Nb－V－Si－N 薄膜室温条件下的磨痕表面 SEM 形貌及相应的拉曼光谱

Nb－V－Si－N 薄膜磨痕表面磨屑中的 V_2O_5 虽然减摩,但极易被磨损。

　　综上所述,随薄膜中 V 含量的升高,磨痕表面的润滑相逐渐增多,所以薄膜的平均摩擦系数随薄膜中 V 含量的升高而逐渐降低。当薄膜中 V 含量在 3.7 at.%~6.4 at.% 时,薄膜硬度、H/E 及 H^3/E^2 值随 V 含量的升高逐渐升高,导致了薄膜磨损率逐渐降低。另外,薄膜中非晶 Si_3N_4 的减小也是此时薄膜磨损率降低的原因之一。当 V 含量大于 6.4 at.% 时,磨痕表面出现了大量的易被磨损的润滑氧化物 V_2O_5,导致了此时薄膜磨损率随 V 含量的升高逐渐增大。另外,薄膜硬度、H/E 以及 H^3/E^2 值的降低也是此时磨损率随 V 含量升高而增大的原因之一。

　　图 6-25 给出了不同 V 含量 Nb－V－Si－N 薄膜不同环境温度条件下的平均摩擦系数。从图中可以看出,不同 V 含量 Nb－V－Si－N 薄膜平均摩擦系数随环境温度的升高先升高后降低,当环境温度为 200 ℃ 时,薄膜平均摩擦系数最高,其最高值分别为 0.90(V 含量为 3.7 at.%)、0.88(V 含量为 6.4 at.%)、0.84(V 含量为 8.9 at.%)、0.83(V 含量为 13.2 at.%)。在相同环境温度下,不同 V 含量的 Nb－V－Si－N 薄膜平均摩擦系数随 V 含量的升高而逐渐降低,当 V 含量为 13.2 at.% 时,薄膜的平均摩擦系数最低,其最低值分别为 0.55(对应环境温度为 25 ℃)、0.83(对应环境温度为 200 ℃)、0.43(对应环境温度为 400 ℃)、0.32(对应环境温度为 600 ℃)。

图 6-26 给出了不同 V 含量 Nb – V – Si – N 薄膜不同环境温度条件下的磨损率。从图中可以看出,不同 V 含量 Nb – V – Si – N 薄膜磨损率随环境温度的升高先趋于稳定后逐渐增大,当环境温度为 600 ℃时,薄膜磨损率最高,其最高值分别为 4.31×10^{-6} mm³/(N·mm)(V 含量为 3.7 at.%)、6.32×10^{-6} mm³/(N·mm)(V 含量为 6.4 at.%)、8.57×10^{-6} mm³/(N·mm)(V 含量为 8.9 at.%)、9.83×10^{-6} mm³/(N·mm)(V 含量为 13.2 at.%)。在相同环境温度下(环境温度大于 200 ℃),不同 V 含量的 Nb – V – Si – N 薄膜磨损率随 V 含量的升高而逐渐增大,当 V 含量为 3.7 at.%时,薄膜的磨损率最低,其最低值分别为 8.81×10^{-7} mm³/(N·mm)(对应环境温度为 200 ℃)、2.41×10^{-6} mm³/(N·mm)(对应环境温度为 400 ℃)、4.31×10^{-6} mm³/(N·mm)(对应环境温度为 600 ℃)。

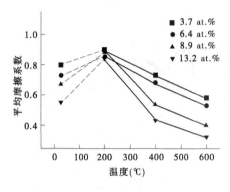 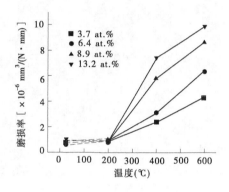

图 6-25　不同 V 含量 Nb – V – Si – N
薄膜不同环境温度条件下的平均摩擦系数

图 6-26　不同 V 含量 Nb – V – Si – N
薄膜不同环境温度条件下的磨损率

为分析环境温度对 Nb – V – Si – N 薄膜摩擦磨损性能的影响,摩擦实验后,对不同环境温度条件下的 Nb – V – Si – N 薄膜(V 含量为 6.4 at.%)进行 XRD 分析,其 XRD 图谱如图 6-27 所示。从图中可以看出,四元 Nb – V – Si – N 薄膜以及不同环境温度条件下的薄膜磨痕 XRD 图谱中均在 36°、39°以及 41°附近出现了三个衍射峰,分别对应为 fcc – NbN(111)、hcp – NbN(101)及 fcc – NbN(200)。当环境温度为 200 ℃时,XRD 图谱中表现出 Nb_2O_5 以及 V_2O_5 的衍射峰,这表明在此环境温度下,薄膜磨痕处发生了化学反应,生成了润滑氧化物。随环境温度的升高,XRD 图谱中表现出 Nb_2O_5 及 V_2O_5 的衍射峰强度逐渐增强,表明润滑氧化物的相对含量逐渐增多。

结合上述分析,当环境温度在室温~200 ℃时,薄膜表面吸附的诸如水汽等润滑介质的蒸发是薄膜平均摩擦系数升高的主要原因。类似的实验结果在文献中也有所报道。当环境温度高于 200 ℃时,薄膜磨痕表面润滑氧化物随环境温度的升高而逐渐增多,导致薄膜平均摩擦系数逐渐降低;由于润滑氧化物易于被磨损,导致薄膜磨损率随环境温度的升高而逐渐增大。

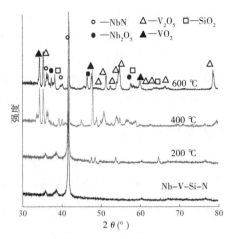

图 6-27　V 含量为 6.4 at.% 的 Nb – V – Si – N 薄膜
不同环境温度下的磨痕 XRD 图谱

6.3　Cr – Mo – N 薄膜

　　现代加工制造业的高速发展,对刀具材料提出了严苛的要求,这就要求刀具材料具有更为优异的性能,这些优异性能包括诸如良好的力学性能、热稳定性能和摩擦性能等。因此,开发一系列具有优异性能的新刀具材料,是广大科学家和工程师的一个严峻挑战。

　　大量报道称,薄膜技术是改良刀具力学及摩擦性能的重要途径。由于过渡族金属的氮化物薄膜具有较高的硬度和优异的摩擦磨损性能,因此其在薄膜材料中占据重要的地位。其中,由于 CrN 薄膜具有牢固的膜基结合力、优异的耐蚀性能及良好的热稳定性,其已成为具有代表性的二元薄膜体系,现已广泛地应用于刀具制造业中。但是,CrN 薄膜也存在显著的不足,例如其硬度不高、摩擦系数较高等。CrN 薄膜的这些不足限制了其在刀具工业中的进一步应用。因此,人们开始尝试将某些元素引入 CrN 系涂层中以期改良其性能。目前,对 CrN 基薄膜性能的改良主要通过引入 Al、Si、B 等元素。

　　研究表明,在摩擦过程中,Mo 易于形成自润滑氧化物,因此含 Mo 薄膜往往体现出较低的平均摩擦系数。所以,Mo 元素近年来逐渐引起国内外学者的关注。有报道称,较高 Mo 含量的 Ti – Mo – N 薄膜具有优异的力学及摩擦磨损性能。学者并没有对此进行解释,作者课题组最新研究表明,这一现象是由于高 Mo 含量 Ti – Mo – N 薄膜发生组织转变造成的。该研究成果在《金属学报》2012 年第 9 期发表。据文献报道,Mo 对 Cr – Mo – N 薄膜力学及摩擦性能亦有类似于 Ti – Mo – N 薄膜的影响。Mo 是否能引起 Cr – Mo – N 薄膜组织转变尚无公开报道。因此,本书采用射频磁控溅射的方法来制备一系列不同 Mo 含量的 Cr – Mo – N 薄膜,详细研究了不同 Mo 含量的 Cr – Mo – N 薄膜的相结构类型,并对其力学及摩擦性能等进行分析。

6.3.1　Cr – Mo – N 薄膜制备及表征

　　本部分中 Cr – Mo – N 薄膜制备过程中衬底选取、处理及制备方式与 2.1.1 相同。在沉积过程中,固定溅射气压为 0.3 Pa、Nb 靶功率为 100 W,氩氮比为 10∶5。通过调整 V 靶功率,获得厚度为 2 μm 左右的 Cr – Mo – N 和不同 Mo 含量的 Cr – Mo – N 薄膜。沉积 Cr – Mo – N 膜之前,在衬底上预镀厚度约 200 nm 的 Cr 为过渡层。

本部分 XRD、SEM、EDS、TEM、纳米压痕及摩擦磨损实验设备与 2.1.1 相同。摩擦实验过程中,载荷设定为 5 N,摩擦半径为 5 mm。

6.3.2　Cr – Mo – N 薄膜微结构及性能

图 6-28 为不同 Mo 含量(Mo 相对于 Cr + Mo 的原子百分含量,下同)的 Cr – Mo – N 薄膜的 XRD 图谱。由图可知,二元 CrN 及 Mo_2N 薄膜均为面心立方结构,具有(111)择优取向;Cr – Mo – N 薄膜为面心立方结构,具有(111)择优取向,图中无游离态金属 Mo 及其他氮化物相出现。

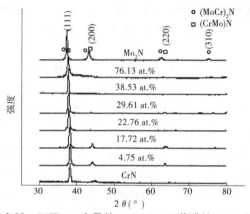

图 6-28　不同 Mo 含量的 Cr – Mo – N 薄膜的 XRD 图谱

为便于分析 Cr – Mo – N 薄膜主要晶面衍射峰角度的变化情况,作者分析了薄膜 (111)晶面 2θ 随 Mo 含量的变化趋势。二元 CrN 及 Mo_2N 薄膜(111)晶面 2θ 分别为 38.179°、37.579°。当 Mo 含量小于 17.72 at.%时,Cr – Mo – N 薄膜(111)晶面 2θ 与 CrN 接近;当 Mo 含量大于 22.76 at.%时,薄膜(111)晶面与 Mo_2N 接近。

根据文献计算的 CrN、Mo_2N 及不同 Mo 含量的 Cr – Mo – N 薄膜晶格常数及晶粒尺寸如图 6-29 所示。由图可知,CrN 薄膜晶格常数为 0.408 nm,晶粒尺寸为 23.395 nm;Mo_2N 薄膜晶格常数为 0.416 nm,晶粒尺寸为 18.430 nm;不同 Mo 含量的 Cr – Mo – N 薄膜晶格常数在 CrN 薄膜与 Mo_2N 薄膜之间,且随 Mo 含量的升高逐渐增大。当 Mo 含量小于 17.72 at.%时,薄膜晶格常数较 CrN 有大幅升高;当 Mo 含量大于 22.76 at.%时,薄膜晶格常数与 Mo_2N 接近。

由图 6-29 还可知,晶粒尺寸均大于 CrN 薄膜与 Mo_2N 薄膜。当 Mo 含量小于 17.72 at.%时,薄膜晶粒尺寸随 Mo 含量的升高逐渐增大;当 Mo 含量大于 22.76 at.%时,薄膜晶粒尺寸随 Mo 含量的升高逐渐减小。

图 6-30 给出了 CrN、Mo_2N 及不同 Mo 含量的 Cr – Mo – N 薄膜的显微硬度及平均摩擦系数。由图可知,二元 CrN 及 Mo_2N 薄膜显微硬度分别为 14.73 GPa、25.36 GPa。当 Mo 含量小于 17.72 at.%时,Cr – Mo – N 薄膜显微硬度随 Mo 含量的升高略有升高;当 Mo

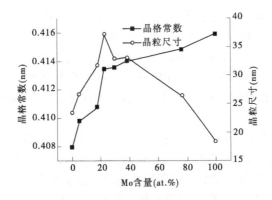

图 6-29 CrN、Mo₂N 及不同 Mo 含量的
Cr – Mo – N 薄膜晶格常数及晶粒尺寸

含量大于 22.76 at.% 时,Cr – Mo – N 薄膜显微硬度随 Mo 含量的升高发生大幅升高,在 Mo 含量为 76.13 at.% 时,薄膜硬度达到最高,最高值为 26.39 GPa。

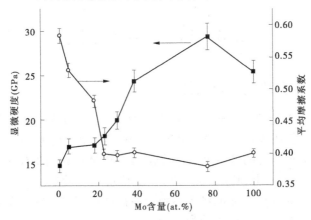

图 6-30 CrN、Mo₂N 及不同 Mo 含量的 Cr – Mo – N 薄膜
显微硬度及平均摩擦系数

取以 Al₂O₃ 为摩擦副的摩擦曲线中稳定阶段数值计算的 CrN、Mo₂N 及不同 Mo 含量的 Cr – Mo – N 薄膜平均摩擦系数如图 6-30 所示。由图可知,CrN 及 Mo₂N 薄膜平均摩擦系数分别为 0.583 6、0.399 8,Cr – Mo – N 薄膜平均摩擦系数在二者之间。当 Mo 含量小于 17.72 at.% 时,薄膜平均摩擦系数随 Mo 含量的升高显著降低,故 Mo 元素的引入能显著降低 CrN 薄膜的平均摩擦系数,这与文献的研究结论一致;当 Mo 含量大于 22.76 at.% 时,薄膜平均摩擦系数较小且受 Mo 含量影响不大。

由于在相同实验条件下制备的二元 CrN 及 Mo₂N 薄膜主要晶面衍射峰位置极为接近,故仅仅通过单一的 XRD 图谱很难对 Cr – Mo – N 薄膜组织进行精确分析。结合图 6-28、图 6-29,当 Mo 含量小于 17.72 at.% 时,薄膜衍射峰与 CrN 接近,晶格常数随 Mo 含量升高而增大。此时薄膜主要为 Mo 固溶在 CrN 中的置换固溶体。由于 Mo 原子半径较 Cr 大,Mo 的固溶使得薄膜晶格畸变,晶格常数变大。较 CrN 薄膜,衍射峰向小角方向偏移;当 Mo 含量大于 22.76 at.% 时,薄膜衍射峰和晶格常数均与 Mo₂N 接近,加之在该范围内,薄膜晶粒尺寸较前者反常降低,显微硬度和平均摩擦系数均与二元 Mo_2N 薄膜接近,故此时薄膜主要成分极有可能是 Cr 固溶在 Mo_2N 中的置换固溶体。Kwang Ho kim 等在本实验类似的条件下制备了 Cr – Mo – N 薄膜,并对其进行了 XPS 分析,结果表明,Mo 含量大于 21 at.% 时,薄膜峰位与 Mo_2N 接近。这一实验现象佐证了上述分析。由于此两种固溶体均为 fcc 结构,且衍射角度及晶格常数极为接近,所以可将其统称为 Cr – Mo – N 固溶体。

当 Mo 含量小于 17.72 at.% 时,薄膜显微硬度随 Mo 含量的升高略有上升,此时薄膜显微硬度的升高是由固溶强化造成的;当 Mo 含量大于 22.76 at.% 时,薄膜显微硬度较前者有显著上升,这主要是由薄膜组织转变造成的,同时,共溶强化与细晶强化对薄膜显微硬度的升高也起到了一定的作用。当 Mo 含量小于 17.72 at.% 时,薄膜平均摩擦系数随 Mo 含量的升高显著下降。这说明 Mo 能有效地降低 CrN 薄膜的平均摩擦系数,其原因详见相关文献。当 Mo 含量大于 22.76 at.% 时,薄膜平均摩擦系数较小且受 Mo 含量影响不大。由于薄膜为 Cr 固溶在 Mo_2N 中的固溶体,故此时薄膜体现出 Mo_2N 薄膜的低平均摩擦系数的属性。

6.4　Zr – V – N 薄膜

6.4.1　Zr – V – N 薄膜制备及表征

本部分 Zr – V – N 薄膜制备过程中衬底选取、处理及制备方式与 2.1.1 相同。在沉积过程中,固定溅射气压为 0.3 Pa、Nb 靶功率为 100 W,氩氮比为 10:5。通过调整 V 靶功率,获得厚度为 2 μm 左右的 Zr – V – N 薄膜和不同 Mo 含量的 Zr – V – N 薄膜。沉积 Zr – V – N 膜之前,在衬底上预镀厚度约 200 nm 的 Zr 为过渡层。

本部分 XRD、SEM、EDS、TEM、纳米压痕及摩擦磨损实验设备与 2.1.1 相同。摩擦实验过程中,载荷设定为 5 N,摩擦半径为 5 mm。

6.4.2　Zr – V – N 薄膜微结构及性能

图 6-31 是 Zr – V – N 薄膜中 Zr、V 的含量。可以看出,随着 V 靶功率的升高,Zr – V – N 薄膜中 V 含量逐渐增加,而 Zr 含量降低。

图 6-32 是不同 V 含量 Zr – V – N 薄膜的 XRD 图谱。可以看出,在 Zr – V – N 薄膜中,Zr – V – N 薄膜具有(111)、(200)和(222)晶面的衍射峰。在 ZrN 薄膜中,ZrN 相主要呈现(200)择优取向,并且没有观测到(222)晶面的衍射峰。而随着 V 含量的增加,Zr – V – N 薄膜中的 ZrN(200)晶面衍射峰逐渐降低,当 V 含量增加到 4.8 at.% 时,Zr – V – N 薄膜呈现出 ZrN(111)晶面择优取向,并且出现了(222)晶面的衍射峰,而且各个衍射峰的峰位由 ZrN 峰位向 VN 峰位发生偏移。当 V 含量进一步增加到 37.4 at.% 时,薄膜中的 Zr – V – N (200)晶面的衍射峰消失,薄膜呈现(111)择优取向,各峰位进一步偏移,而当 V 含量增加到 44.4 at.% 时,薄膜中 Zr – V – N (200)晶面分为两个衍射峰。

在 ZrN 薄膜中加入 V,V 原子会取代 ZrN 中的 Zr 原子从而形成置换固溶体 Zr – V – N,由于 V 的原子半径小于 Zr 的原子半径,因此当 V 原子置换 ZrN 原子中的 Zr 原子形成

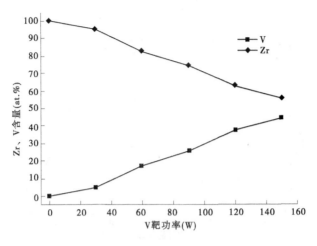

图 6-31　Zr – V – N 薄膜中 Zr、V 的含量

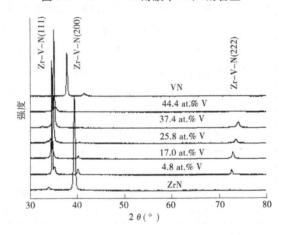

图 6-32　不同 V 含量 Zr – V – N 薄膜的 XRD 图谱

Zr – V – N 固溶体的晶格常数小于 ZrN,致使 XRD 图谱中 Zr – V – N 的晶面衍射峰较 ZrN 向大角度偏移,如图 6-32 所示。图中各 Zr – V – N 的衍射峰是由 ZrN 和 VN 双峰叠加复合而成的。

图 6-33 是不同 V 含量对 Zr – V – N 薄膜硬度的影响,可以看出,ZrN 薄膜的硬度为 26.4 GPa,随着 V 含量的增加,薄膜的硬度略有升高,但升高不明显,当 V 含量为 4.8 at.% 时,薄膜的硬度达到最高值,为 27.3 GPa。V 含量继续增加,薄膜的硬度开始出现缓慢的降低,当 V 含量超过 25.8 at.% 时,Zr – V – N 薄膜硬度开始急剧降低,而当 V 含量为 44.4 at.% 时,Zr – V – N 薄膜硬度仅为 13.8 GPa。

分析原因:ZrN 与 VN 同为面心立方的晶体结构,当向 ZrN 薄膜中加入 V 时,V 原子会取代 ZrN 中的 Zr 原子,形成置换固溶体 Zr – V – N,而由于 V 的原子半径与 Zr 的原子半径不相同,因此 V 原子取代 Zr 原子形成的 Zr – V – N 固溶体中会出现晶格畸变,这些晶格畸变使得薄膜中形成弹性应变场,当薄膜中的位错运动到这些弹性应变场附近时会受到由于弹性应力场的钉扎作用而产生的阻力,从而使薄膜得到强化。而当 V 含量过多时,Zr – V – N 薄膜的硬度急剧降低可以由以下原因来解释:虽然 V 原子能置换 ZrN 中的

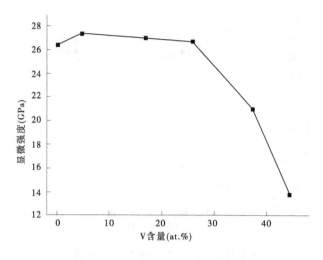

图 6-33　不同 V 含量 Zr – V – N 薄膜的显微硬度曲线

Zr 原子,但是由于 V 原子与 Zr 原子的原子半径的差 $\Delta r > 15\%$ ($r_V = 0.171$ nm, $r_{Zr} = 0.206$ nm),因此 V 原子不能无限置换 ZrN 中的 Zr 原子,因此不能形成无限固溶体,当 V 含量较低时,V 置换 ZrN 中的 Zr 原子从而形成 Zr – V – N 置换固溶体,而当 V 含量增大到一定极限时,薄膜中会逐渐析出 VN 相,图 6-32 也证明了这一点。而相对于 ZrN 来说,VN 的硬度要低得多,本书在同条件下制备的 VN 单层薄膜的硬度仅为 9.7 GPa,所以当 V 含量超过 25.8 at. % 时,Zr – V – N 薄膜硬度开始急剧降低。

　　图 6-34 是常温下不同 V 含量 Zr – V – N 薄膜的摩擦系数。可见,随着 C 含量的增加,薄膜的摩擦系数呈降低趋势,但降低并不明显。这说明加入 V 并不能明显改善 Zr – V – N 薄膜的室温摩擦磨损性能,而随着 V 含量增加,薄膜的摩擦系数呈降低趋势,主要是由于加入 V 使得 Zr – V – N 薄膜的晶粒细化,从而降低了薄膜的表面粗糙度,有研究表明,薄膜表面粗糙度降低有利于改善薄膜的摩擦磨损性能。

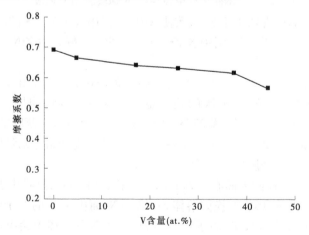

图 6-34　不同 V 含量 Zr – V – N 薄膜的摩擦系数

分别在 25 ℃、300 ℃、500 ℃、600 ℃ 和 700 ℃ 的温度下,对 V 含量 25.8 at. % 的 Zr –

V-N 薄膜进行摩擦磨损实验,实验结束后对试样进行 XPS 分析。图 6-35 是不同温度摩擦磨损后 Zr-V-N 薄膜中 V 2p 壳层的 XPS 图谱,可以看出,Zr-V-N 薄膜经室温摩擦磨损后,在 513.5 eV 的位置出现了一个峰,对应的是 VN。随着温度的升高,Zr-V-N 薄膜在 300 ℃摩擦磨损实验后,除在 513.5 eV 的位置观测到峰外,还在 515.3 eV 处出现了新的峰,经分析是 V_2O_3,说明此温度下薄膜发生氧化,生成了 V 的氧化物。继续升高温度,当在 500 ℃下进行摩擦磨损实验时,薄膜中在 516.8 eV 附近又出现了一个新的峰,对应的是 V_2O_5 的生成。当温度升高到 600 ℃时,V_2O_3 峰所对应的面积减小,V_2O_5 峰的面积增大,说明温度升高使得 V 的氧化物向 V_2O_5 转变。最终,当温度达到 700 ℃时,薄膜中 V_2O_3 所对应的峰消失不见,V 与空气中的氧结合全部生成了 V_2O_5。

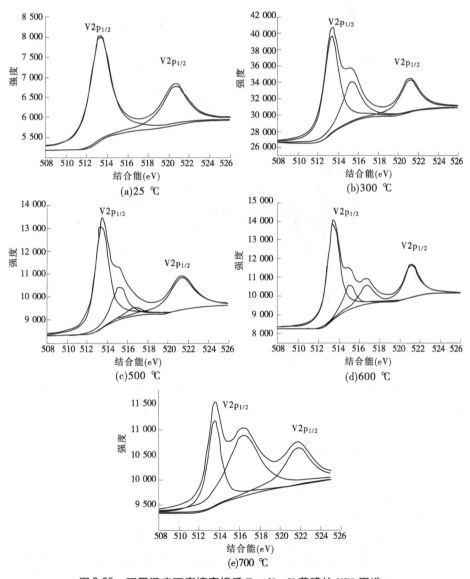

图 6-35　不同温度下摩擦磨损后 Zr-V-N 薄膜的 XPS 图谱

　　图6-36(a)是不同温度下 Zr – V – N 薄膜的摩擦系数,可以看出,V 含量25.8 at. % 原子分数的 Zr – V – N 薄膜在常温下的摩擦系数为0.632 1,当温度升高到300 ℃时,薄膜的摩擦系数并没有明显变化,其值为0.632 5。而当摩擦温度升高到500 ℃时,Zr – V – N薄膜的摩擦系数开始降低,继续升高温度,薄膜的摩擦系数有了明显的降低,当温度升高到700 ℃时,Zr – V – N 薄膜的摩擦系数降到了最低值,仅为0.406 4。

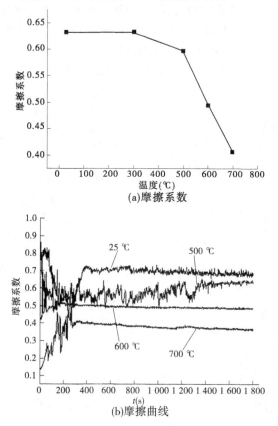

(a)摩擦系数

(b)摩擦曲线

图6-36　不同温度下 Zr – V – N 薄膜的摩擦系数和摩擦曲线

　　研究表明,V 在高温环境中会生成具自润滑效果的 Magnéli 相 V_2O_5,该相对降低薄膜的摩擦系数具有决定性的作用,在摩擦磨损过程中,它能够在两个摩擦副之间形成一层很薄的 V_2O_5 膜,从而使得摩擦系数大大降低。由图6-35可知,在300 ℃进行摩擦磨损时,Zr – V – N 薄膜中只有 V_2O_3 出现,并没有 V_2O_5 出现,因此薄膜的摩擦系数并没有出现下降的趋势。而从500 ℃开始,Zr – V – N 薄膜中检测到了 V_2O_5,这使得薄膜的摩擦系数开始下降,但由于500 ℃时薄膜中 V_2O_5 并不多,因此薄膜的摩擦系数降低并不明显。当温度升高到600 ℃时,薄膜中观测到大量的 V_2O_5,对应的摩擦系数也开始明显降低。而在700 ℃温度下进行摩擦磨损实验时,Zr – V – N 薄膜的摩擦系数再一次明显下降,研究表明,这是由于 V_2O_5 的熔点为685 ℃,当温度升高到700 ℃时,薄膜中的 V_2O_5 熔化为液态,在两摩擦副之间充当了液体润滑剂的作用,这使得两摩擦副之间的摩擦形式由干式摩擦转变为有液体润滑剂的摩擦形式,因此使得薄膜的摩擦系数进一步降低。

Erdemir 最早用晶体化学的方法提出了高温环境下氧化物的润滑性与其电离势之间的关系。他指出,氧化物的电离势与其高温环境下的润滑性成反比关系,即氧化物的电离势越低,高温条件下其润滑性越好,反之亦然。通过他的研究可知,V_2O_3 的电离势为 3.8,而 V_2O_5 的电离势为 10.2,因此 V_2O_5 的润滑性要远优于 V_2O_3。这与本书的研究结果一致。

图 6-36(b) 为不同温度下 Zr – V – N 薄膜的摩擦曲线。由图可见,随着温度的升高,薄膜中逐渐出现的 Magnéli 相 V_2O_5 使得薄膜的摩擦系数逐渐降低,且摩擦曲线趋于平滑,这是由 V_2O_5 的自润滑效果造成的。从图中还可以看出,在初始摩擦阶段,薄膜的摩擦系数相对较高,并且波动剧烈,而经过长时间摩擦后摩擦曲线较为平缓。这是由于在初始摩擦阶段,摩擦头开始接触的是薄膜表面微观和宏观的几何缺陷,使得在开始摩擦时实际接触峰点的压力很高,因此摩擦初期薄膜的摩擦系数较高,磨损比较剧烈。随着摩擦时间的延长,通过点接触磨损和塑性变形,薄膜接触表面的形态和表面压力发生改变,摩擦系数也随之降低,进入稳定摩擦阶段。

6.5　W – Ti – N 薄膜

过渡族金属氮化物膜(如氮化钛和氮化铬基膜)因其高硬度和优异的耐磨性能而被广泛应用于切削工具中,以延长其使用寿命。然而,传统的过渡族金属氮化物膜对超高温切削加工领域(如高温下优异的摩擦性能)所使用的切削刀具膜的需求是无法满足的。提高过渡族金属氮化物硬质膜在高温下的润滑剂性能已成为摩擦学界的一个重要挑战。

近年来,氧化钨和氧化钼因其 Magnéli 相结构被认为是一种高效的固体润滑剂,人们开展了大量的相关研究来研究其形成和作用机理。例如,Polcar 等研究了薄膜中的 N 含量对 W_2N 薄膜的晶体结构、硬度和摩擦磨损性能的影响。Ozsdolay 等通过在 MgO(001) 和 Al_2O_3(0001) 上沉积了一系列的 W_2N 层,研究了 MgO(111)、Al_2O_3(0001) 和 N 元素对 W_2N 晶体结构和性能的影响。例如,在 W_2N 薄膜中添加 Ti 元素是提高材料硬度和耐腐蚀性的有效手段之一。Silva 等通过改变磁控溅射的分压比沉积了一系列 W – Ti – N 薄膜并研究了它们在润滑和非润滑条件下的摩擦磨损性能。结果表明,在 W_2N 基体中掺入 Ti 元素,可提高薄膜的硬度和耐蚀性。然而,现阶段却没有提到不同 Ti 含量对 W_2N 薄膜的力学性能和摩擦磨损性能的影响。因此本书通过反应磁控溅射法沉积一系列不同 Ti 含量的 W – Ti – N 复合膜,讨论 Ti 含量对 W – Ti – N 薄膜的晶体结构、力学性能和室温及高温条件下摩擦磨损性能的影响。

6.5.1　W – Ti – N 薄膜制备及表征

本部分中 W – Ti – N 薄膜制备过程中衬底选取、处理及制备方式与 2.1.1 相同。在沉积过程中,固定溅射气压为 0.3 Pa、Nb 靶功率为 250 W、Si 靶功率为 90 W,氩氮比为 10:5。通过调整 V 靶功率,获得厚度为 2 μm 左右的 W – Ti – N 薄膜和不同 Mo 含量的 W – Ti – N 薄膜。沉积 W – Ti – N 膜之前,在衬底上预镀厚度约 200 nm 的 W 为过渡层。

本部分 XRD、SEM、EDS、TEM、纳米压痕以及摩擦磨损实验设备与 2.1.1 相同。摩擦实验过程中,载荷设定为 5 N,摩擦半径为 5 mm。

6.5.2　W-Ti-N 薄膜微结构及性能

表 6-2 给出了不同 Ti 靶功率下 W-Ti-N 薄膜的元素组成和厚度。如表 6-2 所示,二元 W_2N 薄膜的氮钨比为 0.4。Ozsdolay 等用密度泛函理论证实了薄膜中存在的 W 或 N 空位。对于 W-Ti-N 薄膜,随着 Ti 靶功率不断从 20 W 上升至 50 W,Ti 含量从 3.2 at.% 逐渐增加至 21.1 at.%,相应的 W 含量从 64 at.% 下降到 40.6 at.%。薄膜中的 N 含量随着 Ti 靶功率的增加而增加,其值从 27.3 at.% 增加至 34.7 at.%。由表 6-2 还可知,薄膜厚度随 Ti 靶功率的升高略有增加。

表 6-2　不同 Ti 靶功率下 W-Ti-N 薄膜的元素组成和厚度

钛靶功率 (W)	元素组成(at.%)			薄膜厚度 (μm)
	W	Ti	N	
0	68.9 ± 3.5	0	27.3 ± 1.3	1.9 ± 0.1
20	64.0 ± 3.2	3.2 ± 0.2	29.6 ± 1.5	1.9 ± 0.1
50	60.1 ± 3.1	6.7 ± 0.3	29.8 ± 1.5	1.9 ± 0.1
80	52.6 ± 2.6	12.3 ± 0.6	31.2 ± 1.5	2.0 ± 0.1
120	45.7 ± 2.3	17.6 ± 0.9	32.6 ± 1.5	2.0 ± 0.1
170	40.6 ± 2.0	21.1 ± 1.1	34.7 ± 1.7	2.1 ± 0.1

图 6-37 为 W_2N、TiN 和不同 Ti 含量的 W-Ti-N 薄膜的 XRD 图谱。如图 6-37 所示,二元 W_2N 薄膜具有面心立方(fcc)结构,衍射显示二元 W_2N 薄膜在(111)、(200)、(220)、(311)和(222)出现了五个衍射峰,根据 ICDD(PDF 卡 25-1257),这五个衍射峰属于 fcc-W_2N。二元 TiN 薄膜在(200)处出现了单峰,根据 ICDD(PDF 卡 65-0715),这个衍射峰属于 fcc-TiN。当 Ti 含量低于 6.7 at.% 时,W-Ti-N 薄膜也出现了 fcc-W_2N。然而,随着 Ti 含量的进一步上升,当 Ti 含量高于 12.3 at.% 时,W-Ti-N 薄膜中除了 fcc-W_2N,还出现了另一个(200)衍射峰,属于 fcc-TiN 相。此外,W_2N 基体中加入 Ti 可导致 fcc-TiN 峰向小角度偏移。

W-Ti-N 薄膜中的 W 和 N 的晶粒尺寸和晶格常数如表 6-3 所示。结果表明,在相应的标准下,二元 W_2N 的晶格常数为 0.428 9 nm。研究表明,W_2N 中结晶的 fcc-W_2N 相中伴随 W 或 N 的空位。fcc-W_2N 空位的产生使得晶格常数下降。因为 Ti 的原子半径小于 W 的原子半径,随着 Ti 原子进入 W 晶格中,降低了晶格空位密度,从而导致晶格常数的上升。当 Ti 含量大于 12.3 at.% 时,由于 N 含量的增加,在薄膜中形成 fcc-TiN 相,晶格常数并不是随着 Ti 含量的改变而发生改变的,相同条件下沉积的二元 TiN 薄膜中的 N 和 Ti 含量分别为 54.6 at.% 和 44.1 at.%,此外,Ti 的含量也影响薄膜层晶粒大小。

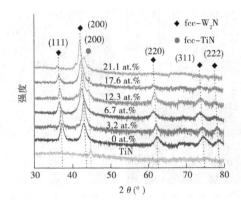

图 6-37　W_2N、TiN 和不同 Ti 含量的 $W-Ti-N$ 薄膜的 XRD 图谱

表 6-3　不同 Ti 靶功率下 $W-Ti-N$ 薄膜的元素组成、晶粒尺寸和晶格常数

钛靶功率 （W）	元素组成（at. %）			晶粒尺寸 （nm）	晶格常数 （nm）
	W	Ti	N		
0	68.9 ± 3.5	0	27.3 ± 1.3	17 ± 1	0.428 9
20	64.0 ± 3.2	3.2 ± 0.2	29.6 ± 1.5	20 ± 1	0.412 8
50	60.1 ± 3.1	6.7 ± 0.3	29.8 ± 1.5	18 ± 1	0.419 3
80	52.6 ± 2.6	12.3 ± 0.6	31.2 ± 1.5	25 ± 2	0.425 3
120	45.7 ± 2.3	17.6 ± 0.9	32.6 ± 1.5	26 ± 2	0.432 1
170	40.6 ± 2.0	21.1 ± 1.1	34.7 ± 1.7	28 ± 2	0.438 7

　　图 6-38 是透射电镜（TEM）图像和选区内的电子衍射（SAED）形貌，显示了 W_2N 薄膜的显微组织。由图 6-38（a）可知，W_2N 薄膜截面呈现致密的柱状晶体结构生长，晶粒尺寸为 130 ~ 180 nm。其相应的衍射花样出现四个衍射环，由内至外分别对应的晶面是 fcc – W_2N（111）、（200）、（220）和（311）。图 6-38（b）是 W_2N 薄膜的 HRTEM 图像，视场中出现了间距约为 0.240 1 nm 的晶格条纹，属于 fcc – W_2N（111）相。

　　图 6-39 是透射电镜（TEM）图像和选区内的电子衍射（SAED）形貌，显示了 Ti 含量为 6.7 at. % 的 $W-Ti-N$ 薄膜的显微组织。如图 6-39 所示，Ti 掺入 W_2N 基体中形成的 $W-Ti-N$ 薄膜对晶粒尺寸几乎没有影响，仍然呈现致密的柱状晶体结构生长，晶粒尺寸在 130 ~ 180 nm。图 6-39 同时给出了 Ti 含量为 6.7 at. % 的 $W-Ti-N$ 薄膜的 SAED 形貌，如图所示，衍射环由内至外分别对应的是 fcc – W_2N（111）、（200）、（220）和（311）。

　　图 6-40 是透射电镜（TEM）图像和选区内的电子衍射（SAED）形貌，显示了 Ti 含量为 21.1 at. % 的 $W-Ti-N$ 薄膜的显微组织。图 6-40（a）为 $W-Ti-N$ 薄膜截面 TEM 图像，如图所示，可观察到 $W-Ti-N$ 薄膜上的致密柱状晶体结构。图 6-40（b）是 Ti 含量为 21.1 at. % $W-Ti-N$ 薄膜的 SAED 形貌，衍射环由内至外分别对应 fcc – W_2N（111）、fcc – W_2N（200）、fcc – TiN（200）、fcc – W_2N（220）、fcc – W_2N（311）和 fcc – TiN（311）六个晶面。

　　基于上述结果，当 Ti 含量低于 6.7 at. % 时，$W-Ti-N$ 薄膜呈 fcc – W_2N 结构，是 Ti

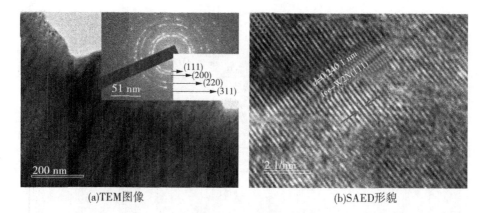

(a)TEM图像　　　　　　　　　　　(b)SAED形貌

图 6-38　W_2N 薄膜横截面 TEM 图像及其对应的 SAED 形貌

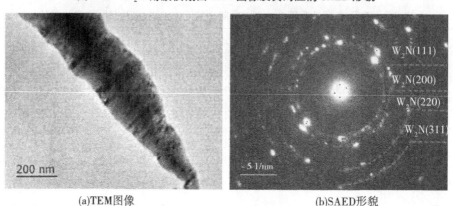

(a)TEM图像　　　　　　　　　　　(b)SAED形貌

图 6-39　Ti 含量为 6.7 at.% 的 W – Ti – N 薄膜横截面 TEM 图像及其对应的 SAED 形貌

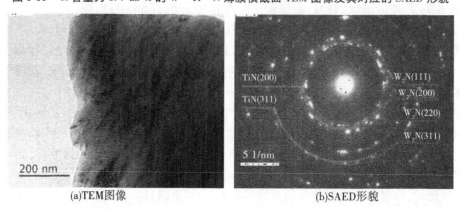

(a)TEM图像　　　　　　　　　　　(b)SAED形貌

图 6-40　Ti 含量为 21.1 at.% 的 W – Ti – N 薄膜横截面 TEM 图像及其对应的 SAED 形貌

置换了 W_2N 晶格中的置换固溶体，其化学式可写为 $(W_{1-x}Ti_x)_{2-y}N_y$。随着 Ti 含量的进一步上升，W_2N 晶格中并不能消耗沉积膜上所有的 Ti 原子，所以出现了 fcc – TiN 相，因此 Ti 含量大于 6.7 at.% 的薄层由置换固溶体组成，其化学式可写成 $(W_{1-x}Ti_x)_{2-y}N_y$ 和 $(Ti_{1-x}W_x)_{1-y}N_y$。

不同 Ti 含量的 W-Ti-N 薄膜的残余压应力见表 6-4。由表可知,实验条件下制备的所有薄膜均为压应力状态。当 Ti 含量从 0 at. % 上升到 21.1 at. % 时,Ti 固溶到 W_2N 基体中引起了晶格畸变,使得残余压应力从 -1.78 GPa 变化至 -1.96 GPa。

表 6-4　不同 Ti 含量的 W-Ti-N 薄膜的残余压应力

Ti(at. %)	0	3.2 ±0.2	6.7 ±0.3	12.3 ±0.6	17.6 ±0.9	21.1 ±1.1
残余压应力(GPa)	-1.78	-1.86	-1.91	-1.93	-1.92	-1.96

图 6-41 是不同 Ti 含量的 W-Ti-N 薄膜的硬度和弹性模量变化图。如图 6-41 所示,当 Ti 含量从 0 at. % 上升到 6.7 at. % 时,薄膜的硬度从 26 GPa 提高到 39 GPa,Ti 含量进一步从 6.7 at. % 增加到 12.3 at. %,硬度保持稳定。但硬度随着 Ti 含量增加到 21.1 at. % 时逐渐降低。弹性模量与硬度的变化趋势相同。当 Ti 含量从 0 at. % 上升到 6.7 at. % 时,其对应弹性模量首先从 388 GPa 增加到 410 GPa,然后 Ti 的含量为

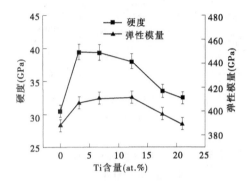

图 6-41　不同 Ti 含量的 W-Ti-N 薄膜的
硬度和弹性模量

6.7 at. % ~12.3 at. %,其弹性模量保持在 410 GPa,随着 Ti 含量增加至 21.1 at. %,其弹性模量则逐渐降低至 390 GPa。

根据表 6-3 和表 6-4 可知,因为 W-Ti-N 薄膜的晶粒尺寸和残余压应力在一定范围内保持稳定,所以薄膜的硬度主要受晶体结构、元素组成和固溶强化的影响,硬度在 35 GPa 以上的 W-Ti-N 薄膜的主要致硬原因在于氮元素的亚化学计量比和固溶强化作用。Ti 原子进入 W_2N 晶格中,导致晶格畸变,使得硬度增加。Ti 含量同时还影响薄膜的弹性模量,随着 Ti 原子进入 W_2N 空位,化学键增加,导致弹性模量的增强。特别是当 Ti 含量大于 6.7 at. % 时,形成第二相 fcc-TiN,研究表明,在相同条件下沉积的二元 TiN 薄膜的弹性模量为 330 GPa。但是由于 Ti 含量大于 12.3 at. % 时出现了 fcc-TiN 相,降低了化学键的影响,因此薄膜的弹性模量降低。

断裂韧性是材料另一个重要的力学性能,是评价薄膜抵抗开裂的一个重要参数,相关研究结果表明韧性取决于 H/E 和 W_e。如图 6-42 所示,随着 Ti 含量的不断增加,H/E 先升高后降低,当不含 Ti 时,H/E 约为 0.08,随着 Ti 含量上升到 6.7 at. %,H/E 达到最大值,其值为 0.095,且 Ti 含量在 6.7 at. % ~12.3 at. % 时,H/E 保持稳定,随着 Ti 含量进一步升高到 21.1 at. %,H/E 下降至 0.008 3。W_e 的变化趋势与 H/E 的变化趋势相同,随着 Ti 含量的不断增加,W_e 值先升高后降低。当不含 Ti 时,W_e 为 45 at. %;当 Ti 含量上升到 6.7 at. % 时,W_e 达到最大值,其值为 63 %;Ti 含量升高到 21.1 at. % 时,W_e 下降至 50%。

图 6-43 给出了不同 Ti 含量的 W-Ti-N 薄膜在室温下的平均摩擦系数和磨损率变化情况。如图 6-43 所示,随着 Ti 含量的增加,W-Ti-N 薄膜的平均摩擦系数先下降后上升;当 Ti 含量在 0 at. % ~12.3 at. % 时,摩擦系数值稳定在 0.40 左右;当 Ti 含量逐渐

增加到 21.1 at. % 时,平均摩擦系数上升至 0.79。随着 Ti 含量的增加,W – Ti – N 薄膜的磨损率先下降后上升,当 Ti 含量从 0 at. % 上升到 6.7 at. % 时,磨损率从 7.3×10^{-8} mm³/(N·mm)下降到 8.7×10^{-9} mm³/(N·mm);当 Ti 含量从 6.7 at. % 上升到 12.3 at. % 时,磨损率保持稳定;但当 Ti 含量进一步升高至 21.1 at. % 时,磨损率逐渐上升到 8.6×10^{-8} mm³/(N·mm)。

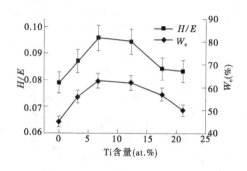

图 6-42　不同 Ti 含量的 W – Ti – N
薄膜的 H/E 和 W_e

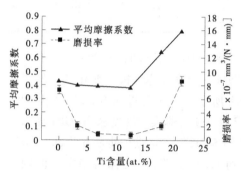

图 6-43　不同 Ti 含量的 W – Ti – N 薄膜
室温下的平均摩擦系数和磨损率

图 6-44 为不同 Ti 含量的 W – Ti – N 薄膜磨损轨迹 SEM 图像。如图 6-44 所示,无论 Ti 含量如何,薄膜的磨损轨迹的出现明显的犁沟效应。如图 6-44(a)所示,不含 Ti 时,磨损径迹宽度为 120 μm;当 Ti 含量增加至 3.2 at. % 时,如图 6-44(b)所示,磨损径迹宽度从原来的 120 μm 下降到 110 μm;当 Ti 含量进一步增加至 12.3 at. % 时,如图 6-44(c)所示,磨损径迹宽度减少为 90 μm;如图 6-44(d)所示,在 Ti 含量为 17.6 at. % 时,磨损径迹宽度又增加到 110 μm。图 6-44(d)给出了 Ti 含量为 17.6 at. % 的 W – Ti – N 薄膜磨损轨迹的元素组成。当 Ti 含量为 17.6 at. % 时,薄膜并没有发现铁这种元素的存在,因此薄膜并未磨穿。除此之外,还可以看出,A 区内的氧含量低于 B 区,这表明在 B 区的摩擦膜含量高于 A 区。

图 6-44 中,对于所有不同 Ti 含量的 W – Ti – N 薄膜,磨损径迹区域中都存在着暗区,可能是由于在摩擦过程中发生化学变化。为了进一步对磨损轨迹表面进行研究,作者对磨损轨迹的拉曼光谱进行了分析。图 6-45 给出了 Ti 含量为 3.2 at. % 的 W – Ti – N 薄膜及磨痕的拉曼光谱。可以看出 680 cm⁻¹ ~ 800 cm⁻¹ 处薄膜和磨痕都存在两个峰,这两个衍射峰都对应于 fcc – W_2N 相。这与前面 XRD 和 TEM 分析结果一致。但是,磨痕在 960 cm⁻¹ 也出现了拉曼峰,对应于 WO_3。

如图 6-46 所示,随着 Ti 含量进一步上升到 17.6 at. %,W – Ti – N 薄膜磨痕也存在两个 680 cm⁻¹ ~ 800 cm⁻¹ 的拉曼峰,其峰对应于 fcc – W_2N 相。除此之外,还出现另外两个拉曼峰,它们分别是在 540 cm⁻¹ 处对应的 TiO_2 和在 960 cm⁻¹ 处对应的 WO_3,在光谱中也检测到这两个 fcc – TiN 拉曼峰。上述结果表明,磨损痕迹表面的对应物会发生化学变化。作者之前关于过渡族金属氮化物膜的一些文章也报道了磨损轨道表面在摩擦副的作用下与空气中的氧气、水分发生反应的过程。

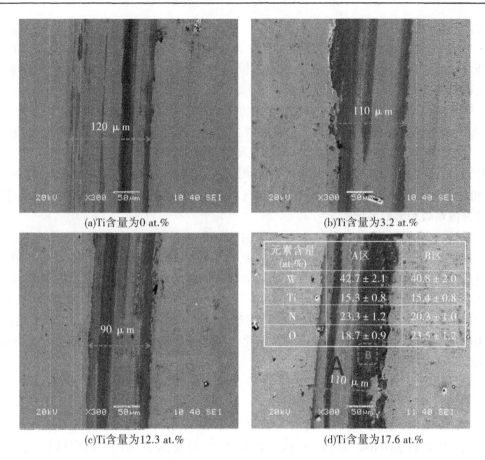

(a)Ti含量为0 at.%

(b)Ti含量为3.2 at.%

(c)Ti含量为12.3 at.%

(d)Ti含量为17.6 at.%

元素含量 (at.%)	A区	B区
W	42.7 ± 2.1	40.8 ± 2.0
Ti	15.3 ± 0.8	15.4 ± 0.8
N	23.3 ± 1.2	20.3 ± 1.0
O	18.7 ± 0.9	23.5 ± 1.2

图 6-44　不同 Ti 含量的 W – Ti – N 薄膜磨损轨迹 SEM 图像

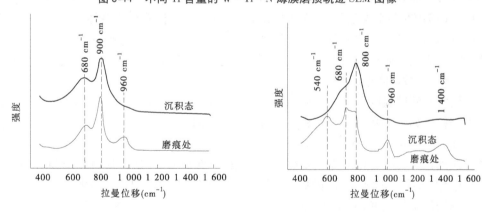

图 6-45　Ti 含量为 3.2 at.% 的 W – Ti – N
薄膜磨损轨迹的拉曼光谱

图 6-46　Ti 含量为 17.6 at.% 的 W – Ti – N
薄膜磨痕的拉曼光谱

　　出现在磨损轨迹表面的摩擦相会影响薄膜的摩擦磨损性能。WO_3 作为一种易剪切晶体结构,被称为 Magnéli 相。研究表明,由于 WO_3 中畸变的八面体 WO_6 和发生位移的钨离子共存,使得 WO_3 中有三种不同类型的 W—O 键,这三种类型的 W—O 键使得其表现出优异的润滑性能。

W – Ti – N 薄膜的磨损轨迹中存在多种摩擦相。晶体化学理论可解释摩擦相与润滑性能之间的关系。根据晶体化学理论,具有较高离子势的摩擦相总是表现出低摩擦系数。WO_3 和 TiO_2 的离子势分别为 8.8 和 3.3。因此,TiO_2 的摩擦系数高于 WO_3。

平均摩擦系数和磨损率受微观结构、硬度、H/E、W_e 和摩擦相等因素的影响。H/E 增大,提高了薄膜的抗裂能力,使得磨损痕迹减少和裂纹减少。此外,硬度的增加也使得实际接触面积相对减少。因此,作者发现具有高硬度值和 H/E 的薄膜的磨损率通常较低。在相同条件下沉积的二元 TiN 薄膜的平均摩擦系数和磨损率均高于 W_2N,其平均摩擦系数和磨损率分别为 0.90 和 7.6×10^{-7} $mm^3/(N \cdot mm)$。由于 fcc – TiN 相的出现,薄膜的平均摩擦系数和磨损率增加。

根据以上结果,当 Ti 含量从 0 at. % 上升到 6.7 at. % 时,平均摩擦系数保持不变,虽然磨损轨迹表面出现了另一种 TiO_2 相,但此时摩擦相 WO_3 仍具有良好的润滑作用。Ti 含量进一步增加至 12.3 at. % 时,磨损率随 H/E、硬度和弹性模量的增加而逐渐减小。当 Ti 含量为 12.3 at. % 时,H/E、W_e 和硬度进一步增加,然而由于 fcc – TiN 相的出现,磨损率保持不变。随着 Ti 含量的进一步增加,H/E、W_e 和硬度的降低使磨损率增加,而且摩擦膜 TiO_2 的增加使得平均摩擦系数值上升。此外,薄膜中 fcc – TiN 相的增多也使得平均摩擦系数和磨损率提高。

6.5.3　高温下的摩擦磨损性能

不同实验测试温度下,W_2N 薄膜和 Ti 含量为 12.3 at. % 的 W – Ti – N 薄膜在高温下的平均摩擦系数如图 6-47 所示。由图 6-47 可知,二元 W_2N 薄膜的平均摩擦系数随着温度的不断升高而升高,当温度达到 200 ℃ 时,其值达到最大,约为 0.65。随着 Ti 的掺入,W – Ti – N 薄膜在各个温度下均表现出低于二元 W_2N 薄膜的平均摩擦系数。随着温度的不断升高,W – Ti – N 薄膜的平均摩擦系数先升高后下降。初始室温时,平均摩擦系数为 0.40;当温度达到 200 ℃ 时,其值达到最大,约为 0.67,测试温度进一步升高到 500 ℃ 时,平均摩擦系数下降至 0.53。

不同实验测试温度下,W_2N 薄膜和 Ti 含量为 12.3 at. % 的 W – Ti – N 薄膜在不同温度下的磨损率如图 6-48 所示,由图 6-48 可知,随着温度的不断上升,W_2N 薄膜和含 Ti 量为 12.3 at. % 的 W – Ti – N 薄膜的磨损率不断地升高,当温度达到 200 ℃ 时,W_2N 薄膜的磨损率达到最大,随后 W_2N 薄膜失效。当温度达到 500 ℃ 时,Ti 含量为 12.3 at. % 的 W – Ti – N 薄膜的磨损率达到最大,随后 W – Ti – N 薄膜失效。W – Ti – N 薄膜在各个温度下的摩擦率均低于二元 W_2N 薄膜。由此表明,W – Ti – N 薄膜比 W_2N 薄膜具有更好的耐磨损性能,且具有更好的耐高温性能。

在高温测试条件下,因为摩擦磨损实验后的薄膜摩擦膜的摩擦系数随实验温度的升高而增加,摩擦过程中,环境热及摩擦热很容易诱导摩擦相 TiO_2 和 WO_3 的形成。由于硬度越高,承载能力越强,所以薄膜的硬度对磨损率影响很大。在磨损轨迹的平滑区域中,采用纳米压痕法测量磨损轨迹的硬度,其穿透深度为 80 nm,虽然磨损轨迹硬度由于表面粗糙形貌和犁削效应的存在而不是很精确,但其值可以在一定程度上反映不同实验温度下实际使用情况下硬度的变化,结果如图 6-49 所示。如图 6-49 所示,在室温条件下,Ti含量为 12.3 at. % 的 W – Ti – N 薄膜的磨痕硬度为 42 GPa,而 W$_2$N 薄膜的室温磨痕硬度为 29 GPa。Ti 的掺入导致了 W – Ti – N 薄膜发生相应的形变强化,硬度提高。因此,由图 6-49 可以看到,Ti 含量为 12.3 at. % 的 W – Ti – N 薄膜室温磨痕硬度值略高于 W$_2$N 薄膜。同时,Ti 含量为 12.3 at. % 的 W – Ti – N 薄膜和 W$_2$N 薄膜的磨痕硬度随实验温度的升高而下降。而在相同的测试温度下,相对于 W$_2$N 薄膜,Ti 含量为 12.3 at. % 的 W – Ti – N 薄膜的磨痕具有更高的硬度。Ti 含量为 12.3 at. % 的 W – Ti – N 薄膜具有更高的工作温度。当温度升高到 200 ℃时,W$_2$N 薄膜失效,而对于 Ti 含量为 12.3 at. % 的 W – Ti – N 薄膜,当温度上升到 500 ℃时,薄膜失效。

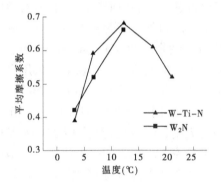

图 6-47　W$_2$N 薄膜和 Ti 含量为 12.3 at. % 的
W – Ti – N 薄膜在高温下的平均摩擦系数

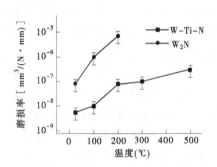

图 6-48　W$_2$N 薄膜和 Ti 含量为 12.3 at. % 的
W – Ti – N 薄膜在高温下的磨损率

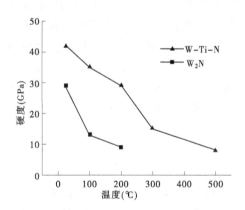

图 6-49　穿透深度为 80 nm 下不同测试温度的 W$_2$N 薄膜和
Ti 含量为 12.3 at. % 的 W – Ti – N 薄膜磨痕硬度

第7章　含软金属氮化物陶瓷薄膜

为弥补单一固体润滑剂的缺陷，Voevodin 等研究了纳米复合薄膜 WC/DLC/WS2 体系，首先提出了自适应纳米复合薄膜的概念，其设计原则是根据工作环境的变化调整其表面化学组成和结构，从而尽量减少接触表面的摩擦系数及磨损。这些薄膜是通过沉积多相结构来实现的，其中某些相提供强度，某些相作为固体润滑剂。在摩擦接触区由于所施加的负载和运行环境，这种复杂结构的化学性产生可逆变换，从而产生润滑相，有效降低了摩擦系数。基于过渡族金属氮化物的优点，近年来国内外学者为拓宽氮化物薄膜在不同温度范围的摩擦磨损性能，对氮化物基的两相智能纳米薄膜 TMN/Me（TMN 为过渡族金属氮化物，Me 是贵金属，如 Au、Ag 等）进行了一定的探索研究。孙嘉奕等采用多弧离子镀制备了 Ti－Ag－N 复合薄膜，分析了 Ag 含量对复合薄膜的摩擦性能的影响。结果表明，以 Ag 为基体的薄膜具有低摩擦和低磨损的特性，同时硬度和韧性较好。Mulligan 等研究了 Ag 对 CrN 薄膜结构和性能的影响。研究表明，在特定温度下 Ag 在 CrN 基中具有很大的流动性，且可以有效地降低摩擦系数和磨损率，Ag 元素的引入能够有效地改良 500 ℃下 CrN 薄膜的摩擦磨损性能，并指出在以 100Cr6 钢为摩擦球/盘摩擦实验条件下，CrN－Ag 复合薄膜的制备温度对其摩擦磨损性能影响显著，随着制备温度的增加，薄膜摩擦磨损性能先提升后降低。综观国内外对两相 TMN/Me 氮化物基自适应纳米复合薄膜的研究，国内学者仅仅研究了添加贵金属 Ag 和 Cu 对力学性能及常温环境的摩擦磨损行为的影响，国外学者主要集中在两相纳米复合薄膜生长温度对贵金属的转移和析出形态等的影响，并研究在不同温度下的摩擦磨损性能及机理。然而，Me 对 TMN 微观结构的影响及 ME 在 TMN 中的存在形式一直缺乏相关的实验证明，宽温域条件下 TMN/Me 薄膜的摩擦磨损性能也缺乏系统的研究。为此，本章基于前几章的研究，选取 TiN 及 NbN 薄膜为母版，研究了 Ag 对其微观结构及性能的影响。

7.1　TiN－Ag 薄膜

过渡族金属氮化物涂层具有较高的硬度、耐磨性和优良的耐腐蚀性能，在许多工业领域有着重要的用途。例如，TiN 薄膜具有较高的硬度、较好的化学稳定性，在机械加工、高温材料，特别是在刀具制造业中均有广泛应用。

随着制造技术的高速发展，尤其是高速切削、干式切削等工艺的出现，对刀具的切削性能提出了更高的要求。传统的 TiN 涂层已不能完全胜任。因此，人们开始尝试将某些金属元素引入 TiN 系涂层中以期改良其性能。然而，TiN－Ag 薄膜微观结构及 Ag 在 TiN 中的存在形式有待深入研究，并且不同环境温度条件下 TiN－Ag 薄膜的摩擦磨损性能的研究也报道较少。

本章中，采用射频磁控溅射制备一系列不同 Ag 含量的 TiN－Ag 薄膜。利用 X 射线衍射仪、透射电镜、扫描电镜、能谱仪、纳米压痕仪和高温摩擦磨损实验机对薄膜的相结、形貌、成分、力学性能和不同环境温度条件下的摩擦磨损性能进行研究。

7.1.1　TiN – Ag 薄膜制备及表征

本部分 TiN – Ag 薄膜制备过程中衬底选取、处理及制备方式与 2.1.1 相同。在沉积过程中，固定溅射气压为 0.3 Pa、Ti 靶功率为 280 W，氩氮比为 10∶3。通过改变 Ag 靶功率来获得一系列不同 Ag 含量的 TiN – Ag 薄膜。沉积 TiN – Ag 膜之前，在衬底上预镀厚度约 200 nm 的 Ti 为过渡层。

本部分 XRD、SEM、EDS、TEM、纳米压痕以及摩擦磨损实验设备与 2.1.1 相同。

7.1.2　TiN – Ag 薄膜微结构及性能

图 7-1 给出了不同 Ag 含量 $[Ag/(Ti + Ag)$, at. % ,下同] 的 TiN – Ag 薄膜 XRD 图谱。从图中可以看出，二元 TiN 薄膜在 36°、42° 及 78° 附近出现了三个衍射峰，依次对应为 TiN (111)、(200) 和 (222)。薄膜为面心立方 (fcc) 结构。不同 Ag 含量的 TiN – Ag 薄膜均出现了与 TiN 薄膜相近的三个衍射峰，并且当 Ag 含量为 1.4 at. % 时，薄膜 XRD 图谱中在 39° 及 45° 附近出现了对应 fcc – Ag (111) 和 (200) 的两个衍射峰。这表明此时薄膜由 fcc – TiN 和 fcc – Ag 两相构成的。

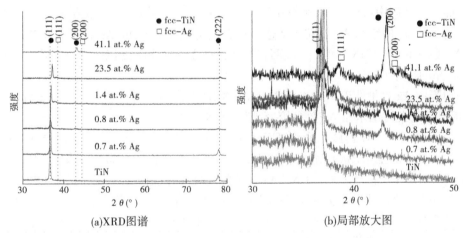

(a) XRD图谱　　　　　　　　　(b) 局部放大图

图 7-1　不同 Ag 含量的 TiN – Ag 薄膜 XRD 图谱以及局部放大图

图 7-2 为 Ag 含量为 23.5 at. % 的 TiN – Ag 薄膜背散射照片。经 EDS 分析得知，图中点状颗粒为 Ag，圆柱为 TiN。从图中可以看出，Ag 为纳米颗粒，主要分布在 TiN 的边界处。

为进一步分析 TiN – Ag 薄膜的微观结构及 Ag 的存在形式，选取 Ag 含量为 0.7 at. % 的 TiN – Ag 薄膜进行透射电镜表征，其结果如图 7-3 所示。由图 7-3(a) 可知，TiN – Ag 薄膜为经典的柱状晶结构，晶粒尺寸在 40 ~ 60 nm。图 7-3(a) 中相应的选区电子衍射图片如图 7-3(b) 所示。根据图中数据计算可知，薄膜选区电子衍射图中存在两套衍射花样，图中衍射环依次对应为 fcc – TiN (111)、fcc – Ag (111)、fcc – TiN (200)、fcc – TiN (220)

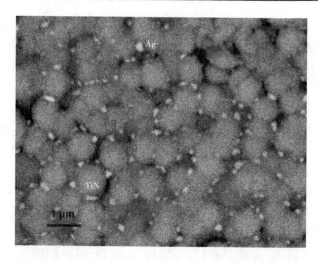

图 7-2 Ag 含量为 23. 5 at. % 的 TiN – Ag 薄膜背散射照片

及 fcc – TiN(311)。这表明薄膜由 fcc – TiN 和 fcc – Ag 两相构成。图 7-3(c)是 TiN – Ag 薄膜柱状晶内部区域高分辨透射电镜照片。从图中可以看出,视场中出现了晶面间距为 0. 224 5 nm 的晶格条纹,该晶格条纹为 fcc – TiN(111)。这表明薄膜柱状晶为 TiN,这与图 7-2 中的实验结果一致。图 7-3(d)给出的是 TiN – Ag 薄膜柱状晶边界区域高分辨透射电镜照片。从图中可以看出,视场中除晶面间距为 0. 244 5 nm 的晶格条纹外,还出现了直径约为 5 nm 的纳米 Ag 颗粒。从透射电镜的分析结果可知,Ag 含量为 0. 7 at. % 的 TiN – Ag 薄膜由 fcc – TiN 和 fcc – Ag 两相构成,TiN 为主要相,Ag 以纳米晶的形式镶嵌在 TiN 柱状晶的边界处。

当薄膜中 Ag 含量低于 0. 8 at. % 时,薄膜 XRD 图谱中没有相应的 fcc – Ag 衍射峰出现,可能是因为此时纳米晶 Ag 数量较少,超出了 XRD 的精度范围。

综上所述,TiN – Ag 薄膜由 fcc – TiN 和 fcc – Ag 两相构成,薄膜主要由 TiN 构成。薄膜中 TiN 呈柱状晶生长,Ag 以纳米颗粒的形式镶嵌在 TiN 柱状晶晶粒边缘。

图 7-4 给出了不同 Ag 含量 TiN – Ag 薄膜的硬度及弹性模量。从图中可以看出,二元 TiN 薄膜的硬度及弹性模量分别为 21 GPa、320 GPa。TiN – Ag 薄膜的硬度随薄膜中 Ag 含量的升高先升高后降低,当薄膜中 Ag 含量为 0. 8 at. % 时,薄膜硬度最高,其最高值为 29 GPa。TiN – Ag 薄膜弹性模量随着薄膜中的 Ag 含量的升高逐渐降低,当薄膜中 Ag 含量为 41. 1 at. % 时,薄膜弹性模量最低,其最低值为 220 GPa。

研究表明,当 Ag 以纳米晶镶嵌在过渡族金属氮化物柱状晶之间时,会促进柱状晶晶粒细化。当薄膜中 Ag 含量低于 0. 8 at. % 时,细晶强化是此时薄膜硬度随 Ag 含量升高的原因。随着薄膜中 Ag 含量的进一步升高,软相 Ag 的增加是薄膜硬度逐渐降低的原因。在与本书相同实验环境中沉积的单质 Ag 薄膜的弹性模量为 70 GPa。所以,TiN – Ag 薄膜的弹性模量的降低与薄膜中的 Ag 含量有关。

图 7-5 给出的是不同 Ag 含量 TiN – Ag 薄膜室温条件下的摩擦曲线。从图中可以看出,二元 TiN 薄膜摩擦系数较高,且摩擦系数随实验时间的波动剧烈。当薄膜中 Ag 含量为 0. 8 at. % 时,薄膜摩擦系数较前者有所下降,但是薄膜系数随实验时间的波动依然不

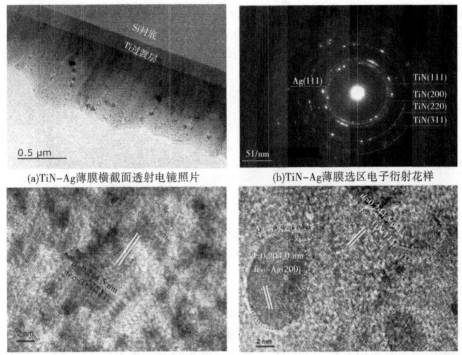

(a)TiN-Ag薄膜横截面透射电镜照片   (b)TiN-Ag薄膜选区电子衍射花样

(c)TiN-Ag薄膜柱状晶内部区域高分辨透射电镜照片(d)TiN-Ag薄膜柱状晶边界区域高分辨透射电镜照片

图 7-3   Ag 含量为 0.7 at.% 的 TiN – Ag 薄膜透射电镜照片

稳定。当薄膜中 Ag 含量继续升高至 41.1 at.% 时,薄膜摩擦系数稳定在 0.20 左右,受实验时间的影响不大。

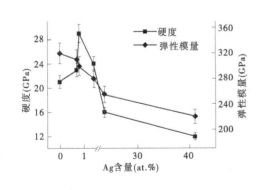

图 7-4   不同 Ag 含量 TiN – Ag
薄膜的硬度以及弹性模量

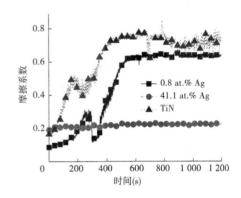

图 7-5   不同 Ag 含量 TiN – Ag 薄膜
室温条件下的摩擦曲线

图 7-6 为不同 Ag 含量 TiN – Ag 薄膜平均摩擦系数。从图中可以看出,二元 TiN 薄膜的平均摩擦系数为 0.78。随着薄膜中 Ag 含量的升高,TiN – Ag 薄膜平均摩擦系数逐渐降低,当薄膜中 Ag 含量为 41.1 at.% 时,薄膜的平均摩擦系数最低,其最低值为 0.20。

不同 Ag 含量 TiN – Ag 薄膜磨损率如图 7-7 所示。从图中可以看出,二元 TiN 薄膜的

磨损率为 1.73×10^{-6} mm^3/(N·mm)。TiN - Ag 薄膜的磨损率随薄膜中 Ag 含量的升高先降低后升高,当薄膜中 Ag 含量为 0.8 at.%时,薄膜磨损率最低,其最低值为 1.3×10^{-7} mm^3/(N·mm)。

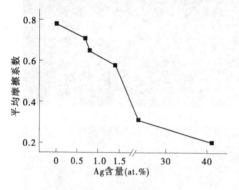

图 7-6　不同 Ag 含量 TiN - Ag
薄膜平均摩擦系数

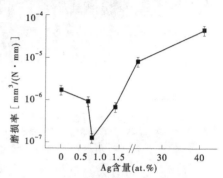

图 7-7　不同 Ag 含量 TiN - Ag
薄膜磨损率

研究表明,H/E 及 H^3/E^2 是表征摩擦磨损性能的重要指标。具有较高 H/E 及 H^3/E^2 的过渡族金属氮化物薄膜往往体现出较为优异的耐磨性能。为研究 Ag 含量对 TiN - Ag 薄膜磨损率的影响,图 7-8 给出了不同 Ag 含量 TiN - Ag 薄膜的 H/E 及 H^3/E^2。从图中可以看出,二元 TiN 薄膜的 H/E 及 H^3/E^2 值分别为 0.066、0.090 GPa。随 Ag 含量的升高,薄膜的 H/E 及 H^3/E^2 值先升高后降低,当 Ag 含量为 0.8 at.%时,薄膜的 H/E 及 H^3/E^2 值最高,其最高值分别为 0.097、0.27 GPa。从图中还可知,当薄膜中 Ag 含量在 0.7 at.% ~ 1.4 at.%时,TiN - Ag 薄膜的 H/E 及 H^3/E^2 均高于二元 TiN 薄膜。

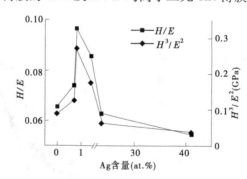

图 7-8　不同 Ag 含量 TiN - Ag 薄膜的 H/E 及 H^3/E^2 值

Ag 是良好的固体润滑材料,能够有效地改良薄膜的摩擦磨损性能。Ag 的引入能够润滑薄膜磨痕与摩擦副,使得两者之间的作用趋于缓和,从而使薄膜的摩擦曲线趋于平缓,有效地降低了薄膜的平均摩擦系数。当膜中 Ag 含量小于 0.8 at.%时,TiN - Ag 薄膜的 H/E 及 H^3/E^2 随 Ag 含量的升高逐渐升高,所以此时 TiN - Ag 薄膜的磨损率逐渐降低;当薄膜中 Ag 含量高于 1.4 at.%时,薄膜的 H/E 及 H^3/E^2 逐渐降低,导致了此时磨损率逐渐升高。另外,此时薄膜中的 Ag 含量较高,在摩擦实验过程中,大量的 Ag 被摩擦副磨损,使得此时磨损率随 Ag 含量的升高而逐渐升高。

　　图 7-9 给出了不同 Ag 含量 TiN－Ag 薄膜不同环境温度条件下的平均摩擦系数。从图中可知,二元 TiN 薄膜平均摩擦系数随环境温度的升高先略有升高,后略微下降。薄膜最高平均摩擦系数为 0.89,对应环境温度为 200 ℃;薄膜最低平均摩擦系数为 0.73,对应环境温度为 500 ℃。不同环境温度下的 TiN 薄膜均体现出较高的平均摩擦系数。在相同的温度环境下,TiN－Ag 薄膜平均摩擦系数均低于 TiN 薄膜,且随薄膜中 Ag 含量的升高逐渐降低。当薄膜中 Ag 含量为 41.1 at.% 时,不同环境温度下的 TiN－Ag 薄膜均体现出最低的平均摩擦系数,其最低值分别为 0.20 (对应环境温度为 25 ℃)、0.18 (对应环境温度为 200 ℃)、0.21 (对应环境温度为 300 ℃)、0.16 (对应环境温度为 500 ℃)、0.13 (对应环境温度为 600 ℃)。从图中还可以看出,随着薄膜中 Ag 含量的升高,TiN－Ag 薄膜的平均摩擦系数受环境温度的影响越来越小,当薄膜中 Ag 含量大于 23.5 at.% 时,TiN－Ag 薄膜的平均摩擦系数受环境温度的影响不明显,此时对相同 Ag 含量的 TiN－Ag 薄膜,各环境温度条件下的平均摩擦系数相近。Ag 元素的引入能够显著地降低 TiN－Ag 薄膜不同环境温度条件下的平均摩擦系数,并且 Ag 能够使 TiN－Ag 薄膜在宽温域范围内的平均摩擦系数趋于相对稳定。

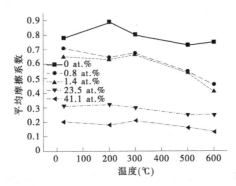

图 7-9　不同 Ag 含量 TiN－Ag 薄膜不同环境温度条件下的平均摩擦系数

　　图 7-10 为不同 Ag 含量 TiN－Ag 薄膜不同环境温度条件下的磨损率。从图中可以看出,二元 TiN 薄膜磨损率随环境温度的升高而逐渐增大,当环境温度为 600 ℃时,薄膜的磨损率最大,其最大值为 1.01×10^{-4} $mm^3/(N \cdot mm)$。在相同的环境温度条件下,TiN－Ag 薄膜磨损率随 Ag 含量的升高先升高后降低,当 Ag 含量为 0.8 at.% 时,TiN－Ag 薄膜的磨损率最低,其最低值分别为 1.27×10^{-7} $mm^3/(N \cdot mm)$ (对应环境温度为 25 ℃)、4.32×10^{-7} $mm^3/(N \cdot mm)$ (对应环境温度为 200 ℃)、9.67×10^{-7} $mm^3/(N \cdot mm)$ (对应环境温度为 300 ℃)、3.15×10^{-6} $mm^3/(N \cdot mm)$ (对应环境温度为 500 ℃)、9.52×10^{-6} $mm^3/(N \cdot mm)$ (对应环境温度为 600 ℃)。当 Ag 含量为 41.1 at.% 时,TiN－Ag 薄膜的磨损率最高,其最高值分别为 4.60×10^{-6} $mm^3/(N \cdot mm)$ (对应环境温度为 25 ℃)、9.81×10^{-5} $mm^3/(N \cdot mm)$ (对应环境温度为 200 ℃)、3.45×10^{-4} $mm^3/(N \cdot mm)$ (对应环境温度为 300 ℃)、7.48×10^{-4} $mm^3/(N \cdot mm)$ (对应环境温度为 500 ℃)、1.21×10^{-3} $mm^3/(N \cdot mm)$ (对应环境温度为 600 ℃)。

　　图 7-11 给出了 Ag 含量为 1.4 at.% 的 TiN－Ag 薄膜不同真空退火温度下的 XRD 图谱。从图中可以看出,随退火温度的升高,图谱中 Ag 的衍射峰强度逐渐增强,表明随温

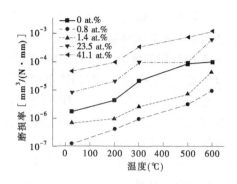

图 7-10　不同 Ag 含量 TiN - Ag 薄膜不同环境温度条件下的磨损率

度的升高,弥散分布在 TiN 柱状晶边界处的纳米 Ag 颗粒逐渐聚集长大。

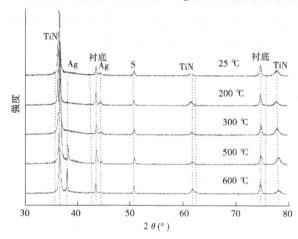

图 7-11　Ag 含量为 1. 4 at. % 的 TiN - Ag 薄膜不同真空退火温度下的 XRD 图谱

　　为进一步分析环境温度对 TiN - Ag 薄膜摩擦磨损性能的影响,摩擦实验后对不同环境温度的 TiN - Ag 薄膜磨痕进行了 SEM 检测,其结果如图 7-12 所示。由图 7-12(a)可以看出,当环境温度为 200 ℃时,Ag 含量为 1. 4 at. % 的 TiN - Ag 薄膜磨痕表面较为光洁,存在少量的犁沟,磨痕表面黏附少许的磨屑。当环境温度升高至 600 ℃时,Ag 含量为 1. 4 at. % 的 TiN - Ag 薄膜磨痕[见图 7-12(a)]宽度明显大于图 7-12(a)中的磨痕宽度,磨痕颜色变深,说明发生了严重的氧化反应。由图 7-12(b)可以看出,当环境温度为 200 ℃时,Ag 含量为 1. 4 at. % 的 TiN - Ag 薄膜磨痕表面光洁,无明显犁沟出现。与 Ag 含量为 1. 4 at. % 的薄膜相比,此时薄膜磨痕与摩擦副之间的相互作用进一步缓解,薄膜中存在充足的 Ag,起到了良好的润滑作用,使得此时平均摩擦系数进一步降低。当环境温度升高至 600 ℃时,从图 7-12(d)中可以看出,Ag 含量为 41. 1 at. % 的 TiN - Ag 薄膜磨痕变宽、变深,磨痕表面开始出现剥落,此时薄膜磨损严重,不锈钢基体裸露可见,此时薄膜磨损率急剧升高。

　　结合上述分析,当 Ag 含量小于 1. 4 at. % 时,随环境温度的升高,弥散分布在 TiN 柱状晶边界处的纳米 Ag 颗粒聚集长大,并向表层扩散,在摩擦过程中能够起到有效的润滑

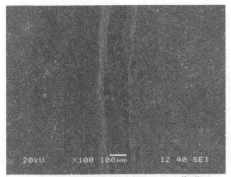

(a)Ag含量为1.4 at.%的TiN-Ag薄膜
在200 ℃时的磨痕形貌

(b) Ag含量为41.1 at.%的TiN-Ag薄膜
在200 ℃时的磨痕形貌

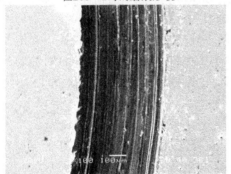

(c)Ag含量为1.4 at.%的TiN-Ag薄膜
在600 ℃时的磨痕形貌

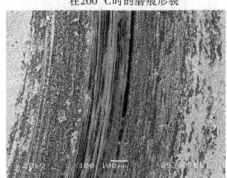

(d)Ag含量为41.1 at.%的TiN-Ag薄膜
在600 ℃时的磨痕形貌

图7-12　不同环境温度下 TiN-Ag 薄膜磨痕表面 SEM 图

作用,使得磨痕表面与摩擦副之间的相互作用趋于平缓,减少磨痕中犁沟的数量。所以, TiN-Ag 薄膜的平均摩擦系数及磨损率均低于二元 TiN 薄膜。由于随着环境温度的升高,越来越多的 Ag 聚集长大,向表层扩散,所以此时薄膜的平均摩擦系数随环境温度的升高逐渐降低,磨损率逐渐升高。当薄膜中 Ag 含量高于 1.4 at.% 时,薄膜中存在充足的 Ag,起到润滑作用,所以此时 TiN-Ag 薄膜的平均摩擦系数大幅下降。在摩擦过程中,一方面,摩擦副上黏附大量的润滑相 Ag,在摩擦副与磨痕表面相互作用的时候,磨痕表面易形成金属黏着而加剧磨损,导致磨损率大幅增加;另一方面,温度升高,更多的 Ag 析出至表面,使薄膜空洞化,进而使得薄膜的磨损率大幅升高。

7.2　NbN-Ag 薄膜

过渡族金属氮化物涂层具有较高的硬度和优良的耐腐蚀性能,在许多工业领域有着重要的用途。例如,TiN 薄膜具有较高的硬度、较好的化学稳定性,在机械加工、高温材料,特别是在刀具制造业中均有广泛应用。二元 NbN 薄膜也体现出较为优异的力学及超导性能,在微电子、传感器、超导电子及刀具涂层等诸多领域展现出了广泛的应用前景。

随着制造技术的高速发展,尤其是高速切削、干式切削等工艺的出现,对刀具的切削性能提出了更高的要求。相对于 TiN 薄膜,NbN 薄膜具有化学及热稳定性高、硬度大等一系列优异的性能,因此近年来 NbN 薄膜的研究日益受到重视。近年来,由于在硬质耐磨基体上添加软质润滑相形成的多功能涂层在瞬时和循环环境下均具有良好的摩擦性能而得到广泛关注。尤其是银和金等贵重金属在碳化物、氧化物、氮化物集体中充当固体润滑相。Tseng 等研究表明,在氮化物薄膜中掺入可以作为固体润滑剂的软金属(如银或铜)能够降低摩擦系数。孙嘉奕等采用多弧离子镀制备了 Ti − Ag − N 复合薄膜,分析了 Ag 含量对复合薄膜的摩擦性能的影响,结果表明以 Ag 为基体的薄膜具有低摩擦和低磨损的特性,同时硬度和韧性较好。Mulligan 等研究了 Ag 对 CrN 薄膜结构和性能的影响,结果表明,在特定温度下 Ag 在 CrN 基中具有很大的流动性,且可以有效降低摩擦系数和磨损率,Ag 元素的引入能够有效地改良 500 ℃下 CrN 薄膜的摩擦磨损性能。基于上述可以推知,Ag 元素的引入能够在一定程度上改良 NbN 薄膜的摩擦磨损性能。

本书中,采用射频磁控溅射制备一系列不同 Ag 含量的 NbN − Ag 薄膜。利用 X 射线衍射仪、透射电镜、扫描电镜、能谱仪、纳米压痕仪和高温摩擦磨损实验机对薄膜的相结构、形貌、成分、力学性能和不同环境温度条件下的摩擦磨损性能进行研究。

7.2.1　NbN − Ag 薄膜制备及表征

本部分 NbN − Ag 薄膜制备过程中衬底选取、处理及制备方式与 2.1.1 相同。在沉积过程中,固定溅射气压为 0.3 Pa、Nb 靶功率为 250 W,氩氮比为 10∶5。通过改变 Ag 靶功率来获得一系列不同 Ag 含量的 NbN − Ag 薄膜。沉积 NbN − Ag 膜之前,在衬底上预镀厚度约 200 nm 的 Nb 为过渡层。

本部分 XRD、SEM、EDS、TEM、纳米压痕及摩擦磨损实验设备与 2.1.1 相同。

7.2.2　NbN − Ag 薄膜微结构及性能

图 7-13 是不同 Ag 含量 NbN − Ag 薄膜的 XRD 图谱。从图中可以看出,二元 NbN 薄膜在 36°、39°、41°及 59°附近出现了四个衍射峰,依次对应为面心立方(fcc)NbN(PDF 38 − 1155)(111)、密排六方(hcp)NbN(PDF 14 − 0547)(101)、fcc − NbN(200)及 fcc − NbN(220)。薄膜由 fcc − NbN 及 hcp − NbN 两相构成。当薄膜中 Ag 含量在 4.0 at.% ~ 9.2 at.%时,三元 NbN − Ag 薄膜出现了四个与二

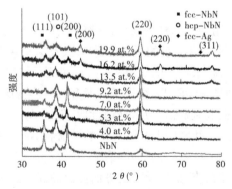

图 7-13　不同 Ag 含量 NbN − Ag
薄膜 XRD 图谱

元 NbN 薄膜相似的衍射峰。除此之外,XRD 图谱中没有出现对应 Ag 等其他衍射峰。当薄膜中 Ag 含量进一步升高至 13.5 at.%时,NbN − Ag 薄膜除与二元 NbN 薄膜相似的四个衍射峰外,在 44.3°、64.4°及 74.5°附近还出现了另外三个衍射峰,分别对应 fcc − Ag(200)、fcc − Ag(220)及 fcc − Ag(311),说明此时薄膜三相共存,即 fcc − NbN + hcp − NbN + fcc − Ag。

研究表明,贵金属 Ag、Cu 不固溶于 TaN 薄膜中,Nb 与 Ta 属同族元素,可以推知 NbN

与 TaN 具有某些相似的属性,所以当薄膜中的 Ag 含量在 4.0 at.% ~9.2 at.% 时,Ag 可能以单质的形式存在于 NbN 薄膜中。为验证这一假定,选取 Ag 含量为 4.0 at.% 的 NbN - Ag 薄膜进行真空退火处理。退火温度的选取依据该薄膜的 DTA 分析结果。图 7-14 给出了 Ag 含量为 4.0 at.% 的 NbN - Ag 薄膜 DTA 曲线。从图中可以看出,在 370 ℃ 附近,DTA 曲线中出现了一个吸热峰,这可能与在此温度条件下薄膜中弥散分布在 NbN 中的 Ag 颗粒再结晶有关。因此,真空退火温度选取为 400 ℃。图 7-15 为 Ag 含量为 4.0 at.% 时,真空退火温度为 400 ℃ 条件下的 NbN - Ag 薄膜 XRD 图谱。为便于比对,图中还给出了退火前该薄膜的 XRD 图谱。从图中可以看出,三元 NbN - Ag 薄膜在 38.5° 附近出现了一个衍射峰,对应物相为 hcp - NbN(101)。400 ℃ 真空退火后,NbN - Ag 薄膜除 38.5° 附近的 hcp - NbN(101)衍射峰外,在 37.8° 附近出现了对应物相为 fcc - Ag 的衍射峰。由此表明,400 ℃ 真空退火能够使弥散分布在 NbN 中的 Ag 颗粒再结晶。类似的实验结果也在 TaN - Ag 等薄膜中出现。

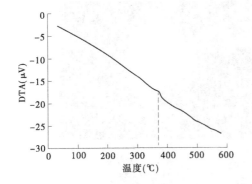

图 7-14　Ag 含量为 4.0 at.% 的
NbN - Ag 薄膜 DTA 曲线

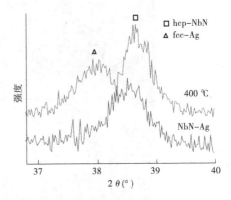

图 7-15　Ag 含量为 4.0 at.% 的 NbN - Ag
薄膜 400 ℃ 真空退火前后 XRD 图谱

通过 XPS 进一步分析了不同 Ag 含量 NbN - Ag 薄膜的相结构。图 7-16 是不同 Ag 含量 NbN - Ag 薄膜 Ag 3d 的 XPS 图谱。根据 XPS 数据库及相关的文献报道可得,Ag 3d 在单质 Ag 中的结合能为 367.8 eV。从图中可以看出,不同 Ag 含量的 NbN - Ag 薄膜均存在单质 Ag,且 Ag 3d 的结合能强度随薄膜中 Ag 含量的升高逐渐增强。这说明随着薄膜中 Ag 含量的升高,薄膜中的 Ag 相的相对含量逐渐升高。

为进一步分析 NbN - Ag 薄膜中 Ag 的存在形式,对 NbN - Ag 薄膜进行了透射电镜分析,图 7-17 给出了 Ag 含量为 4.0 at.% 的 NbN - Ag 薄膜高分辨透射电镜照片及相应的选区电子衍射花样。从图中可以看出,视场中出现了间距为 0.211 nm、0.241 nm 及 0.267 nm 的晶格条纹,它们分别对应 fcc - NbN(200)、hcp - NbN(101)及 fcc - NbN(111)。除此之外,视场中还出现了间距为 0.153 nm 的晶格条纹,对应晶面为 fcc - Ag(220)。图 7-17 右上角是 Ag 含量为 4.0 at.% 的 NbN - Ag 薄膜的选区电子衍射花样。经计算可知,薄膜选区电子衍射花样由 fcc - NbN、fcc - Ag 和 hcp - NbN 三套衍射花样构成,其衍射环依次对应为 fcc - NbN(111)、fcc - Ag(111)、hcp - NbN(101)、fcc - NbN(200)、fcc - NbN(220)以及 fcc - Ag(220)。上述结果表明,此时薄膜由三相构成,即 fcc - NbN +

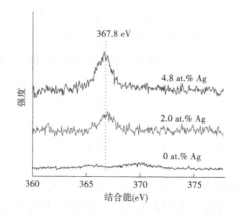

图 7-16　不同 Ag 含量 NbN – Ag 薄膜 Ag 3d XPS 图谱

hcp – NbN + fcc – Ag。

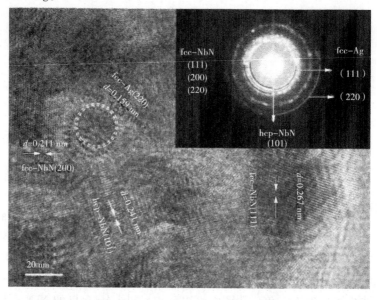

图 7-17　Ag 含量为 4.0 at.% 的 NbN – Ag 薄膜高分辨透射电
镜照片及相应的选区电子衍射花样

　　根据图 7-13 中数据计算不同 Ag 含量 NbN – Ag 薄膜平均晶粒尺寸及晶格常数,其结果如表7-1 所示。从表7-1 中可以看出,二元 NbN 薄膜的平均晶粒尺寸约为 17 nm。当薄膜中 Ag 含量小于9.2 at.% 时,NbN – Ag 薄膜平均晶粒尺寸随 Ag 含量的升高逐渐增大,当 Ag 含量为9.2 at.% 时,薄膜平均晶粒尺寸最大,其最大值约为 30 nm。随薄膜中 Ag 含量的进一步升高,薄膜平均晶粒尺寸急剧降低至 10 nm 左右,且受薄膜中 Ag 含量的影响不大。当薄膜中 Ag 含量小于9.2 at.% 时, Ag 以纳米晶的形式弥散分布在 NbN 晶粒边界处。由于 Ag 具有很高的动能,因此 Nb 与 N 之间没有足够的活化能来形成新的晶粒,最终导致薄膜平均晶粒尺寸的增大。当薄膜中 Ag 含量大于9.2 at.% 时,分布在 NbN 晶界边缘的 Ag 相对较多,从而阻止了 NbN 晶粒的长大,起到了细化晶粒的作用。Ag 对过渡族金属氮化物平均晶粒尺寸的影响也在 TaN – Ag、TiN – Ag 及 ZrV – Ag 等其他薄膜中有所体现。

表 7-1　不同 Ag 含量 NbN – Ag 薄膜平均晶粒尺寸及晶格常数

Ag 含量[Ag/(Nb + Ag)，at. %]	平均晶粒尺寸(nm)	晶格常数(Å)
0	17	fcc – NbN $a = 4.39$
		hcp – NbN $a = 2.97$ $c = 5.55$
4.0	20	fcc – NbN $a = 4.38$
		hcp – NbN $a = 2.98$ $c = 5.54$
5.3	24	fcc – NbN $a = 4.38$
		hcp – NbN $a = 2.98$ $c = 5.54$
7.0	26	fcc – NbN $a = 4.38$
		hcp – NbN $a = 2.98$ $c = 5.54$
9.2	30	fcc – NbN $a = 4.37$
		hcp – NbN $a = 2.96$ $c = 5.54$
13.5	9	fcc – NbN $a = 4.40$
		hcp – NbN $a = 2.98$ $c = 5.56$
16.2	12	fcc – NbN $a = 4.39$
		hcp – NbN $a = 2.99$ $c = 5.56$
19.9	10	fcc – NbN $a = 4.40$
		hcp – NbN $a = 2.99$ $c = 5.57$

由表 7-1 还可以看出，当薄膜中 Ag 含量小于 9.2 at. % 时，NbN – Ag 薄膜的晶格常数略大于二元 NbN 薄膜的晶格常数；当薄膜中 Ag 含量大于 9.2 at. % 时，NbN – Ag 薄膜晶格常数略小于二元 NbN 薄膜的晶格常数。晶粒尺寸的增大会使相邻两晶粒之间的间隙降低。相邻晶粒之间的原子间距会相应地缩短，最终导致薄膜晶格常数略微下降。当薄膜中 Ag 含量大于 9.2 at. % 时，薄膜平均晶粒尺寸的减小可能是此时薄膜晶格常数略微升高的原因。Song 等也有类似的实验报道。

图 7-18 给出了不同 Ag 含量 NbN – Ag 薄膜硬度及弹性模量。从图中可以看出，二元 NbN 薄膜的硬度及弹性模量分别为 29 GPa、326 GPa。随 Ag 含量的升高，三元 NbN – Ag 薄膜硬度及弹性模量逐渐降低，当 Ag 含量为 4.0 at. % 时，薄膜硬度以及弹性模量最高，其最高值分别为 27 GPa、314 GPa；当 Ag 含量为 19.9 at. % 时，薄膜硬度及弹性模量最低，其最低值分别为 9 GPa、113 GPa。软相 Ag 的引入是薄膜硬度逐渐降低的原因。在与本书相同的实验条件下衬底的单质 Ag 薄膜的弹性模量为 70 GPa。所以，低弹性模量 Ag 是薄膜弹性模量逐渐降低的原因。

图 7-19 给出了不同 Ag 含量 NbN – Ag 薄膜室温条件下摩擦曲线。从图中可以看出，每条摩擦曲线均存在跑合阶段和稳定阶段。当薄膜中 Ag 含量为 4.0 at. % 时，薄膜摩擦

曲线中跑合阶段大约持续了 120 s,随后,薄膜摩擦系数随实验时间的延长而剧烈地波动,当摩擦实验时间大于 12 000 s 后,薄膜摩擦系数逐渐趋于稳定,其稳定值大约为 0.55。随薄膜中 Ag 含量升高至 9.2 at.%,薄膜摩擦曲线中跑合阶段大约持续了 120 s,跑合阶段后,薄膜曲线随摩擦实验的波动不大。当薄膜中 Ag 含量进一步升高至 19.9 at.% 时,在 120 s 跑合阶段之后,薄膜的摩擦曲线趋于平稳,其摩擦系数也最低。Ag 的引入能够显著地降低 NbN – Ag 薄膜摩擦曲线波动的剧烈程度,使 NbN – Ag 薄膜摩擦系数趋于稳定。

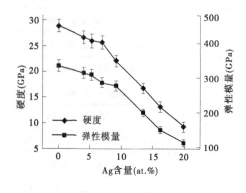

图 7-18　不同 Ag 含量 NbN – Ag 薄膜
硬度及弹性模量

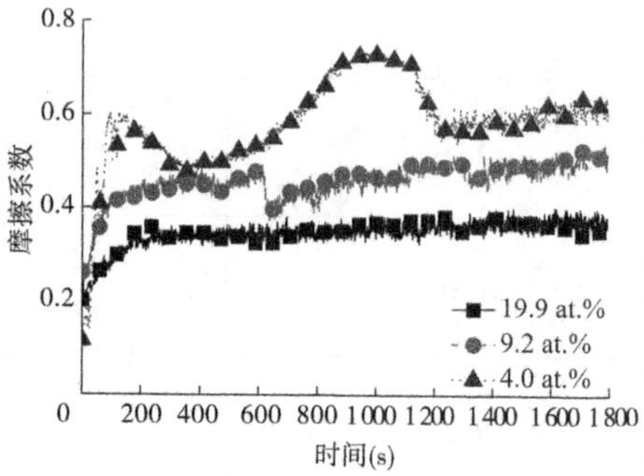

图 7-19　不同 Ag 含量 NbN – Ag 薄膜
室温条件下摩擦曲线

　　图 7-20 给出了不同 Ag 含量 NbN – Ag 薄膜室温条件下的平均摩擦系数。从图中可以看出,二元 NbN 薄膜的平均摩擦系数为 0.68。三元 NbN – Ag 薄膜的平均摩擦系数均低于 NbN 薄膜,且随薄膜中 Ag 含量的升高逐渐降低,当薄膜中 Ag 含量为 19.9 at.% 时,薄膜的平均摩擦系数最低,其最低值为 0.35。上述实验结果说明 Ag 能显著降低 NbN – Ag 薄膜的平均摩擦系数。Ag 的这种作用在诸如 TaN – Ag、CrN – Ag、Mo_2N – Ag 等其他过渡族金属氮化物中也有报道。

　　图 7-21 给出了不同 Ag 含量 NbN – Ag 薄膜室温条件下的磨损率。从图中可以看出,二元 NbN 薄膜的磨损率为 6.7×10^{-7} $mm^3/(N \cdot mm)$。三元 NbN – Ag 薄膜的磨损率均低于 NbN 薄膜,且随薄膜中 Ag 含量的升高先降低后升高,当薄膜中 Ag 含量为 9.2 at.%

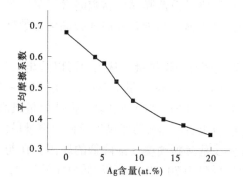

图 7-20　不同 Ag 含量 NbN – Ag 薄膜
室温条件下的平均摩擦系数

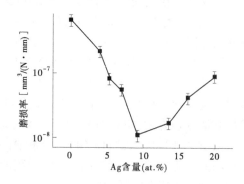

图 7-21　不同 Ag 含量 NbN – Ag 薄膜
室温条件下的磨损率

时,薄膜磨损率最低,其最低值为 1.1×10^{-8} mm³/(N·mm)。

为研究 Ag 含量对 NbN-Ag 薄膜室温摩擦磨损性能的影响,摩擦实验后,对其磨痕进行了 2D、3D 及 SEM 测试。图 7-22 为不同 Ag 含量 NbN-Ag 薄膜磨痕的 2D、3D 及 SEM 图。从图 7-22(a)可以看出,当 Ag 含量为 4.0 at.% 时,薄膜磨痕表面相对平滑,磨痕边界处有一条较深的犁沟出现。此时薄膜磨损形式主要为磨料磨损。由图 7-22(b)可知,当 Ag 含量为 9.2 at.% 时,与图 7-22(a)相比较,薄膜磨痕明显变浅,磨痕表面没有犁沟出

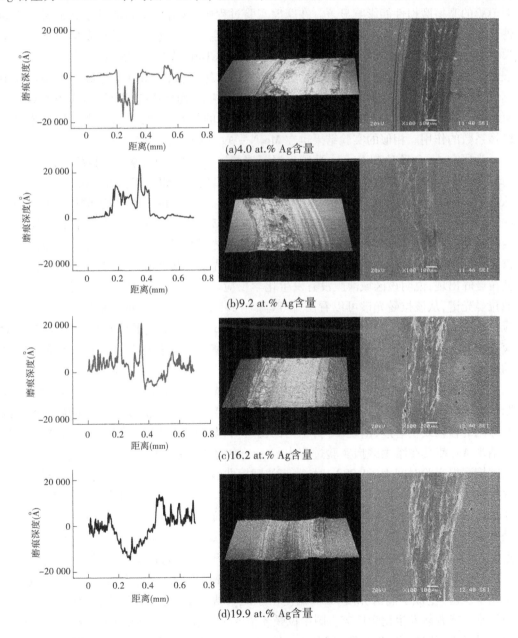

(a)4.0 at.% Ag含量

(b)9.2 at.% Ag含量

(c)16.2 at.% Ag含量

(d)19.9 at.% Ag含量

图 7-22　不同 Ag 含量 NbN-Ag 薄膜磨痕的 2D、3D 以及 SEM 图

现,沿着摩擦副滑动方向薄膜磨痕表面出现了明显的划痕。除此之外,在磨痕边界处黏附有明显的磨屑,所以此时薄膜体现出磨料磨损与黏着磨损两种磨损形式。随着薄膜中 Ag 含量的进一步升高,从图 7-22(c)和(d)中可以看出,薄膜磨痕逐渐地变深,磨痕表面黏附着大量的磨屑。这说明此时薄膜的磨损形式为黏着磨损。从图 7-22 还可知,不同 Ag 含量的 NbN - Ag 薄膜磨痕深度均小于膜厚,薄膜均未出现磨穿失效情形。

　　研究表明,对于过渡族金属氮化物薄膜,摩擦磨损实验过程中磨痕表面生成的氧化相对薄膜的摩擦磨损性能影响显著。在摩擦实验过程中,含有贵金属的过渡族金属氮化物薄膜在与摩擦副相互作用的过程中,磨痕表面易和空气中的水汽或者氧发生复杂的化学反应,生成双金属氧化物。该氧化物可用化学式 MeTMO 表述,其中 Me 表示贵金属,TM 表示过渡族金属氮化物。这种氧化物具有极低的摩擦系数,能够在摩擦磨损实验过程中起到良好的润滑作用。例如,在 VN - Ag 薄膜中,磨痕表面生成的具有润滑作用的双金属氧化物 AgV_xO_y 能够很好地减缓薄膜与摩擦副之间的相互作用,从而起到降低薄膜平均摩擦系数的作用。相似的实验结果也在 Mo_2N - Ag 薄膜体系中有过报道。

　　为研究 Ag 含量对 NbN - Ag 薄膜室温摩擦磨损性能的影响,摩擦实验结束后,对不同 Ag 含量 NbN - Ag 薄膜磨痕不同区域进行了拉曼光谱表征,相关实验结果如图 7-23 所示。从图 7-23(a)中可以看出,当 Ag 含量为 4.0 at.%时,三元 NbN - Ag 薄膜的拉曼光谱如图中拉曼光谱 1,从拉曼光谱 1 中可以看出,薄膜在 275 cm^{-1} 及 580 cm^{-1} 附近出现了两个拉曼峰,对应物相为 NbN。薄膜磨痕光洁区域的拉曼光谱如图中的拉曼光谱 2,从该拉曼光谱中可以看出,此时拉曼光谱中出现了两个与拉曼光谱 1 相似的拉曼峰。除此以外,无其他拉曼峰出现,说明该区域薄膜没有发生化学反应。图中拉曼光谱 3 为薄膜磨痕犁沟区域拉曼光谱,从该拉曼光谱可以看出,薄膜除在 275 cm^{-1} 及 580 cm^{-1} 附近出现了两个对应物相为 NbN 的拉曼峰外,还在 601 cm^{-1} 及 684 cm^{-1} 附近出现了另外两个拉曼峰,其对应物相为 $AgNbO_3$。这说明薄膜磨痕的犁沟出现能够释放更多的弥散分布在 NbN 晶界处的纳米 Ag,使其在摩擦磨损实验过程中与空气中的氧或者水汽反应,生成 $AgNbO_3$。从图 7-19 可以看出,在摩擦磨损实验的前 1 200 s 内,Ag 含量为 4.0 at.%的 NbN - Ag 薄膜摩擦曲线波动很大,磨痕与摩擦副之间的相互作用趋于剧烈,此时磨痕表面的硬质磨屑随摩擦副的移动划伤磨痕,出现犁沟,犁沟的出现可以释放更多的弥散分布在 NbN 晶界处的纳米 Ag,使其在摩擦磨损实验过程中与空气中的氧或者水汽反应,生成 $AgNbO_3$,所以当摩擦磨损实验时间大于 1 200 s 时,薄膜的摩擦曲线趋于平缓。图 7-23(b)给出的是 Ag 含量为 9.2 at.%的 NbN - Ag 薄膜磨痕不同区域的拉曼光谱。由图中拉曼光谱 1 可知,薄膜拉曼峰与 Ag 含量为 4.0 at.%的 NbN - Ag 薄膜拉曼峰一致。图中拉曼光谱 2 给出的是薄膜磨痕光洁区域的拉曼光谱,从该拉曼光谱可知,薄膜除在 275 cm^{-1} 及 580 cm^{-1} 附近出现了两个对应物相为 NbN 的拉曼峰外,还在 850 cm^{-1} 附近出现了另外一个拉曼峰,其对应物相为 $AgNbO_3$。这说明 Ag 含量为 9.2 at.%的 NbN - Ag 薄膜磨痕光洁区域发生了化学反应,生成了润滑介质 $AgNbO_3$。由于此时薄膜中 Ag 含量较高,薄膜易于与空气中的水汽或者氧发生化学反应。图中拉曼光谱 3 为薄膜磨痕黏附磨屑区域拉曼光谱,从该拉曼光谱可以看出,薄膜除在 275 cm^{-1} 及 580 cm^{-1} 附近出现了两个对应物相为 NbN 的拉曼峰外,还在 144 cm^{-1}、232 cm^{-1}、601 cm^{-1}、684 cm^{-1} 及 850 cm^{-1} 附近出现了对应物相为 AgNbO$_3$ 的五个拉曼峰。AgNbO3 拉曼峰数量的增加表示该区域中 AgNbO$_3$ 的量比磨痕光洁区域的要多。图 7-23(c)给出的是 Ag 含量为 19.9 at.% 的 NbN - Ag 薄膜磨痕不同区域的拉曼光谱。由图中拉曼光谱 1 可知,薄膜拉曼峰与 Ag 含量为 9.2 at.% 的 NbN - Ag 薄膜拉曼峰一致。图中拉曼光谱 2 是磨痕中心区域的拉曼光谱,从该拉曼光谱可以看出,薄膜除在 275 cm^{-1} 及 580 cm^{-1} 附近出现了两个对应物相为 NbN 的拉曼峰外,还在 144 cm^{-1}、232 cm^{-1}、601 cm^{-1} 及 850 cm^{-1} 附近出现了对应物相为 AgNbO$_3$ 的四个拉曼峰。图中拉曼光谱 3 是磨痕边缘磨屑区域的拉曼光谱,从该拉曼光谱可以看出,对应物相为 NbN 的拉曼峰消失,图谱中拉曼峰全部由对应物相为 AgNbO$_3$ 的四个拉曼峰构成,说明磨痕边缘磨屑主要由 AgNbO$_3$ 构成。

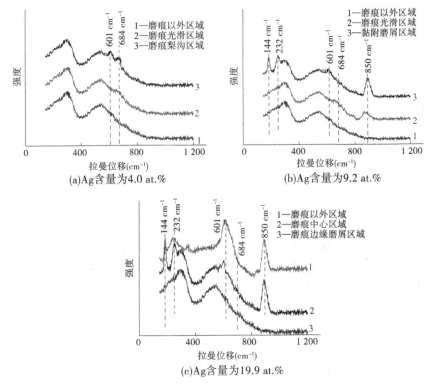

图 7-23　不同 Ag 含量 NbN - Ag 薄膜磨痕不同区域的拉曼光谱

结合上述分析可知,当薄膜中 Ag 含量在 4.0 at.% ~9.2 at.% 时,磨痕表面的润滑介质 AgNbO$_3$ 随薄膜中 Ag 含量的升高逐渐增多,导致薄膜平均摩擦系数及磨损率的降低;随着薄膜中 Ag 含量的进一步升高,磨痕表面的润滑介质 AgNbO$_3$ 进一步升高,导致薄膜平均摩擦系数进一步降低。然而,薄膜磨痕处聚集了大量的 AgNbO$_3$,易于随摩擦副的滑动而被磨损,所以此时薄膜磨损率随 Ag 含量的升高逐渐增大。

图 7-24 给出了不同 Ag 含量 NbN - Ag 薄膜不同温度环境下的平均摩擦系数。从图中可以看出,二元 NbN 薄膜室温条件下的平均摩擦系数为 0.68,随着环境温度的升高,薄膜平均摩擦系数先升高后降低,当环境温度为 300 ℃ 时,薄膜的平均摩擦系数最高,其最高值为 0.77;当环境温度为 600 ℃ 时,薄膜的平均摩擦系数最低,其最低值为 0.46。对于

三元 NbN - Ag 薄膜,当薄膜中 Ag 含量为 4.0 at. %时,薄膜平均摩擦系数随环境温度的变化趋势与二元 NbN 薄膜的相似,且各个环境温度条件下的平均摩擦系数均略低于二元 NbN 薄膜。随薄膜中 Ag 含量的逐渐升高,NbN - Ag 薄膜平均摩擦系数受环境温度的影响越来越小,当薄膜中 Ag 含量大于 13.5 at. %时,NbN - Ag 薄膜平均摩擦系数受环境温度的影响不明显。从图中还可以看出,在相同的环境温度下,不同 Ag 含量的 NbN - Ag 薄膜的平均摩擦系数随薄膜中 Ag 含量的升高而逐渐降低。当薄膜中 Ag 含量为 19.9 at. %时,薄膜在各个环境温度条件下的平均摩擦系数最低,其最低值分别为 0.35(对应环境温度为 25 ℃)、0.32(对应环境温度为 200 ℃)、0.30(对应环境温度为 300 ℃)、0.30(对应环境温度为 400 ℃)、0.29(对应环境温度为 600 ℃)。

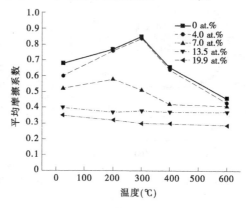

图 7-24　不同 Ag 含量 NbN - Ag 薄膜不同温度环境下的平均摩擦系数

图 7-25 给出了不同 Ag 含量 NbN - Ag 薄膜不同温度环境下的磨损率。从图中可以看出,二元 NbN 薄膜室温下的磨损率为 6.7×10^{-7} mm³/(N·mm)。随着环境温度的升高,薄膜磨损率逐渐增大,当环境温度为 600 ℃时,薄膜磨损率最大,其最大值为 1.3×10^{-5} mm³/(N·mm)。对于三元 NbN - Ag 薄膜,所有薄膜在不同温度环境下的磨损率均小于二元 NbN 薄膜。不同 Ag 含量 NbN - Ag 薄膜磨损率随环境温度的升高逐渐增大,其变化趋势与二元 NbN 薄膜相似。在相同的环境温度下,NbN - Ag 薄膜磨损率随薄膜中 Ag 含量的升高先降低后升高,当 Ag 含量为 13.5 at. %时,薄膜磨损率最低,其最低值分别为 1.7×10^{-8} mm³/(N·mm)(对应环境温度为 25 ℃)、5.6×10^{-8} mm³/(N·mm)(对应环境温度为 200 ℃)、1.2×10^{-7} mm³/(N·mm)(对应环境温度为 300 ℃)、4.3×10^{-7} mm³/(N·mm)(对应环境温度为 400 ℃)、8.0×10^{-7} mm³/(N·mm)(对应环境温度为 600 ℃)。当薄膜中 Ag 含量为 4.0 at. %时,薄膜磨损率最高,其最高值分别为 2.2×10^{-7} mm³/(N·mm)(对应环境温度为 25 ℃)、6.5×10^{-7} mm³/(N·mm)(对应环境温度为 200 ℃)、1.2×10^{-6} mm³/(N·mm)(对应环境温度为 300 ℃)、3.3×10^{-6} mm³/(N·mm)(对应环境温度为 400 ℃)、8.9×10^{-6} mm³/(N·mm)(对应环境温度为 600 ℃)。

为研究环境温度对薄膜摩擦磨损性能的影响,摩擦实验后,对薄膜磨痕进行了 XRD 表征。图 7-26 给出了 Ag 含量为 4.0 at. %的 NbN - Ag 薄膜不同环境温度下磨痕 XRD 图谱。从图中可以看出,当环境温度为 300 ℃时,薄膜 XRD 图谱在 36°、39°、41°及 59°附近出现了四个衍射峰,分别对应为 fcc - NbN(111)、hcp - NbN(101)、fcc - NbN(200)及

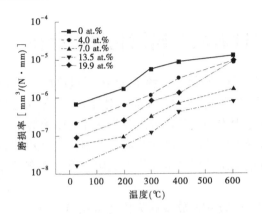

图 7-25　不同 Ag 含量 NbN－Ag 薄膜
不同温度环境下的磨损率

fcc－NbN(220)。除此之外,薄膜 XRD 图谱中还出现了对应物相为 Nb_2O_5 的衍射峰,说明此时薄膜磨痕处发生了化学反应。在摩擦实验过程中,由于磨痕与摩擦副之间的相互作用,因此磨痕表面的温度升高,达到了薄膜的氧化温度,导致薄膜磨痕出现了 Nb_2O_5 相。当环境温度升高至 400 ℃时,薄膜 XRD 图谱中出现了对应物相为 NbN、Ag_2O、Nb_2O_5 的衍射峰。随着环境温度的进一步升高,当环境温度在 600 ℃时,薄膜 XRD 图谱中出现了对应物相为 NbN、$NbAgO_3$、Ag_2O、Nb_2O_5 的衍射峰。

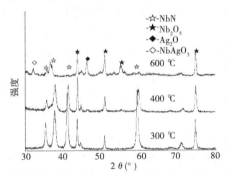

图 7-26　Ag 含量为 4.0 at.% 的 NbN－Ag
薄膜不同环境温度下磨痕 XRD 图谱

　　结合上述分析,当薄膜中 Ag 含量小于 13.5 at.%,环境温度在 25～200 ℃时,薄膜表面吸附的诸如水汽等润滑介质的蒸发是薄膜平均摩擦系数升高的主要原因。随着环境温度的进一步升高,薄膜磨痕中逐渐出现了润滑氧化物 $NbAgO_3$、Ag_2O,能够有效地润滑磨痕表面,使得磨痕与摩擦副之间的相互作用趋于缓和,从而达到降低薄膜平均摩擦系数的作用;当薄膜中 Ag 含量大于 13.5 at.%时,薄膜中存在充足的固体润滑介质 Ag,所以此时薄膜平均摩擦系数进一步降低,且其值受环境温度的影响不大。由于薄膜中的氧化物随着环境温度的升高而逐渐地增大,薄膜氧化越来越严重,所以对于 Ag 含量相同的薄膜,磨损率随着环境温度的升高而逐渐增大。

7.3　Ag 在过渡族金属氮化物中存在形式的研究

基于本章 7.1 节及 7.2 节的研究,作者发现 Ag 对过渡族金属氮化物薄膜摩擦磨损性能的提升十分明显,特别是当薄膜中 Ag 含量相对较高时,含 Ag 过渡族金属氮化物薄膜在十分宽泛的服役温度范围内均能够体现出较为优异的摩擦磨损性能,最难能可贵的是,此时薄膜平均摩擦系数受不同环境温度的影响不明显。含 Ag 的过渡族金属氮化物所体现的上述优异性能为宽温域服役环境条件下干式切削用刀具涂层材料的研发提供了成功案例。

目前,国内外学者对含 Ag 过渡族金属氮化物微观结构及性能的研究才刚刚开始,该类薄膜体系的相关机理解释并不十分统一。例如,由于 Ag 为贵金属,为降低制备成本,含 Ag 过渡族金属氮化物薄膜的制备过程中,Ag 含量被严格控制,该类薄膜中 Ag 含量往往相对较低。具有较低的 Ag 含量的含 Ag 过渡族金属氮化物薄膜微观结构的研究相对困难。Ag 在过渡族金属氮化物薄膜中的存在形式在国际上尚不统一。这是因为检测 Ag 的存在形式存在如下困难:一是该体系薄膜中 Ag 含量较低,超出 XRD 测试精度,对薄膜进行 XRD 检测效果不明显;二是由于 XRD 图谱中难以检测到 Ag 峰,有学者认为 Ag 固溶在过渡族金属氮化物中,这与对该体系薄膜退火处理后出现 Ag 相的相关实验结果产生矛盾;三是该体系薄膜中 Ag 含量较低,对其进行 TEM 分析时,难以找到有 Ag 相存在的视场;四是虽然有学者对该体系薄膜进行退火处理,发现退火后薄膜出现明显的 Ag 相,但是薄膜初始状态下 Ag 是以团簇、非晶还是纳米晶形式存在并不能有很好的解释。基于上述难点,目前国内外学者对 Ag 在过渡族金属氮化物中的存在形式尚没有统一的结论。

基于本章 7.1 节及 7.2 节的研究结果,利用第一原理计算以及标准反应焓等理论,以 TiN-Ag 为例,从能量的角度出发,利用一定的计算手段分析 Ag 在过渡族金属氮化物中的存在形式和形成机理。

为验证 Ag 可能在 TiN 晶格缺陷处形成固溶体这一假设的合理性,进行了相关的模拟计算。但是模拟计算线缺陷和面缺陷的缺陷形成能是一个复杂而庞大的任务,作者模拟计算了薄膜中可能存在的两种点缺陷:①Ag 存在于 TiN 晶格中的 Ti 空位处,形成(Ti,Ag)N 置换固溶体;②Ag 存在于 TiN 晶格中间隙位置处,形成(Ti,Ag)N 间隙固溶体。由于模拟计算为定性计算,给出其 Ag 在 TiN 晶格缺陷中形成固溶体的可能性,所以在上述两种缺陷的模拟计算中,假设晶胞总体呈电中性,且不考虑温度的影响,则两种点缺陷的形成能ΔE_i采用式(7-1)计算得出:

$$\Delta E_i = E_i(defect) - E(cell) - \sum_{s=1}^{N_{species}} n_s^i \mu_s \qquad (7\text{-}1)$$

式中　$E_i(defect)$——具有点缺陷的晶胞总能量;

　　　$E(cell)$——完美晶胞的总能量;

　　　n_s^i——添加($n_s^i > 0$)或者移除($n_s^i < 0$)的原子数量;

　　　μ_s——s 类原子的孤立原子化学势,即该孤立原子的总能量;

　　　$N_{species}$——所有的缺陷原子种类的总和。

本部分中所有的晶胞模型均采用 MS 软件建立,所涉及的所有物理量的计算均采用基于密度泛函理论的第一性原理方法的 CASTEP 模块的迭代法计算得到,待迭代计算结果稳定,即迭代误差低于 10^{-6} eV/atom 时停止计算。

建立 TiN 及 Ag 单一完美晶胞,并以此为计算对象,TiN 及 Ag 完美晶胞如图 7-27 所示。经计算得 TiN 完美晶胞总能量 $E_{TiN} = -7\,509.61$ eV;Ag 完美晶胞总能量 $E_{Ag} = -8\,114.73$ eV。

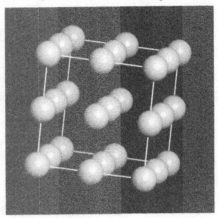

图 7-27 TiN 及 Ag 完美晶胞

(白色球体代表 Ti、灰色球体代表 Ag、黑色球体代表 N)

建立了带有 TiN 晶胞中一个 Ti 原子被 Ag 原子置换的点缺陷晶胞,即置换固溶体 $(Ti,Ag)N$,如图 7-28 所示,并利用式(7-1)计算其点缺陷形成能 ΔE_c:

$$\Delta E_c = E_c - E_a - (-1)\mu_{Ti} - (+1)\mu_{Ag} \tag{7-2}$$

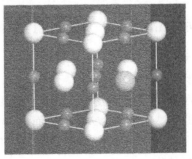

图 7-28 TiN 晶胞中一个 Ti 原子被 Ag 原子置换的点缺陷晶胞

(白色球体代表 Ti、灰色球体代表 Ag、黑色球体代表 N)

其中,E_c 为 TiN 晶胞中一个 Ti 原子被 Ag 原子置换而形成的点缺陷晶胞的总能量,经计算可得 $E_c = -6\,926.72$ eV;E_a 为不含缺陷完美超胞的总能量($E_{TiN} = -7\,509.61$ eV);μ_{Ti} 为一个孤立 Ti 原子的化学势($\mu_{Ti} = -1\,596.30$ eV);μ_{Ag} 是一个孤立 Ag 原子的化学势($\mu_{Ag} = -1\,024.72$ eV)。

将上述数值代入式(7-2)计算可得 $\Delta E_c = 11.31$ eV>0 eV。

在完美晶胞的基础上加入一个间隙 Ag 原子,形成间隙固溶体,其结构如图 7-29 所示。计算其缺陷形成能 ΔE_f:

$$\Delta E_f = E_f - E_a - (+1)\mu_{Ag} \tag{7-3}$$

其中，E_f 为带有一个间隙 Ag 原子点缺陷晶胞的总能量，经计算可知 $E_f = -8\ 500.27\ eV$；E_a 为不含缺陷完美超胞的总能量（$E_a = -7\ 509.61\ eV$）；μ_{Ag} 为一个孤立 Ag 原子的化学势（$\mu_{Ag} = -1\ 024.72\ eV$）。

将上述数值代入式（7-3）计算可得 $\Delta E_f = 34.06\ eV > 0\ eV$。

综上分析可知，Ag 难以固溶于 TiN 晶格中形成置换固溶体或者间隙固溶体。

假定 Ag 粒子与舱室环境中的 N 反应生成氮化银相，按 Ag 常见化学价，其可能出现的化学反应方程式如下：

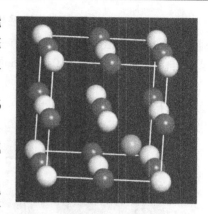

图 7-29　Ti-Ag-N 间隙固溶体晶胞
（白色球体代表 Ti、灰色球体
代表 Ag、黑色球体代表 N）

$$2Ag + 3N_2 = 2AgN_3 \tag{7-4}$$

$$6Ag + N_2 = 2Ag_3N \tag{7-5}$$

依据上述公式可计算其标准摩尔生成焓，相关计算公式如下：

$$\Delta_f H^{\ominus}(AgN_3) = \Delta_f H^{\ominus}(Ag) + \frac{3}{2}\Delta_f H^{\ominus}(N_2) \tag{7-6}$$

$$\Delta_f H^{\ominus}(Ag_3N) = 3\Delta_f H^{\ominus}(Ag) + \frac{1}{2}\Delta_f H^{\ominus}(N_2) \tag{7-7}$$

经计算可知 $\Delta_f H^{\ominus}(AgN_3) = 309\ kJ/mol$，$\Delta_f H^{\ominus}(Ag_3N) = 199\ kJ/mol$。

为方便比对，根据 TiN 化学反应方程式计算 TiN 的标准摩尔生成焓，具体如下：

$$2Ti + N_2 = 2TiN \tag{7-8}$$

$$\Delta_f H^{\ominus}(TiN) = \Delta_f H^{\ominus}(Ti) + \frac{1}{2}\Delta_f H^{\ominus}(N_2) \tag{7-9}$$

计算可得，$\Delta_f H^{\ominus}(TiN) = -338\ kJ/mol$。

综上，AgN_3 及 Ag_3N 的自发形成相对困难。

基于上述计算结果，TiN-Ag 薄膜的形成有如下几个步骤：

（1）靶材中的 Ti 及 Ag 粒子被轰击后脱离靶材表面，进入存在氮气的舱室中。

（2）Ti 与 N 的亲和性远远高于 Ag 与 N 之间的亲和性，TiN 具有较低的摩尔生成焓，TiN 会在衬底的缺陷处率先形核。

（3）TiN 以柱状晶的形式长大，由于 Ag 难以固溶于 TiN 晶格中，亦难以与 N 发生反应，Ag 在 TiN 柱状晶缺陷处形核。

（4）TiN 及 Ag 晶胞持续长大，宏观上呈现出 Ag 以纳米晶镶嵌在 TiN 柱状晶边界处的微观结构。

图 7-30 给出了在本部分实验条件下 TiN-Ag 生长原理。从图中可以看出，薄膜中 Ag 以纳米晶方式存在，纳米 Ag 择优不明显，其晶格条纹与周围 TiN 晶格条纹的区分十分明显，说明薄膜中 Ag 并没有产生 Ti—Ag 键。这与上述计算结果相一致。

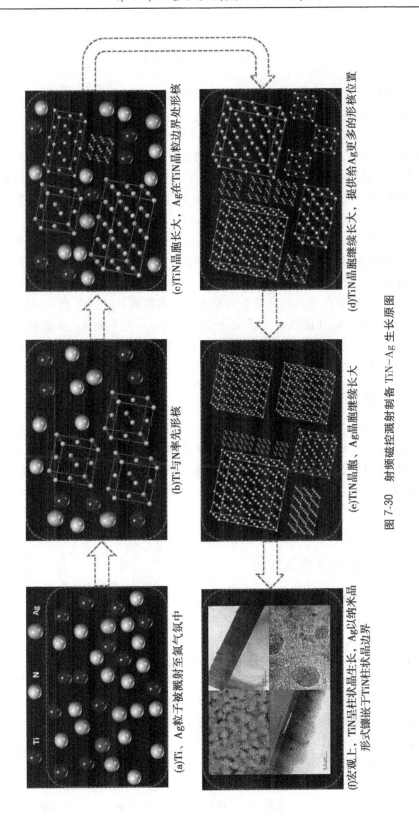

(a)Ti、N、Ag粒子被溅射至氮气氛中

(b)Ti与N率先形核

(c)TiN晶胞长大，Ag在TiN晶粒边界处形核

(d)TiN晶胞继续长大，提供给Ag更多的形核位置

(e)TiN晶胞，Ag晶胞继续长大

(f)宏观上，TiN呈柱状晶生长，Ag以纳米晶形式镶嵌于TiN柱状晶边界

图 7-30　射频磁控溅射制备 TiN-Ag 生长原图

7.4　ZrN-Ag 薄膜

过渡族氮化物薄膜具有较高的硬度和良好的摩擦磨损性能,在摩擦磨损件中得到了广泛应用。随着制造技术的发展,特别是干式、高速、高温等苛刻条件的出现对摩擦磨损件表面涂层提出了更高要求,传统的刀具涂层已不能满足其要求。为此,制备宽温域具有低摩擦系数和低磨损率的智能自适应纳米复合薄膜就具有一定的科学意义和应用价值。

ZrN 薄膜由于具有良好的力学性能、热稳定性、化学稳定性和抗氧化性能,因而越来越受到学者的重视;但是其摩擦系数较高,在应用上受到很大的限制。研究表明,在薄膜中添加其他元素形成复合膜是改善其力学性能和摩擦磨损性能的有效途径。例如,在 TMN 薄膜中加入铝、钇、氧和硅可以改善薄膜的力学性能和摩擦磨损性能。近年来,贵金属如 Ag、Au 等在较宽的温度范围内具有良好的润滑效果,在薄膜中作为一种软润滑相有着广阔的应用前景。因此,它们的研究引起了人们的广泛关注。然而,与 TiN-Ag、CrN-Ag 相比,对 ZrN-Ag 薄膜在室温和高温下的摩擦磨损机理的系统研究也很少见报道。因此,本部分以 ZrN 为基体,在此基础上添加 Ag,制备了一系列不同 Ag 含量的 ZrN-Ag 复合薄膜,研究了 Ag 含量对 ZrN-Ag 复合薄膜的微观结构、力学性能和不同温度下的摩擦磨损性能的影响,并讨论了室温及中温下的摩擦磨损机理。

7.4.1　ZrN-Ag 薄膜制备及表征

本部分 ZrN-Ag 薄膜制备过程中衬底选取、处理及制备方式与 2.1.1 相同。在沉积过程中,固定溅射气压为 0.3 Pa、Ti 靶功率为 250 W,氩氮比为 10∶2。通过改变 Ag 靶功率来获得一系列不同 Cu 含量的 ZrN-Ag 薄膜。沉积 ZrN-Ag 膜之前,在衬底上预镀厚度约 200 nm 的 Zr 为过渡层。

本部分 XRD、SEM、EDS、TEM、纳米压痕及摩擦磨损实验设备与 2.1.1 相同。

7.4.2　ZrN-Ag 薄膜微结构及性能

图 7-31 给出了不同 Ag 含量(Ag/(Zr+Ag),at.%,下同)ZrN-Ag 薄膜的 XRD 图谱。由图可知,二元 ZrN 薄膜出现了(111)和(222)两个衍射峰,呈面心立方(fcc)结构,具有(111)择优取向。除此以外,XRD 图谱还在 35°附近出现了对应单质 Zr 的衍射峰,薄膜厚度约为 1 μm,沉积薄膜前预沉积的 Zr 过渡层可能是 XRD 图谱中出现单质 Zr 衍射峰的原因。Ag 含量为 0.3 at.% 的三元 ZrN-Ag 薄膜的晶体结构与二元 ZrN 薄膜相

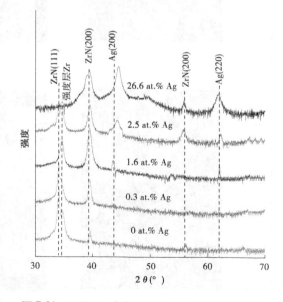

图 7-31　不同 Ag 含量的 ZrN-Ag 薄膜 XRD 图谱

似,为 fcc 结构。所有三元 ZrN-Ag 薄膜 XRD 图谱中均未出现对应 Ag 的衍射峰。从图中还可知,随着薄膜中 Ag 含量的升高,薄膜衍射峰逐渐宽化。

　　根据 Scherrer 公式,利用图谱 1 中(111)面衍射峰的数据,可以估算不同 Ag 含量的 ZrN-Ag 薄膜平均晶粒尺寸,其结果如图 7-32 所示。由图可知,二元 ZrN 薄膜的平均晶粒尺寸约为 44 nm。随着薄膜中 Ag 含量的升高,三元 ZrN-Ag 薄膜平均晶粒尺寸逐渐减小,当 Ag 含量为 26.6 at.%时,薄膜平均晶粒尺寸最小,其最小值约为 15 nm。

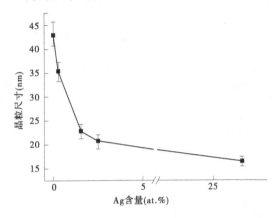

图 7-32　不同 Ag 含量 ZrN-Ag 薄膜的平均晶粒尺寸

　　图 7-33 给出了 Ag 含量为 2.5 at.%时,ZrN-Ag 薄膜 Zr 3d、Ag 3d 及 N 1s 图谱。从图中可知,Zr 3d 图谱在 181.0 eV 及 183.1 eV 处出现了两个峰,依次对应为 Zr—N 和 Zr—O。在溅射过程中,Zr 靶与腔室中残余的氧反应形成了锆的氧化物,导致 Zr—O 键的出现。Ag 3d 谱在 367.9 eV 处出现了一个峰,对应为 Ag—Ag;N 1s 在 397.9 eV 处出现了一个峰,对应为 Zr—N。图谱中并没有出现对应 Zr—Zr、Ag—N 及 Zr—Ag 的峰。这表明,XRD 图谱中的 Zr 峰来自过渡层,薄膜中的 Ag 元素以金属 Ag 的形式存在。

　　为进一步分析 ZrN-Ag 薄膜的微观结构,确定 Ag 在薄膜中的存在形式,选取 Ag 含量为 0.3 at.%时的 ZrN-Ag 薄膜,对其进行透射电镜表征,其结果如图 7-34 所示。图 7-34(a)是 ZrN-Ag 薄膜横截面的透射电镜照片,从图中可以看出,衬底 Si、过渡层 Zr 及 ZrN-Ag 薄膜分界明显,其中过渡层 Zr 及 ZrN-Ag 薄膜结构致密,呈柱状晶形式生长。ZrN-Ag 薄膜柱状晶尺寸约为 40 nm,这与图 7-32 中的数值相似。图 7-34(b)是该薄膜选区电子衍射花样照片。照片由两套衍射花样构成,经标定,由内至外依次为 fcc-ZrN(111)、fcc-Ag(111)、fcc-ZrN(220)以及 fcc-ZrN(311),表明薄膜由 fcc-ZrN 和 fcc-Ag 两相构成。图 7-34(c)是薄膜柱状晶中心区域的高分辨透射电镜照片,右上角是该照片局部区域放大图。可以看出,该视场内出现了一个 ZrN(222)衍射面,晶面间距为 0.132 nm。图 7-34(d)给出的是薄膜柱状晶边界区域的高分辨透射电镜照片,右下角是照片纳米晶区域局部放大图,右上角是该照片其他区域局部放大图。从图中可以看出,照片中出现了 ZrN(111)及 Ag(111)两个衍射面,晶面间距分别为 0.263 nm 和 0.245 nm。图中的纳米晶为 Ag,其直径约为 10 nm。然而,该薄膜 XRD 图谱中并没有出现 Ag 的衍射峰。薄膜中的 Ag 以纳米晶的形式弥散分布在柱状晶边界,可能超出了 XRD 的精度范围,所以在扫描范围内,XRD 图谱中没有出现明显的 Ag 衍射峰。为了研究 Ag 对晶粒尺寸的影响,用 TEM

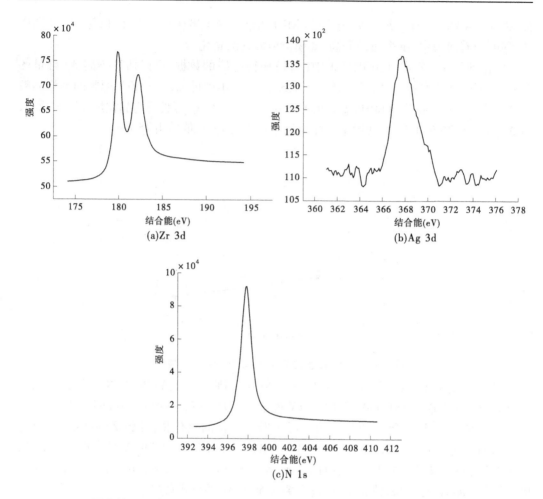

图 7-33　Ag 含量为 2.5 at.% 时,ZrN-Ag 薄膜 Zr 3d、Ag 3d 以及 N 1s 图谱

对 Ag 含量为 2.5 at.% 的二元 ZrN 和 ZrN-Ag 薄膜进行了表征,并在图 7-34(e)和图 7-34(f)中分别给出了其截面形貌图。从图中可以看出,随着薄膜中 Ag 含量的增加,薄膜的晶粒尺寸逐渐减小,这一结果与德拜-舍雷尔公式计算的晶粒尺寸趋势一致。

图 7-34(e)给出了二元 ZrN 的截面图。结合上述分析,得到了由 fcc-ZrN 和 fcc-Ag组成的 ZrN-Ag 薄膜,其中 ZrN 以柱状晶的形式生长,Ag 以纳米粒子的形式嵌入 ZrN 柱状晶的边界,当 Ag 相分散在 ZrN 晶体中时,晶粒生长受到抑制,晶粒细化得到促进,类似的结果在参考文献中也有报道。

图 7-35 给出了不同 Ag 含量的 ZrN-Ag 薄膜的硬度和残余压应力。由图可知,二元ZrN 薄膜的硬度约为 26 GPa。随 Ag 含量的增加,三元 ZrN-Ag 薄膜的硬度先增大后减小,当 Ag 含量为 0.3 at.% 时,薄膜硬度达最大,其最大值约为 29 GPa。细晶强化是薄膜硬度升高的原因,当薄膜中 Ag 含量高于 0.3 at.% 时,大量软质银相的出现是此时薄膜硬度降低的原因。

图 7-36 给出了不同 Ag 含量的 ZrN-Ag 薄膜室温下平均摩擦系数和磨损率。从图中可以看出,二元 ZrN 薄膜的平均摩擦系数和磨损率分别为 0.72 和 17.2×10^{-8} mm³/(N·mm)。

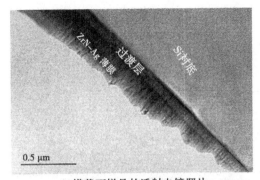

(a)横截面样品的透射电镜照片

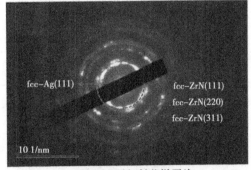

(b)选区电子衍射花样照片

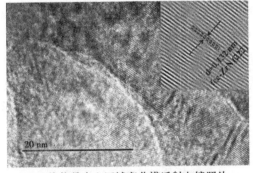

(c)柱状晶中心区域高分辨透射电镜照片

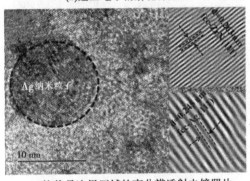

(d)柱状晶边界区域的高分辨透射电镜照片

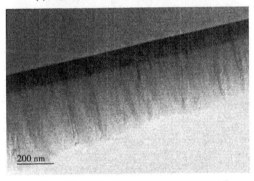

(e)ZrN薄膜横截面的高分辨透射电镜照片

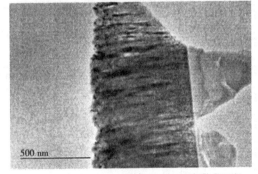

(f)Ag含量为2.5 at.%的ZrN-Ag薄膜横截面的高分辨透射电镜照片

图 7-34　Ag 含量为 0.3 at.%时 ZrN-Ag 薄膜透射电镜照片

随着 Ag 含量的增加,ZrN-Ag 薄膜的平均摩擦系数先大幅降低,后基本保持稳定。当 Ag 含量为 26.6 at.%时,薄膜平均摩擦系数最小,其最小值为 0.62。ZrN-Ag 薄膜磨损率随着 Ag 含量的升高先略有降低,后逐渐增大。当薄膜中 Ag 含量为 0.3 at.%时,薄膜磨损率最小,其最小值为 1.1×10^{-8} mm³/(N·mm);当薄膜中 Ag 含量为 26.6 at.%时,薄膜磨损率最大,其最大值为 1.3×10^{-7} mm³/(N·mm)。

　　Ag 是良好的固体润滑材料,能够有效地改良薄膜的摩擦磨损性能。Ag 的引入能够润滑薄膜磨痕与摩擦副,使得两者之间的作用趋于缓和,有效地降低了薄膜的平均摩擦系数。当薄膜中 Ag 含量小于 0.3 at.%时,薄膜硬度升高,使得薄膜与摩擦副之间的接触面

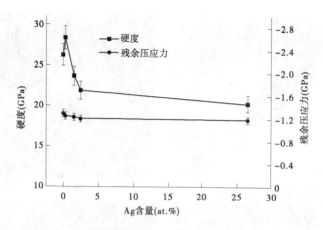

图 7-35　不同 Ag 含量的 ZrN-Ag 薄膜的硬度和残余压应力

积减小。加之 Ag 的润滑作用减少了磨痕表面的裂纹及犁沟数量,最终导致此时薄膜磨损率略有降低。随着薄膜中 Ag 含量的进一步升高,在摩擦实验过程中,薄膜中含有的大量软质相 Ag 随着摩擦副的滑动脱离磨痕表层,形成磨屑,导致薄膜磨损率随着 Ag 含量的升高逐渐增大。

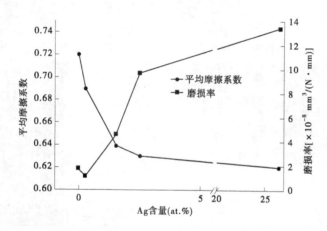

图 7-36　不同 Ag 含量的 ZrN-Ag 薄膜室温下平均摩擦系数及磨损率

图 7-37 是不同 Ag 含量的 ZrN-Ag 薄膜在不同环境温度下的平均摩擦系数。由图 7-37 可知,二元 ZrN 薄膜平均摩擦系数随环境温度的升高先升高后下降。薄膜最高平均摩擦系数为 0.85,对应环境温度为 300 ℃;薄膜最低平均摩擦系数为 0.46,对应环境温度为 600 ℃。不同环境温度下的 ZrN 薄膜均体现出较高的平均摩擦系数。在相同的温度环境下,三元 ZrN-Ag 薄膜平均摩擦系数均低于 ZrN 薄膜,且随薄膜中 Ag 含量的升高逐渐降低。当薄膜中 Ag 含量为 26.6 at.%时,不同环境温度下的 ZrN-Ag 薄膜均体现出最低的平均摩擦系数,其最低值分别为 0.62(对应环境温度为 25 ℃)、0.38(对应环境温度为 200 ℃)、0.35(对应环境温度为 300 ℃)、0.30(对应环境温度为 400 ℃)、0.29(对应环境温度为 600 ℃)。从图中还可以看出,随着薄膜中 Ag 含量的升高,ZrN-Ag 薄膜的平均摩擦系数受环境温度的影响越来越小。Ag 元素的引入能够显著降低 ZrN-Ag 薄膜不同环境温

度条件下的平均摩擦系数,且 Ag 能够使 ZrN-Ag 薄膜在宽温域范围内的平均摩擦系数趋于相对稳定。

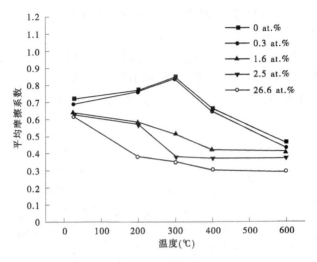

图 7-37　不同环境温度下 ZrN-Ag 薄膜的平均摩擦系数

图 7-38 给出了不同 Ag 含量的 ZrN-Ag 薄膜不同环境温度下的磨损率。由图可知,二元 ZrN 薄膜磨损率随环境温度的升高略有增大,当环境温度为 600 ℃时,薄膜的磨损率最大,其最大值为 $3.3×10^{-7}$ mm³/(N·mm)。对于三元 ZrN-Ag 薄膜,当环境温度大于 25 ℃时,薄膜磨损率均大于 ZrN 薄膜,且随着薄膜中 Ag 含量的升高,相同环境温度条件下的磨损率逐渐增大。当薄膜中 Ag 含量为 26.6 at.%时,不同环境温度下的 ZrN-Ag 薄膜均体现出最高的磨损率,其最高值分别为 $3.3×10^{-7}$ mm³/(N·mm)(对应环境温度为 200 ℃)、$1.0×10^{-6}$ mm³/(N·mm)(对应环境温度为 300 ℃)、$1.3×10^{-6}$ mm³/(N·mm)(对应环境温度为 400 ℃)、$2.1×10^{-6}$ mm³/(N·mm)(对应环境温度为 600 ℃)。

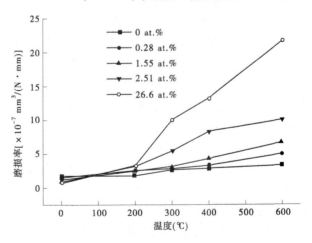

图 7-38　不同环境温度下 ZrN-Ag 薄膜的磨损率

为分析实验过程中薄膜磨痕处相结构的变化,摩擦实验后对不同环境温度条件下的磨痕进行了 XRD 分析,其结果如图 7-39 所示。由图 7-39(a)可以看出,对于二元 ZrN 薄膜,当环境温度小于300℃时,薄膜磨痕XRD图谱与沉积态ZrN薄膜基本相似,未出现明显的氧化相。随着环境温度的进一步升高,薄膜中出现了微弱的ZrO_2衍射峰,且ZrO_2衍射峰的强度随着环境温度的升高逐渐增强,说明磨痕处的ZrO_2相的含量随着环境温度的升高逐渐增大。从图7-39(b)可以看出,对于三元ZrN-Ag薄膜(26.6 at.% Ag),在室温条件下,薄膜磨痕处的XRD图谱与沉积态ZrN-Ag薄膜基本相似。然而,当环境温度为200℃时,磨痕XRD图谱中除ZrN-Ag衍射峰外,还出现了Ag峰。这说明环境温度的升高可以促进薄膜中的纳米晶Ag聚集长大。当环境温度大于200℃时,磨痕XRD图谱还出现了ZrO_2的衍射峰。

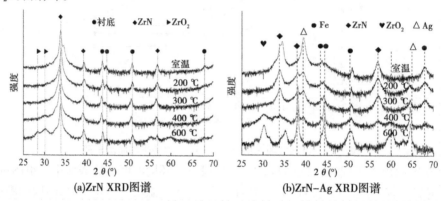

图7-39　不同环境温度下ZrN及Ag含量为26.6 at.%的ZrN-Ag薄膜摩擦实验后的XRD图谱

图7-40给出了不同环境温度下,不同Ag含量的ZrN-Ag薄膜磨痕形貌。其中图7-40(a)是二元ZrN薄膜在300℃摩擦实验后的磨痕形貌。从图中可以看出,薄膜磨痕较浅,表面较为粗糙,且有裂纹出现。这说明此时磨痕与摩擦副之间的相互作用趋于剧烈。当环境温度升高至600℃时,从图7-40(b)可以看出,二元ZrN薄膜磨痕深度加深,表面变得较为光洁,且没有出现明显的裂纹。这说明此时磨痕与摩擦副之间的相互作用得到缓解。这可能与磨痕中ZrO_2含量的升高有关。图7-40(c)给出的是Ag含量为26.6 at.%的ZrN-Ag薄膜在300℃摩擦实验后的磨痕形貌。由图可知,与同等实验温度条件下的二元ZrN薄膜的磨痕相比,此时薄膜磨痕变宽,表面光洁,无明显裂纹,且在磨痕两侧出现明显磨屑。当环境温度升高至600℃时,从图7-40(d)中可以看出,ZrN-Ag薄膜磨痕宽度进一步增大,磨痕两侧出现了大量的磨屑。这是Ag在磨损轨道上聚集所致。

随着温度升高,薄膜中的纳米晶Ag会聚集,并向表面扩散、长大。所以,在高温摩擦实验过程中,摩擦副首先与磨痕表面的润滑相Ag接触,从而有效地缓解了磨痕与摩擦副之间的剧烈作用,降低了平均摩擦系数。然而,由于Ag的剪切强度较低,在摩擦实验过程中,易于随摩擦副的滑动脱离磨痕表层,形成磨屑,导致磨损率的升高。另外,随环境温度的升高,越来越多的Ag扩散至表面,使薄膜内部出现空洞,在摩擦副压力的作用下,易于被磨损。基于以上原因,三元ZrN-Ag薄膜在不同环境温度条件下虽然能够体现出比二元ZrN薄膜更低的平均摩擦系数,然而,其磨损率均较高。

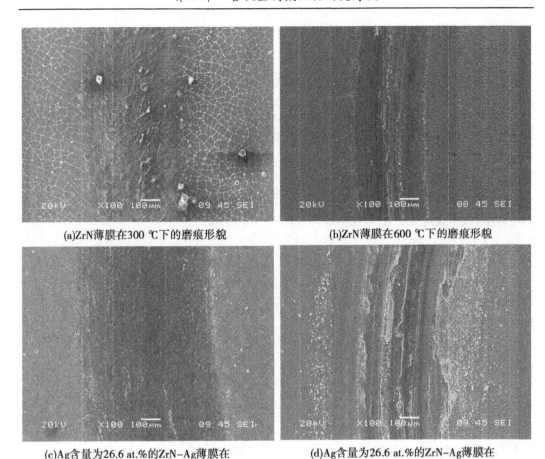

(a)ZrN薄膜在300 ℃下的磨痕形貌　　　　　　(b)ZrN薄膜在600 ℃下的磨痕形貌

(c)Ag含量为26.6 at.%的ZrN-Ag薄膜在　　　　(d)Ag含量为26.6 at.%的ZrN-Ag薄膜在
300 ℃下的磨痕形貌　　　　　　　　　　600 ℃下的磨痕形貌

图 7-40　不同环境温度下,不同 Ag 含量的 ZrN-Ag 薄膜磨痕形貌

7.5　NbN-Cu 薄膜

陶瓷金属氮化物 NbN 基薄膜无论是从物理、化学性能上还是从力学性能上考虑,都具有很多优良性能,比如高熔点、高硬度、超导效应,以及良好的化学稳定性,在微电子器件、微电子机械系统、超导电子及刀具保护涂层等领域都有着广阔的应用远景。对于 NbN 的研究一开始是在超导领域,比如约瑟夫森隧道结、超导热电子测热辐射计式混频器(HEB)和超导光电子探测技术(SSPD)等。最近几年 NbN 基薄膜的力学性能已经引起了研究者的广泛关注,如硬度、摩擦磨损性能等,Nb-Si-N、Nb-Ag-N、NbN/TaN 之类的纳米薄膜都呈现出较好的硬度且耐磨性得到很好的提升。

掺软金属(Cu/Ag/Au 等)涂层材料近年来是一个研究热点,对其表面发生的摩擦机理的研究已有较多报道。比如,Tan 等研究了铜含量和衬底偏压对溅射 Cr-Cu-N 薄膜结构和力学性能的影响,结果当铜含量增加至 15 at.%,由于存在过量的软金属,薄膜的最大硬度由 32 GPa 降低至 20 GPa。Ozturk 等对 TiN-Cu、CrN-Cu 和 MoN-Cu 复合膜的研究表明,Cu 的加入对薄膜的摩擦性能起到了优化作用。Suszko 等对 Mo$_2$N-Cu 的力学性能及摩擦性能进行研究,结果表明 Cu 的加入对薄膜力学性能的提高作用不大,但明显改善了其中温下的摩擦磨损性能。

7.5.1　NbN-Cu 薄膜制备及表征

本部分 NbN-Cu 薄膜制备过程中衬底选取、处理及制备方式与 2.1.1 相同。在沉积过程中,固定溅射气压为 0.3 Pa,Ti 靶功率为 200 W,氩氮比为 10∶3。通过改变 Cu 靶功率来获得一系列不同 Cu 含量的 NbN-Cu 薄膜。沉积 NbN-Cu 膜之前,在衬底上预镀厚度约 200 nm 的 Nb 为过渡层。

本部分 XRD、SEM、EDS、TEM、纳米压痕及摩擦磨损实验设备与 2.1.1 相同。摩擦实验过程中,载荷设定为 5 N,摩擦半径为 5 mm。

7.5.2　NbN-Cu 薄膜微结构及性能

图 7-41 给出了不同 Cu 含量的 NbN-Cu 复合膜的 XRD 图谱,图中还显示了二元氮化铌薄膜作为参考。总共检测出与面心立方(fcc)NbN(JC PDF 38-1155)(111)、六边形密堆积(hcp)NbN(JC PDF 14-0547)(101)、fcc-NbN(200)、(220)和(222)相对应的 36°、39°、41°、60°和 71°五个衍射峰。此外,在 XRD 图谱中还出现了两个与衬底硅有关的峰。结果表明,在氮化铌基体中添加 0.6% 的铜对 XRD 图谱的影响不大,0.6 at.% 含量的 NbN-Cu 薄膜仍呈现 fcc-NbN 和 hcp-NbN 的双相。然而,随着铜含量的进一步增加,44°处出现了其他衍射峰,该峰对应于 fcc-Cu(111)。因此,在 Cu 含量大于 0.6 at.% 时 NbN-Cu 的相组成为 fcc-NbN、hcp-NbN 和 fcc-Cu。除此之外,随着 Cu 含量的上升衍射峰的强度降低。

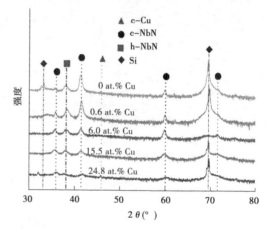

图 7-41　不同 Cu 含量的 NbN-Cu
复合膜的 XRD 图谱

图 7-42 显示了 NbN-Cu 薄膜在铜含量为 15.5 at.% 时的选区电子衍射(SAED)照片和高分辨率透射电子显微镜(HRTEM)图像,以进一步研究膜的微观结构。图 7-42(a)给出了三个衍射环,从内到外衍射环分别对应于 hcp-NbN(101)、fcc-Cu(111)和 fcc-NbN(220)。如图 7-42(b)所示,检测出一系列晶格条纹。由于晶格条纹间距分别为 0.254 8 nm 和 0.210 2 nm,因此晶格条纹分别对应于 fcc-NbN(111)和 fcc-Cu(111)。此外,还可以看到铜的纳米颗粒嵌入氮化铌的晶格中。

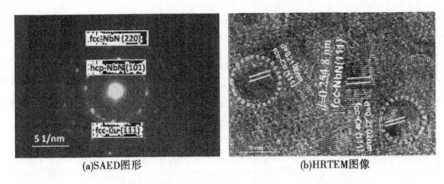

图 7-42　Cu 含量为 15.5 at.%的 NbN-Cu 薄膜的 SAED 图形和 HRTEM 图像

图 7-43 给出了 Cu 含量为 0.6 at.%时 NbN-Cu 复合膜 Nb 3d（a）、N 1s（b）和 Cu 2p（c）的 XPS 图谱。由图可以看出在 Nb 3d 中存在 203 eV、206 eV 和 209 eV 三个峰,分别对应于在 fcc-NbN、hcp-NbN 以及 $Nb_2O_{3+x}N_{2x}$ 中的 Nb-N 键。在 N 1s 中出现的 396 eV 和 399 eV 两个峰则分别对应于 NbN 中的 Nb-N 键和 $Nb_2O_{3+x}N_{2x}$ 中的 N—O 键。在 Cu 2p 图谱中出现 932 eV 和 952 eV 两个峰对应于 FCC-Cu 中的 Cu—Cu 键。$Nb_2O_{3+x}N_{2x}$ 的出现是由于在沉积和表面吸附过程中,铌与室中残留的氧气发生反应,$Nb_2O_{3+x}N_{2x}$ 不是膜中的主要相。因此,没有讨论 $Nb_2O_{3+x}N_{2x}$ 对薄膜的晶体结构和性能的影响。

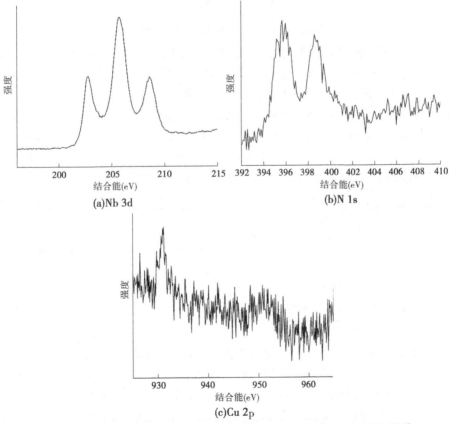

图 7-43　铜含量为 0.6 at.%的 NbN-Cu 的 Nb 3d、N 1s 和 Cu 2p XPS 图谱

图 7-44 给出了不同含铜量的 NbN-Cu 的硬度和弹性模量。二元 NbN 膜的硬度和弹性模量分别为 30 GPa 和 354 GPa。当 Cu 含量为 0.6 at.%时,硬度和弹性模量分别为 29 GPa 和 348 GPa,而当 Cu 含量为 24.8 at.%时,硬度和弹性模量分别为 5 GPa 和 100 GPa,这表明在氮化铌基体中加入铜后,随着铜含量的增加,薄膜的硬度和弹性模量都逐渐降低。H/E 也是影响摩擦磨损性能的一个重要力学参数,当铜含量由 0.6 at.%增加到 24.8 at.%时,H/E 则由 0.085 下降到 0.051。

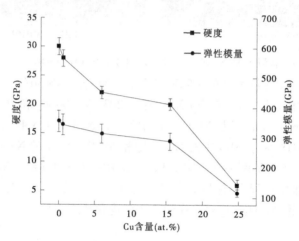

图 7-44　不同铜含量的氮化铌和铜薄膜的硬度和弹性模量

由于残余应力是影响薄膜硬度的重要因素,因此用 Stony 公式计算了薄膜的残余应力,结果表明,薄膜残余应力与铜含量无关,均处于压应力中,其值在 0.4~0.8 GPa。因此,膜的残余压应力的变化不是硬度变化的主要因素。

表 7-2 显示了不同铜含量的 NbN-Cu 复合膜的室温摩擦系数和磨损率。如表 7-2 所示,二元氮化铌薄膜的摩擦系数和磨损率分别为 0.68 和 6.7×10^{-7} mm³/(N·mm)。可以看出在基体中添加 0.6 at.%的铜对摩擦系数和磨损率值影响不大,但随着铜含量的增加6.0 at.%,摩擦系数和磨损率值都急剧下降,然后摩擦系数值保持稳定,而磨损率值则在铜含量为 6.0 at.%至 15.5 at.%时增加。当铜含量为 24.8 at.%时复合膜室温摩擦磨损性能最差,在磨损实验中磨损最为严重。

表 7-2　不同铜含量下氮化铌和铜复合膜的室温摩擦系数和磨损率

Cu 含量(at.%)	0	0.6	6.0	15.5	24.8
摩擦系数	0.68	0.71	0.58	0.56	失效
磨损率[×10⁻⁷ mm³/(N·mm)]	6.7±0.3	7.1±0.4	1.3±0.1	87±4	失效

选用 6.0 at.%铜含量的 NbN-Cu 复合膜研究了高温下的摩擦磨损性能,表 7-3 给出了不同温度下 6.0 at.%%铜的 NbN-Cu 复合膜和 NbN 的摩擦系数和磨损率值。对于二元氮化铌薄膜,从室温升高到 100 ℃时摩擦系数和磨损率都显著增加,随后在低于 300 ℃时摩擦系数值缓慢上升,而磨损率却显著增加。当温度在 300 ℃以上时将会导致薄膜失效,使得薄膜磨损过程中被磨穿。而在氮化铌基体中加入 6.0 at.%的铜,使得薄膜的有效工作

温度提高到了 400 ℃。此外,6.0 at.%铜含量的 NbN-Cu 薄膜的摩擦系数在 200 ℃ 以下时仍保持在 0.55 左右,且随着温度的升高而逐渐下降。在 200~400 ℃ 时 NbN-Cu 薄膜的磨损率随温度的升高而逐渐增大。

表 7-3　NbN、6.0 at.%Cu 含量的 NbN-Cu 复合膜在高温下的摩擦系数和磨损率

温度(℃)	NbN		NbN-Cu	
	摩擦系数	磨损率 $[\times 10^{-7}\ mm^3/(N \cdot mm)]$	摩擦系数	磨损率 $[\times 10^{-7}\ mm^3/(N \cdot mm)]$
25	0.68	6.7±0.3	0.58	1.3±0.1
100	1.2	45±2	0.54	9.2±0.5
200	1.2	53±3	0.53	23±1
300	1.2	120±6	0.40	36±2
400	失效	失效	0.36	76±4
500	失效	失效	失效	失效

用 XRD 研究了不同温度下磨损轨迹的相结构,结果如图 7-45 所示。作为参考,图 7-45 还给出了不同温度下 6.0 at.%铜含量的 NbN-Cu 薄膜 XRD 图谱作为对比。如图 7-45 所示,在 200 ℃ 时磨损轨迹的 XRD 呈现出与衬底相同的五个衍射峰。当温度升高至 300 ℃ 时,在 37 ℃ 附近出现了 Cu 的氧化物峰。此外,在 XRD 图谱中也出现了一些与沉积薄膜相对应的峰。将温度升高到 400 ℃ 时,在磨痕中发现了氧化铌相,它和氧化铜、沉积相一起共存于磨痕之中。

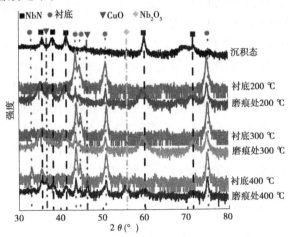

图 7-45　不同温度下 6.0 at.%铜含量的 NbN-Cu 薄膜 XRD 图谱

第 8 章　含稀土元素氮化物陶瓷薄膜

稀土元素 Y 是一种具有广泛用途的元素。研究表明，Y 能够增强不锈钢的抗氧化性能和延展性能。目前，备受关注的掺 YSrZrO$_3$ 高温质子传导材料，对燃料电池、电解池及要求对氢溶解度高的气敏元件的生成具有重要的意义。Y 在氮化物陶瓷中也有一定的应用。例如，含 Y 的氮化硅陶瓷材料是用来制造发动机部件的重要材料之一。然而，由于 Y 是一种相对活泼的元素，利用 PVD 沉积的过渡族金属氮化物薄膜中掺杂 Y 元素易于被氧化。目前，对含 Y 的过渡族金属氮化物薄膜的报道相对较少。本章中，基于前几章的研究，选取具有一定代表意义的 TiN 及 NbN 薄膜，研究了 Y 对上述两类薄膜微观结构和性能的影响。

8.1　Ti-Y-N 薄膜

PVD 制备的硬质过渡族金属氮化物薄膜被广泛地应用在诸如刀具涂层等诸多领域。对过渡族金属氮化物薄膜早期的研究主要集中在 IVB 族元素的氮化物方面，例如 ZrN、CrN 和 TiN 等。在这些薄膜材料中，TiN 薄膜研究最为充分，应用最为广泛。然而，随着现代加工技术的发展，传统的 TiN 涂层已不能完全胜任。因此，人们开始尝试将某些金属元素引入 TiN 系涂层中以期改良其性能。

薄膜的多元化是改良薄膜性能的重要方式之一。例如，Mo 在摩擦磨损过程中形成的具有低剪切模量的 Magnéli 相 MoO$_3$ 具有良好的减摩作用，能够有效地提高薄膜的摩擦性能，使薄膜能够在极端的工作条件下连续使用。有报道称，Mo 元素的引入使得 Ti-Mo-N 薄膜体现出优异的力学和摩擦性能。较之二元 TiN 薄膜，Ti-Si-N 薄膜具有更高的硬度和热稳定性能。Y 元素的引入能够明显地提高 Ti-Y-N 薄膜的抗氧化温度。然而，关于 Y 对 Ti-Y-N 薄膜微观结构、力学性能及摩擦磨损性能影响的报道相对较少。

本部分采用射频磁控溅射法制备一系列不同 Y 含量的 Ti-Y-N 薄膜，利用 X 射线衍射仪、X 射线光电子能谱仪、透射电镜、扫描电镜、能谱仪、纳米压痕仪和高温摩擦磨损实验机对薄膜的相结构、形貌、成分、力学性能和不同环境温度条件下摩擦磨损性能进行研究。

8.1.1　Ti-Y-N 薄膜制备及表征

本部分 Ti-Y-N 薄膜制备过程中衬底选取、处理及制备方式与 2.1.1 相同。在沉积过程中，固定溅射气压为 0.3 Pa，Ti 靶功率为 200 W，氩氮比为 10∶3。通过改变 Y 靶功率来获得一系列不同 Y 含量的 Ti-Y-N 薄膜。沉积 Ti-Y-N 膜之前，在衬底上预镀厚度约 200 nm 的 Ti 为过渡层。

本部分 XRD、SEM、EDS、TEM、纳米压痕及摩擦磨损实验设备与 2.1.1 相同。采用德国 Bruker 公司生产的 DEKTAK-XT 型台阶仪测试衬底及薄膜的曲率半径，然后根据

Stoney 公式计算薄膜残余应力,计算公式为:

$$\sigma = \frac{E}{1-\upsilon}\frac{t_s^{\,2}}{6t_f}\left(\frac{1}{R}-\frac{1}{R_s}\right) \tag{8-1}$$

式中　E——衬底弹性模量,GPa,取 170 GPa;

　　　υ——衬底泊松比,取 0.3;

　　　t_s——衬底厚度,μm;

　　　t_f——薄膜厚度,μm;

　　　R——衬底曲率半径,μm;

　　　R_s——薄膜曲率半径,μm。

　　采用 SDT-2960 型 TG/DTA 测试系统测试薄膜的抗氧化性能。本部分中,摩擦磨损实验采取线性往复摩擦形式,循环次数为 1 800 次。

8.1.2　Ti-Y-N 薄膜微结构及性能

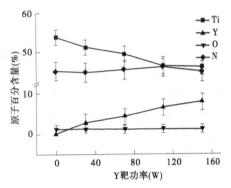

图 8-1　不同 Y 靶功率 Ti-Y-N 薄膜中
元素原子百分含量

　　图 8-1 给出了不同 Y 含量 Ti-Y-N 薄膜中元素原子百分含量随 Y 靶功率的变化情况。从图中可以看出,二元 TiN 薄膜中 Ti 及 N 元素的原子百分含量分别为 53.8 at.% 和 45.0 at.%,其化学计量比接近 1∶1。薄膜中 O 元素原子百分含量为 1.2 at.%。对于三元 Ti-Y-N 薄膜,随着 Y 靶功率的升高,薄膜中 Y 元素含量逐渐升高,Ti 元素含量逐渐降低,N 及 O 元素含量基本保持不变,其值分别稳定在 45 at.% 和 1.2 at.%。不同 Y 含量的 Ti-Y-N 薄膜中 N 与 Ti+Y 的化学计量比接近于 1∶1。然而,本实验中,当 Y 靶功率大于 130 W 时,薄膜中 O 含量大幅升高。XPS 检测表明,此时薄膜中出现了明显的 Y—O 键。稀土元素 Y 为相对活泼的元素,易于和沉积环境中残余的氧发生反应,生成氧化钇。Y 的这一特性在其他过渡族金属氮化物薄膜中也有体现,例如 Zr-Y-N。本实验中,当 Y 靶功率大于 130 W 时,由于薄膜中 O 含量很高,XPS 分析显示出现了氧化钇,不是严格意义上的 Ti-Y-N 薄膜,所以本书不对其进行研究。

　　图 8-2 是不同 Y 含量 Ti-Y-N 薄膜的 XRD 图谱。从图中可以看出,二元 TiN 薄膜在 37°、43° 及 78° 附近出现了三个衍射峰,依次对应为面心立方(fcc)TiN(111)、(200)以及(311)。三元 Ti-Y-N 薄膜与 TiN 结构相似,呈 fcc 结构,具有(111)择优取向,且随 Y 含量的升高,薄膜衍射峰逐渐向小角度方向偏移。

　　根据图 8-2 中数据计算不同 Y 含量 Ti-Y-N 薄膜晶格常数及晶粒尺寸,其结果如图 8-3所示。从图中可以看出,二元 TiN 薄膜的晶粒尺寸及晶格常数分别为 0.422 nm 和 45 nm。三元 Ti-Y-N 薄膜晶格常数随薄膜中 Y 含量的升高逐渐增大。Ti-Y-N 薄膜主要为 Y 固溶在 TiN 中的置换固溶体,其化学式可近似表述为 $(Ti_{1-x}Y_x)N$。由于 Y 原子半径(0.180 nm)大于 Ti 原子半径(0.147 nm),故 Y 的固溶使得薄膜产生晶格畸变,晶格常

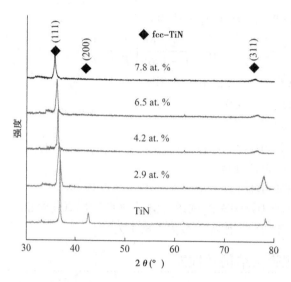

图 8-2　不同 Y 含量 Ti-Y-N 薄膜 XRD 图谱

数均大于 TiN,且随 Y 含量的升高逐渐增大。Ti-Y-N 薄膜晶粒尺寸变化趋势与其晶格常数的变化趋势相反,随着薄膜中 Y 含量的升高,薄膜的晶粒尺寸逐渐减小,当 Y 含量为 7.8 at.%时,薄膜晶粒尺寸最小,其最小值为 20 nm。Choi 等研究表明,Y 不仅能够降低吸附原子的迁移率,而且可以增多形核位置,从而起到细化薄膜晶粒的作用。另外,通过固定 Ti 靶功率为 250 W,改变 Y 靶功率来制备一系列不同 Y 含量的 Ti-Y-N 薄膜。所以,随着 Y 靶功率的升高,薄膜的沉积速率逐渐增大。较高的沉积速率导致了薄膜具有更多的形核位置。形核位置的增多导致临界形核尺寸的降低和形核自由能的降低,最终导致了薄膜晶粒的细化。Y 在 Ti-Y-N 薄膜中细化晶粒的作用在其他过渡族金属氮化物薄膜中也有报道,例如 Ti-Al-Cr-Y-N。

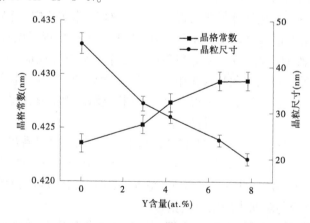

图 8-3　不同 Y 含量 Ti-Y-N 薄膜的晶粒尺寸及晶格常数

拉曼光谱并不是主流的检测过渡族金属氮化物薄膜相结构的方式,然而能够提供一些薄膜相结构的相关信息,是 XRD 的补充测试手段之一。图 8-4 给出了不同 Y 含量的 Ti-Y-N薄膜的拉曼光谱。从图中可以看出,二元 TiN 薄膜在 225 cm⁻¹、315 cm⁻¹ 及 550

cm^{-1}附近出现了三个拉曼峰,对应物相为 fcc-TiN。三元 Ti-Y-N 薄膜的拉曼峰与 TiN 薄膜的拉曼峰相似,且随着薄膜中 Y 含量的升高,薄膜拉曼峰逐渐向小角度方向偏移。上述实验结果表明,Ti-Y-N 薄膜为 fcc-TiN 结构,Y 的固溶导致了 Ti-Y-N 薄膜晶格常数逐渐降低。这与图 8-2 的结果一致。

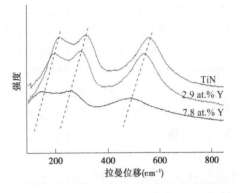

图 8-4　不同 Y 含量的 Ti-Y-N 薄膜拉曼光谱

通过 XPS 进一步分析了 Ti-Y-N 薄膜的相结构。图 8-5 是 Y 含量为 7.8 at.% 的 Ti-Y-N薄膜 Ti 2p、Y 3d 及 N 1s 的 XPS 图谱。根据 XPS 数据库以及相关的文献报道可知,Ti 2p 中 Ti—N 的结合能为 456.8 eV,这与图 8-5 Ti 2p XPS 图谱中的峰值一致;Y 3d 中 Y—N 的结合能为 156.6 eV,这与图 8-5 Y 3d XPS 图谱中的峰值一致;N 1s 中 Y—N 及 Ti—N 的结合能分别为 396.2 eV 和 396.9 eV,这与图 8-5 N 1s XPS 谱中的峰值一致。

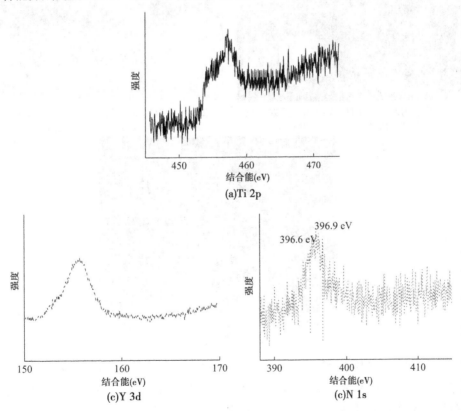

图 8-5　Y 含量为 7.8 at.% 的 Ti-Y-N 薄膜 Ti 2p、Y 3d 以及 N 1s 的 XPS 图谱

为进一步分析不同 Y 含量 Ti-Y-N 薄膜微观结构,对薄膜进行了透射电镜测试。图 8-6给出了不同 Y 含量 Ti-Y-N 薄膜横截面的透射电镜及其相应的选区电子衍射花样。从图 8-6(a)可知,当 Y 含量为 2.9 at.% 时,薄膜呈柱状晶生长,晶粒尺寸约为 40 nm。

图 8-6(a)的左上角是 Y 含量为 2.9 at.%的 Ti-Y-N 薄膜选区电子衍射花样。从图中可看出,该电子衍射花样为一套不连续的衍射环,经计算可以得出,图中四条衍射环依次对应为 fcc-TiN(111)、(200)、(220)及(311),表明薄膜为单一的面心立方结构。图 8-6(b)是 Y 含量为 2.9 at.%的 Ti-Y-N 薄膜的高分辨透射电镜照片,从图中可以看出,视场中出现了间距为 0.243 7 nm 的晶格条纹,该晶格条纹为 fcc-TiN(111)。图 8-6(c)是 Y 含量为 7.8 at.%的 Ti-Y-N 薄膜的透射电镜照片。由图可知,薄膜呈柱状晶生长,晶粒尺寸为 15~20 nm。薄膜晶粒尺寸比 Y 含量为 2.9 at.%的 Ti-Y-N 薄膜晶粒尺寸有所减小,这与图 8-3 的实验结果相近。图 8-6(c)的左上角是 Y 含量为 7.8 at.%的 Ti-Y-N 薄膜选区电子衍射花样。薄膜选区电子衍射图中存在一套衍射花样,图中衍射环依次对应为 fcc-TiN(111)、fcc-TiN(200)、fcc-TiN(220)及 fcc-TiN(311)。

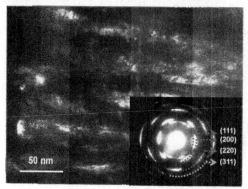
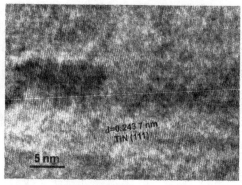

(a)Y含量为2.9 at.%的Ti-Y-N薄膜透射电镜　　　(b)Y含量为2.9 at.%的Ti-Y-N薄膜透射电镜
　　　及其相应的选区电子衍射照片　　　　　　　　　　及其相应的选区电子衍射照片

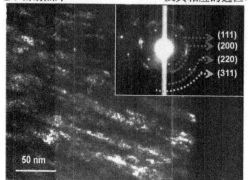

(c)Y含量为7.8 at.%的Ti-Y-N薄膜透射电镜
及其相应的选区电子衍射照片

图 8-6　不同 Y 含量 Ti-Y-N 薄膜透射电镜及其相应的选区电子衍射照片

综上所述,Ti-Y-N 薄膜为 Y 固溶在 TiN 中的置换固溶体,呈面心立方(fcc)结构。随着薄膜中 Y 含量的升高,薄膜晶粒尺寸逐渐减小。

不同 Y 含量 Ti-Y-N 薄膜 TG 曲线如图 8-7 所示。从图中可以看出,随温度的升高,薄膜相对重量先保持稳定,随后逐渐增加。相对重量稳定说明在此温度范围内薄膜并无氧化反应发生,具有良好的热稳定性能;相对重量增加说明在此温度范围内薄膜发生了氧化反应。二元 TiN 薄膜的氧化温度约为 560 ℃。Y 含量为 2.9 at.%的 Ti-Y-N 薄膜的氧化温度约为 630 ℃。Y 含量为 7.8 at.% 的 Ti-Y-N 薄膜的氧化温度约为 680 ℃。Y 元素的引入能够显著提升薄膜的氧化温度。

氮化物薄膜的氧化实质为薄膜中元素的选择性氧化。YN 在空气中易于发生氧化，生成 Y_2O_3。研究表明，Y_2O_3 在氮化物中的溶解度很低，所以在高温环境中，Ti-Y-N 薄膜中的 Y_2O_3 在薄膜晶界及表层处偏聚，从而抑制薄膜中其他原子向外扩散，提升薄膜的抗氧化性能。另外，添加 Y 元素的氮化物薄膜氧化形成的氧化物晶粒细小，易于发生塑性变形，从而释放应力，所以 Ti-Y-N 薄膜表层的氧化物膜致密，不易脱落，减缓了薄膜的氧化速率。

图 8-8 给出了不同 Y 含量 Ti-Y-N 薄膜的残余拉应力。由图可以看出，所有薄膜的残余应力均体现为拉应力，图中以"+"表示。二元 TiN 薄膜的残余拉应力约为 +0.22 GPa。三元 Ti-Y-N 薄膜的残余拉应力随着薄膜中 Y 含量的升高逐渐降低。当 Y 含量为 7.8 at.% 时，薄膜的残余拉应力最低，其最低值约为 +0.18 GPa。

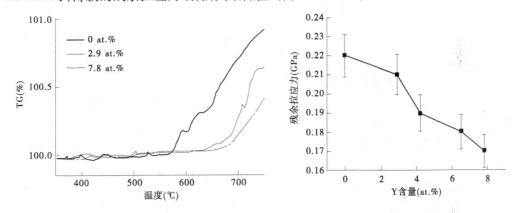

图 8-7　不同 Y 含量 Ti-Y-N 薄膜 TG 曲线　　图 8-8　不同 Y 含量 Ti-Y-N 薄膜残余拉应力

残余应力由内应力和热应力构成。热应力主要受沉积环境温度以及薄膜与衬底的热膨胀系数等因素的影响。其计算公式如下：

$$\sigma_T = \frac{E_F}{1 - n_F}(\alpha_F - \alpha_S)(T_D - T_M) \tag{8-2}$$

式中　　σ_T——热应力，GPa；

E_F——薄膜弹性模量，GPa；

α_F——薄膜热膨胀系数，℃；

α_S——衬底热膨胀系数，℃；

n_F——泊松比，取 0.3；

T_D——薄膜沉积温度，℃；

T_M——薄膜测试时的环境温度，℃，本实验中测试环境温度为 25 ℃。

其中，TiN 及 Si 衬底热膨胀系数分别为 $6.0 \times 10^{-6}/℃$、$2.7 \times 10^{-6}/℃$，T_D 与 T_M 分别为 200 ℃、25 ℃。根据式(8-2)计算可知，不同 Y 含量 Ti-Y-N 薄膜的热应力在 +0.23 GPa 左右。所以，薄膜残余内应力体现为压应力。Y 元素的固溶使得 Ti-Y-N 薄膜产生晶格畸变,导致薄膜内应力的升高,最终导致了薄膜残余拉应力降低。

图 8-9 给出了不同 Y 含量 Ti-Y-N 薄膜的硬度及弹性模量。从图中可以看出,二元 TiN 薄膜的硬度及弹性模量分别为 21 GPa 和 293 GPa。三元 Ti-Y-N 薄膜的硬度及弹性模量随 Y 含量的升高略有上升,当 Y 含量为 7.8 at.%时,薄膜的硬度及弹性模量最高,其最高值分别为 24 GPa 和 316 GPa。固溶强化和细晶强化是 Ti-Y-N 薄膜硬度随 Y 含量逐渐升高的原因。另外,薄膜残余拉应力的降低也导致了薄膜硬度略有升高。

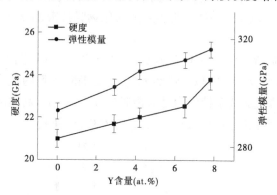

图 8-9　不同 Y 含量 Ti-Y-N 薄膜的硬度及弹性模量

图 8-10 是室温条件下,不同 Y 含量的 Ti-Y-N 薄膜摩擦曲线。从图中可以看出,当薄膜中 Y 含量为 2.9 at.%时,在摩擦磨损实验的前 1 000 次循环下,Ti-Y-N 薄膜的摩擦系数在 0.11~0.25,随循环次数波动不大。当循环次数大于 1 000 时,薄膜的摩擦系数随着循环次数大幅升高。当薄膜中 Y 含量升高至 4.2 at.%时,随着循环次数的增加,Ti-Y-N 薄膜摩擦系数由 0.11 逐渐升高至 0.35。从 Y 含量为 6.5 at.%的 Ti-Y-N 薄膜摩擦曲线可以看出,当循环次数小于 1 000 时,薄膜摩擦系数由 0.11 逐渐升高至 0.38。随后,薄膜的摩擦系数逐渐趋于稳定,受循环次数的影响不大。

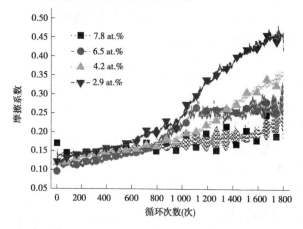

图 8-10　不同 Y 含量 Ti-Y-N 薄膜室温摩擦曲线

图 8-11 给出了室温条件下不同 Y 含量 Ti-Y-N 薄膜的磨损率。从图中可以看出,二元 TiN 薄膜的磨损率为 7.7×10^{-7} m³/(N·m)。三元 Ti-Y-N 薄膜磨损率随着 Y 含量的升高略有降低,当薄膜中 Y 含量为 7.8 at.%时,薄膜磨损率最低,其最低值为 6.8×10^{-7} m³/(N·m)。

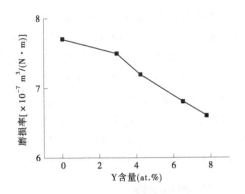

图 8-11　不同 Y 含量 Ti-Y-N 薄膜室温磨损率

为分析 Y 含量对 Ti-Y-N 薄膜摩擦磨损性能的影响,摩擦实验后,对不同 Y 含量 Ti-Y-N 薄膜磨痕表面形貌进行了 SEM 表征。图 8-12 是不同 Y 含量 Ti-Y-N 薄膜的磨痕形貌。从图 8-12(a)可以看出,Y 含量为 2.9 at.% 的 Ti-Y-N 薄膜磨痕表面出现了大量的犁沟,这说明随着线性循环次数的升高,薄膜磨痕与摩擦副之间的相互作用逐渐趋于剧烈。所以,该薄膜的摩擦系数随着线性循环次数的增加而逐渐增大。由图 8-12(b)可知,当薄膜中 Y 含量升高至 7.8 at.% 时,薄膜磨痕表面没有出现明显的犁沟,磨痕宽度比图 8-12(a)的宽度变窄。此时磨痕表面与摩擦副之间的相互作用较 Y 含量为 2.9 at.% 的 Ti-Y-N 薄膜要缓和,所以此时摩擦系数随着线性循环次数的增加变化不大,磨损率略有降低。

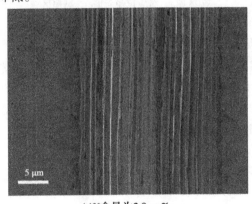

(a)Y 含量为 2.9 at.%　　　　　　　　　　(b)Y 含量为 7.8 at.%

图 8-12　不同 Y 含量 Ti-Y-N 薄膜磨痕形貌

研究表明,对于过渡族金属氮化物薄膜,摩擦磨损实验过程中磨痕表面生成的氧化相对薄膜的摩擦磨损性能影响显著。为研究 Y 含量对 Ti-Y-N 薄膜室温摩擦磨损性能的影响,摩擦实验结束后,对不同 Y 含量 Ti-Y-N 薄膜磨痕不同区域进行了拉曼光谱表征,相关实验结果如图 8-13 所示。从图 8-13(a)中可以看出,当 Y 含量为 2.9 at.% 时,Ti-Y-N 薄膜拉曼光谱如图中的拉曼光谱 a。从拉曼光谱 a 可知,薄膜在 225 cm^{-1}、315 cm^{-1} 及 550 cm^{-1} 附近出现了三个对应物相为 fcc-TiN 的拉曼峰。薄膜磨痕光洁区域的拉曼光谱如图中的拉曼光谱 b,从该拉曼光谱中可以看出,此时拉曼光谱中出现了两个与拉曼光谱 a 相似的拉曼峰,除此以外,无其他拉曼峰出现,说明该区域薄膜没有发生化学反应。图中拉曼光谱 c 为薄膜磨痕犁沟区域拉曼光谱,从该拉曼光谱可以看出,薄膜除在 225 cm^{-1}、315 cm^{-1} 以及 550 cm^{-1} 附近出现了三个对应物相为 fcc-TiN 的拉曼峰外,还在 360 cm^{-1} 及 539 cm^{-1} 附近出现了两个拉曼峰,其对应物相依次为 Y_2O_3 和 TiO_2。图 8-13(b)给出的是 Y 含量为 7.8 at.%的 Ti-Y-N 薄膜及磨痕表面的拉曼光谱。从图中拉曼光谱 a 可以看出,薄膜拉曼峰与 Y 含量为 2.9 at.%的薄膜拉曼峰基本一致。图中拉曼光谱 b 为薄膜磨痕表面的拉曼光谱,从该拉曼光谱中可以看出,薄膜未出现与图 8-13(a)中磨痕犁沟处的氧化相拉曼峰,说明此时薄膜抗氧化性能有所提高,这与图 8-7 的实验结果一致。

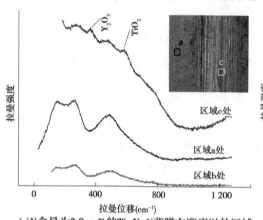

(a)Y含量为2.9 at.%的Ti-Y-N薄膜在磨痕以外区域
(区域a, 对应拉曼光谱a)、磨痕光洁区域(区域b, 对应
拉曼光谱b)以及磨痕犁沟区域(区域c, 对应拉曼光谱c)

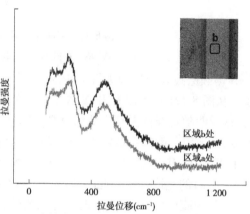

(b)Y含量为7.8 at.%的Ti-Y-N薄膜在磨痕以外区
域(区域a, 对应拉曼光谱a)、磨痕区域
(区域b, 对应拉曼光谱b)

图 8-13　不同 Y 含量 Ti-Y-N 薄膜不同磨痕区域的拉曼光谱

在摩擦实验过程中,磨痕表面生成的摩擦相对薄膜摩擦磨损性能的影响显著。晶体化学理论给出了氧化物润滑性能的定量表征手段。根据晶体化学理论,氧化物的润滑性能与其相应的离子电势、阳离子的磁场强度和剪切流变之间有着密切的关联。具有较高离子电势的摩擦相往往体现出较为优异的摩擦性能,能有效降低薄膜的平均摩擦系数。

根据文献,离子电势 Φ 可以表述为

$$\Phi = Z/r \tag{8-3}$$

式中　Z——阳离子电荷数;

　　　r——阳离子半径,nm。

利用式(8-3)计算可知,MoO_3 及 V_2O_5 的离子电势分别为 8.9、10.2,两种氧化物具有很高的离子电势,所以过渡族金属氮化物薄膜磨痕表面生成的 MoO_3 及 V_2O_5 具有降低薄膜平均摩擦系数的作用。根据式(8-3)计算还可知,TiO_2 的离子电势为 5.8,其在线性摩擦磨损实验过程中的摩擦系数在 0.35~0.55。Y_2O_3 的离子电势为 3.3,其值比 TiO_2 的离子电势要低,所以 Y_2O_3 在线性摩擦磨损实验过程中的摩擦系数要比 TiO_2 的高。

当薄膜中 Y 含量为 2.9 at.%时,Ti-Y-N 薄膜磨痕表面有 TiO_2 和 Y_2O_3 生成。随着线性摩擦实验过程中循环次数的增加,薄膜中 TiO_2 和 Y_2O_3 的量逐渐增多,由于 TiO_2 和 Y_2O_3 在线性摩擦实验过程中的摩擦系数较高,所以随着循环次数的增加,薄膜摩擦系数逐渐升

高;随着薄膜中 Y 含量的升高,Ti-Y-N 薄膜抗氧化性能逐渐提高,磨痕表面的氧化相 TiO_2 和 Y_2O_3 逐渐减少,当薄膜中 Y 含量为 7.8 at.%时,薄膜磨痕表面没有出现氧化相 TiO_2 和 Y_2O_3。具有较高摩擦系数的氧化相的消失使得此时薄膜摩擦系数随循环次数的波动不大,摩擦系数区域稳定。

氮化物薄膜的摩擦磨损性能不仅受摩擦过程中所产生的润滑氧化物影响,还受薄膜力学性能的影响。硬度是影响薄膜摩擦磨损性能的因素之一。研究表明,高硬度能够提高薄膜的单位抗载荷能力,降低薄膜与摩擦副之间的接触面积。Archards 公式给出了薄膜硬度与磨损率之间的关系,该公式可表述为

$$\frac{V}{L} = K\frac{W}{H} \tag{8-4}$$

式中　V——薄膜磨损体积,mm^3;

L——摩擦距离,mm;

K——Archards 系数;

W——载荷,N;

H——薄膜硬度,GPa。

本实验中,L 与 W 恒定,据 Archards 公式,磨损率反比于薄膜硬度。所以,随着薄膜中 Y 含量的升高,Ti-Y-N 薄膜硬度的略微升高导致了薄膜磨损率的略微降低。

综上所述,Y 元素的引入能够使得 Ti-Y-N 薄膜摩擦曲线逐渐趋于稳定,薄膜磨痕表面与摩擦副之间的相互作用趋于缓和,从而达到了降低摩擦系数、减小磨损率的作用。

8.2　Nb-Y-N 薄膜

在切削刀具表面沉积硬质涂层能够显著改善其硬度和摩擦磨损性能,从而达到延长其服役寿命、拓宽其服役范围的目的。由于具有较高的硬度和良好的摩擦磨损性能,过渡族金属氮化物(TMeN)薄膜被广泛地应用在诸如切削刀具、铸造模具等一系列工业加工领域。与诸多过渡族金属氮化物相似,二元 NbN 薄膜也体现出较为优异的力学及超导性能,在微电子、传感器、超导电子及刀具涂层等诸多领域展现出了广泛的应用前景。

随着干式切削和高速切削技术的发展,对薄膜高硬度和优异摩擦磨损性能的要求也不断增加。在切削刀具表面沉积硬质涂层能够显著改善其硬度和摩擦磨损性能,从而达到延长其服役寿命、拓宽其服役范围的目的。由于具有较高的硬度和良好的摩擦磨损性能,过渡族金属氮化物薄膜被广泛地应用在诸如切削刀具、铸造模具等一系列工业加工领域。Y 元素能够提升 Ti-Y-N 薄膜的抗氧化温度,改善薄膜的摩擦磨损性能。目前,有关 Nb-Y-N 薄膜的报道并不多见。Y 元素对 Nb-Y-N 薄膜微观结构、力学及抗氧化性能的影响具有一定的研究意义。

本部分采用射频磁控溅射法制备一系列不同 Y 含量的 Nb-Y-N 薄膜,利用 X 射线衍射仪、扫描电镜、能谱仪、纳米压痕仪和差热分析仪对薄膜的相结构、形貌、成分、力学性能和抗氧化性能进行研究。

8.2.1　Nb-Y-N 薄膜制备及表征

本部分 Nb-Y-N 薄膜制备过程中衬底选取、处理及制备方式与 2.1.1 相同。在沉积过程中,固定溅射气压为 0.3 Pa、Nb 靶功率为 250 W,氩氮比为 10∶5。通过改变 Y 靶功率来获得一系列不同 Y 含量的 Nb-Y-N 薄膜。沉积 Nb-Y-N 膜之前,在衬底上预镀厚度约 200 nm 的 Nb 为过渡层。

本部分 XRD、SEM、EDS、TEM、纳米压痕实验设备与 2.1.1 相同。

8.2.2　Nb-Y-N 薄膜微结构及性能

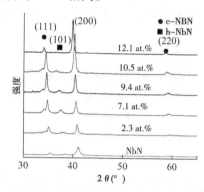

图 8-14 给出了不同 Y 含量 Nb-Y-N 薄膜 XRD 图谱。从图中可以看出,二元 NbN 薄膜在 36°、39°、41° 及 59° 附近出现了四个衍射峰,依次对应为面心立方(fcc) NbN(PDF 38-1155)(200)、密排六方(hcp) NbN(PDF 14-0547)(200)、fcc-NbN(200)及 fcc-NbN(220)。薄膜由 fcc-NbN 及 hcp-NbN 两相构成。不同 Y 含量的三元 Nb-Y-N 薄膜与二元 NbN 薄膜相似,

图 8-14　不同 Y 含量 Nb-Y-N 薄膜 XRD 图谱

呈 fcc+hcp 双相结构,且随着薄膜中 Y 含量的升高,衍射峰逐渐向小角度方向偏移。图谱中没有出现对应物相为 YN 的衍射峰,说明薄膜中部分 Nb 被 Y 所取代,形成置换固溶体。

图 8-15 给出了不同 Y 含量 Nb-Y-N 薄膜的晶粒尺寸。二元 NbN 薄膜晶粒尺寸约为 15 nm。随着薄膜中 Y 含量的升高,Nb-Y-N 薄膜的晶粒尺寸逐渐增大,当 Y 含量为 12.1 at.%时,薄膜晶粒尺寸最大,其最大值为 63 nm。

图 8-16 为不同 Y 含量 Nb-Y-N 薄膜的硬度。二元 NbN 薄膜的硬度约为 30 GPa。随着薄膜中 Y 含量的升高,三元 Nb-Y-N 薄膜硬度逐渐降低,当薄膜中 Y 含量为 12.1 at.%时,薄膜硬度最低,其最低值为 11 GPa。晶粒粗化是薄膜硬度降低的原因。

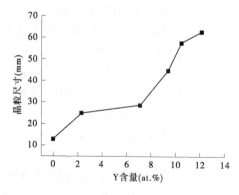

图 8-15　不同 Y 含量 Nb-Y-N 薄膜晶粒尺寸

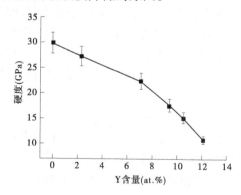

图 8-16　不同 Y 含量 Nb-Y-N 薄膜硬度

　　图 8-17 为不同 Y 含量 Nb-Y-N 薄膜的 TG 曲线。从图中可以看出,随温度的升高,薄膜相对重量先保持稳定,随后逐渐增加。相对重量稳定说明在此温度范围内薄膜并无氧化反应发生,具有良好的热稳定性能;相对重量增加说明在此温度范围内薄膜发生了氧化反应。当薄膜中 Y 含量为 2.3 at.%时,薄膜抗氧化温度约为 610 ℃;当薄膜中 Y 含量为10.5 at.%时,薄膜抗氧化温度约为 700 ℃;当薄膜中 Y 含量为 12.1 at.%时,薄膜抗氧化温度约为 780 ℃;Y 元素的引入能够显著地提升薄膜的氧化温度。

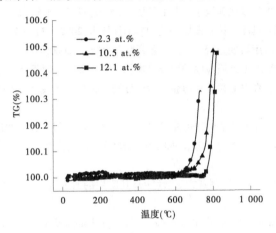

图 8-17　不同 Y 含量 Nb-Y-N 薄膜 TG 曲线

参 考 文 献

[1] 曲范宾.热喷涂纳米涂层技术[J].技术与市场,2008,(3):7-7.

[2] 陈维喜.刀具涂层技术的现状和展望[J].工具技术,2000,34(3):3-5.

[3] 赵海波.国内外切削刀具涂层技术发展综述[J].工具技术,2002,(2):3-7.

[4] 徐滨士.表面工程的应用与展望[M].北京:高等教育出版社,2000.

[5] 陶斯武,雷诺,曲选辉.纳米硬质薄膜的研究进展[J].稀有金属与硬质合金,2005(3):37-41.

[6] 李亮,程仲元,王珉等.真空电弧沉积薄膜显微硬度与工艺参数的关系[J].机械科学与技术,2004,23(4):478-480.

[7] 鞠洪博.TiMoN 纳米复合膜微结构和性能研究[D].镇江:江苏科技大学,2010.

[8] 鞠洪博.Al、Si 对 TiN 及 Mo$_2$N 基薄膜微观组织、力学及摩擦磨损性能的影响[D].镇江:江苏科技大学,2013.

[9] 季鑫,宓一鸣,周细应.TiN 薄膜制备方法、性能及其应用的研究进展[J].热加工工艺,2009,38(4):81-84.

[10] Zhang B, Zhu S, Wang Z, et al. Microstructure and tribological performance of a dimpled gradient nanoscale TiN layer[J].Materials Letters,2016,169:214-217.

[11] Huang H,Hsu C Y,Chen S S,et al.Effect of substrate bias on the structure and properties of ion-plated ZrN on Si and stainless steel substrates[J].Materials Chemistry and Physics,2003,77(1):14-21.

[12] 孙维连,李颖,赵亚玲,等.磁控溅射温度与时间对 ZrN 薄膜附着力的影响[J].材料热处理学报,2012(5):121-124.

[13] 张广安,王立平,刘千喜,等.CrN 基复合薄膜的结构及摩擦磨损性能研究[J].摩擦学学报,2011(2):181-186.

[14] Podgornik B,Sedlacek M,Mandrino D.Performance of CrN coatings under boundary lubrication[J].Tribology International,2016,96:247-257.

[15] Cui X,Cui H,Guo T,et al.Effects of heat-treatment on mechanical oroperties and corrosion resistance of NbN films[J].Physics Procedia,2013,50:433-437.

[16] 张宏森,丁明惠,张丽丽,等.溅射方式对 NbN 薄膜结构及热稳定性的影响[J].材料科学与工程学报,2010,03:458-462.

[17] Su Y D ,Hu C Q ,Wen M,et al.Effects of bias voltage and annealing on the structure and mechanical properties of WC$_{0.75}$N$_{0.25}$ thin films[J].Journal of Alloys and Compounds,2009,486:357-364.

[18] Ruggiero A,Amato R D,Gomez E,et al.Experimental, comparison on tribological pairs UHMWPE/TIAL6V4 alloy,UHMWPE/AISI316L austenitic stainless and UHMWPE/Al$_2$O$_3$ ceramic,under dry and lubricated conditions[J].Tribology International,2016,96:349-360.

[19] Voevodin A A,Muratore C,Aouadi S M.Hardness coatings with high temperature adaptive lubrication and contact thermal management:review[J].Surface and Coatings Technology,2014,257:247-265.

[20] Erdemir A,Bhushan B.Modern Tribology Handbook[M].CRC Press,2001.

[21] Singer I L, Pollock H M.Fundamentals of Friction:Macroscopic and Microscopic Processes[M].NATOASI Series,Kluwer Academic,1992.

[22] Raveh A, Zukerman I, Shneck R, et al. Thermal stability of nanostructured superhard coatings: A review [J]. Surface and Coatings Technology, 2007, 201(13): 6136-6142.

[23] McIntyre D, Greene J E, Hakansson G, et al. Oxidation of metastable single-phase polycrystalline $Ti_{0.5}Al_{0.5}N$ films[J]. Journal of Applied Physics, 1990, 67(3): 1542-1553.

[24] Zhang J, Lv H, Cui G, et al. Effects of bias voltage on the microstructure and mechanical properties of (Ti, Al, Cr)N hard films with N-gradient distributions[J]. Thin Solid Films, 2001, 519(15): 4818-4823.

[25] Veprek S, Reiprich S. A concept for the design of novel superhard coatings[J]. Thin Solid Films, 1995, 268: 64-71.

[26] Yang Z, Ouyang J, Liu Z. Isothermal oxidation behavior of reactive hot-pressed $TiN-TiB_2$ ceramics at elevated temperatures[J]. Materials and Design, 2011, 32(1): 29-35.

[27] Sliney H E. Wide temperature spectrum self-lubricant coatings prepared by plasma spraying[J]. Thin Solid Films, 1979, 64(2): 211-217.

[28] Polcar T, Nossa A, Evaristo M, et al. Nanocomposite coatings of carbon-based and transition metal dichalcogenides phase: Areview[J]. Review on Advanced Materials Science, 2007, 15(11): 118-126.

[29] Hauert R, Muller U. An overview on tailored tribological and biological behavior of diamond-like carbon [J]. Diamond and Related Materials, 2003, 12: 171-177.

[30] Miyoshi K, Wu R L C, Garscadden A, et al. Friction and wear of plasma-deposited diamond films[J]. Journal Applied Physics, 1993, 74: 4446-4454.

[31] Matthews A, Leyland A, Holmberg K, et al. Design aspects for advanced tribological surface coatings[J]. Surface and Coatings Technology, 1998, 100-101: 1-6.

[32] Voevodin A A, Zabinski J S. Supertough wear-resistant coatings with 'chameleon' surface adapation[J]. Thin Solid Films, 2000, 370: 223-231.

[33] 宣天鹏. 材料表面功能镀覆层及其应用[M]. 北京: 机械工业出版社, 2008.

[34] Sheng S H, Zhang R F, Veprek S. Phase stabilities and thermal decomposition in the ZrAlN system studied by abinitio calculation and thermodynamic modeling[J]. Acta Materialia, 2008, 56: 968-976.

[35] Musil J. Hard and superhard nanocomposite coatings[J]. Surface and Coatings Technology, 2000, 125(1-3): 322-330.

[36] Zeman P, Erstvy R, Mayrhofer P H, et al. Structure and properties of hard and superhard Zr-Cu-N nanocomposite coatings[J]. Materials Science and Engineering, 2000, 289(1-2): 189-197.

[37] Han J G, Myung H S, Lee H M, et al. Microstructure and mechanical properties of Ti-Ag-N and Ti-Cr-N superhard nanostructured coatings[J]. Surface and Coatings Technology, 2003, 174-175: 738-743.

[38] Quek S S, Chool Z H, Wu Z, et al. The inverse hall-petch relation in nanocrystalline metals: A discrete dislocation dynamics analysis[J]. Journal of the Mechanics and Physics of Solids, 2016, 88: 252-266.

[39] 邹章雄, 项金钟, 许思勇. Hall-Petch 关系的理论推导及其适用范围讨论[J]. 物理测试, 2012, 6: 13-17.

[40] Veprek S. Conventional and new approaches towards the design of novel superhard materials[J]. Surface and Coatings Technology, 1997, 97(1-3): 15-22.

[41] 孔明, 赵文济, 乌晓燕, 等. TiN/Si_3N_4 纳米晶复合膜的微结构和强化机理[J]. 无机材料学报, 2007, 3: 539-544.

[42] Ding X, Bui C T, Zeng X T. Abrasive wear resistance of $Ti_{1-x}Al_xN$ hard coatings deposited by a vacuum arc system with lateral rotating cathodes[J]. Surface and Coatings Technology, 2008, 203(5-7): 680-684.

[43] Rafaja D, Poklad A, Klemm V, et al. Some consequences of the partial crystallographic coherence between

nanocrystalline domains in Ti-Al-N and Ti-Al-Si-N coatings[J].Thin Solid Films,2006,514(1-2):240-249.

[44] Rafaja D,Dopita M,Rvžička M,et al.Microstructure development in Cr-Al-Si-N nanocomposites deposited by cathodic arc evaporation[J].Surface and Coatings Technology,2006,201(6):2835-2843.

[45] 康昌鹤,杨树人.导体超晶格材料及其应用[M].北京:国防工业出版社,1995.

[46] Koehler J S.Attempt to design a strong solid[J].Physical Review:B,1970,2(2):547-551.

[47] Lehoezy S L.Retardation of dislocation generation and motion in thin-layered metal laminates[J].Physical Review Letter,1978,41:1814-1818.

[48] Cammarata R C,Sieradzki K.Effects of surface on the elastic moduli of thin films and superlattices[J].Physical Review Letter,1989,62(17):2005-2008.

[49] 杜会静,田永君.超硬纳米多层膜致硬机理研究[J].无机材料学报,2006,21(4):669-775.

[50] 徐晓明.TiN/ZrN 纳米镀成膜的制备及其力学性能的研究[D].大连:大连理工大学,2006.

[51] 戴达煌,代明江,侯惠君,等.功能薄膜及其沉积制备技术[M].北京:冶金工业出版社,2013.

[52] Anderson P M,Foeckw T,Hazzledine P M.Dislocation-based deformation mechanisms in metallic nano-laminates[J].MRS Bulletin,1999,24(2):27-27.

[53] Fateh N F,Fontalvo G A,et al.Influence of high-temperature oxide formation on the tribological bahaviour of TiN and VN coatings[J].Wear,2007,262:1152-1158.

[54] Xu J,Ju H,Yu L.Effects of Mo content on the microstructure and friction and wear properties of TiMoN films[J].Acta Metallurgica Sinica,2012,48:1132-1138.

[55] Ju H,Xu J.Microstructure,oxidation resistance,mechanical and tribological properties of Ti-Y-N films by reactive magnetron sputtering[J].Surface and Coatings Technology,2015,283:311-317.

[56] Yang Q,Zhao L R,Patnaik P C,et al.Wear resistant TiMoN coatings deposited by magnetron sputtering [J].Wear,2006,261:119-125.

[57] Cura M E,Liu X W,Kanerva U,et al.Friction behavior of alumina/molybedenum composites and formation of MoO_{3-x} phase at 400 ℃[J].Tribology International,2015,87:23-31.

[58] Anitha V P,Bhattacharya A,Patil G N,et al.Study of sputtered molybdenum nitride as a diffusion barrier [J].Thin Solid Films,1993,236(1-2):306-310.

[59] Walker J C,Ross I M,Reinhard C,et al.High temperature tribological performance of CrAlYN/CrN nanoscale multilayer coatings deposited on γ-TiAl[J].Wear,2009,267(5):965-975.

[60] Badisch E,Fontalvo G A,Stoiber M,et al.Tribological behaviour of PACVD TiN coatings in the temperature rang up 500 ℃[J].Surface and Coatings Technology,2003,163(2):585-590.

[61] Fateh N,Fontalvo G A,Gassner G,et al.Influence of high-temperature oxide formation on the tribological bahaviour of TiN and VN coatings[J].Wear,2007,262(9-10):1152-1158.

[62] Qi Z B,Sun P,Zhu F P,et al.Relationship between tribological properties and oxidation behavior of $Ti_{0.34}Al_{0.66}N$ coatings at elevated temperature up to 900°C[J].Surface and Coatings Technology,2013,231:267-271.

[63] Kutschej K,Mayrhofer P H,Kathrein G M,et al.A new low-friction concept for $Ti_{1-x}Al_xN$ based coatings in high-temperature applications[J].Surface and Coatings Technology,2004,188-189(11):358-363.

[64] Luo Q.Temperature dependent friction and wear of magnetron sputtered coating TiAlN/VN[J].Wear,2011,271(9-10):2058-2066.

[65] Franz R,Lechthaler M,Polzer C,et al.Oxidation behaviour and tribological properties of arc-evaporated ZrAlN hard coatings[J].Surface and Coatings Technology,2012,206(8-9):2337-2345.

［66］Yang Q,Zhao L R,Patnaik P C,et al. Wear resistance TiMoN coatings deposited by magnetron sputtering ［J］.Wear,2006,261(2):119-125.

［67］Zhang G,Fan T,Wang T,et al.Microstructure,mechanical and tribological behavior of MoN_x/SiN_x multilayer coatings prepared by magnetron sputtering［J］.Applied Surface Science,2013,274(2):231-236.

［68］Wang Q,Zhou F,Wang X,et al.Comparison of triboligical properties of CrN,TiCN and TiAlN coatings sliding against SiC balls in water［J］.Applied Surface Science,2011,257(17):7813-7820.

［69］Mürgen,Eryilmaz O L,Cakir A F.Characterization of molybdenum nitride coatings produced by arc-PVD technique［J］.Surface and Coatings Technology,1997,94-95(97):501-506.

［70］öztürk A,Ezirmik KV,Kazmanl K,et al.Comparative tribological behaviors of TiN,CrN and MoN-Cu nanocomposite coatings［J］.Tribology International,2008,41(1):49-59.

［71］姜传海,王传铮.材料射线衍射和散射分析［M］.北京:高等教育出版社,2010.

［72］Wang D,Su D S,Schlogl R.Electron beam induced transformation of MoO_3 to MoO_2 and a new phase MoO ［J］.Inorganic Chemistry,2004,630:1007-1014.

［73］Xu J,Ju H,Yu L.Microstructure,oxidation resistance,mechanical and tribological properties of Mo-Al-N films by reactive magnetron sputtering［J］.Vacuum,2014,103(5):21-27.

［74］Pfeller M,Fontalvo G A,Wagner J,et al.Arc evaporation of Ti-Al-Ta-N coatings:the effect of bias voltage and Ta on high-temperature tribological properties［J］.Tribology Letters,2008,30:91-97.

［75］Kutschej K,Mayrhofer P H,Kathrein G M,et al.A new low-friction concept for $Ti_{1-x}Al_xN$ based coatings in high-temperature applications［J］.Surface and Coatings Technology,2004,188-189(11):358-363.

［76］Lancaster J K.A review of the influence of environmental humidity and water on friction,lubrication and wear［J］.Tribology International,1990,23(6):371-389.

［77］Devia A,Castillo H,Benavides V,et al.Growth and characterization of AuN films through the pulsed arc technique［J］.Materials Characterization,2008,59(2):105-107.

［78］Al-Bukhaiti M,Al-hatab K,Tillmann W,et al.Tribological and mechanical properties of Ti/TiAlN/TiAl-CN nanoscale multilayer PVD coatings deposited on AISI h11 hot work tool stelel［J］.Applied Surfce Science,2014,318(1):180-190.

［79］Escobar D,Ospina R,Gomez A,et al.X-ray microstructure analysis of nanocrystalline TiZrN thin films by diffraction pattern modeling［J］.Materials Characterization,2014,88(2):119-126.

［80］Cansever N,Danis Mana M,Kazmanli K.The effect of nitrogen pressure on cathodic arc deposited NbN thin films［J］.Surface and Coatings Technology,2008,202(24):5919-5923.

［81］Barshilia H C,Rajam K S,Rao D V S.Characterization of low temperature deposited nanolayered TiN/NbN multilayer coatings by cross-sectional transmission electron microscopy［J］.Surface and Coatings Technology,2006,200(14-15):4586-4593.

［82］Araujo J A,Araujo G G M,Souza R M,et al.Effect of periodicity on hardness and scratch resistance of CrN/NbN nanoscale multilayer coating deposited by cathodic arc technique［J］.Wear,2015,330-331:467-477.

［83］Derflinger V H,Schutze A,Ante M.Mechanical and structural properties of various alloyed TiAlN-based hard coatings［J］.Surfce and Coatings Technology,2006,200(16):4693-4700.

［84］Wang Q,Zhou F,Wang X,et al.Comparison of tribological properties of CrN,TiCN and TiAlN coatings sliding against SiC balls in water［J］.Applied Surfce Science,2011,257(17):7813-7820.

［85］Zhang M,Gao A,Ma S,et al.Corrosion resistance of Ti-Si-N coatings in blood and cytocompatibility with vascular endothelial cells［J］.Vacuum,2016,128:45-55.

[86] Hsieh J H,Yeh T H,Li C,et al.Antibacterial properties of TaN-(Ag,Cu) nanocomposite thin films[J]. Vacuum,2013,87(1):160-163.

[87] Donnet C,Erdemir A.Historical developments and new trends in tribological and solid lubricant coatings [J].Surface and Coatings Technology,2004,180-181(3):76-84.

[88] Shi J,Muders C M,Kumar A,et al.Study on nanocomposite Ti-Al-Si-Cu-N films with various Si contents deposited by cathodic vacuum arcion plating[J].Applied Surface Science,2012,258(24):9642-9649.

[89] Deng B,Tao Y,Zhu X,et al.The oxidation behavior and tribological properties of Si-implanted TiN coating[J].Vacuum,2014,99(1):216-224.

[90] Derflinger V H,Schutze A,Ante M.Mechanical and structural properties of various alloyed TiAlN-based hard coatings[J].Surface and Coatings Technology,2006,200(16):4693-4700.

[91] Chen L,Yang Y,Wu M J,et al.Correlation between arc evaporation of Ti-Al-N coatings and corresponding $Ti_{0.50}Al_{0.50}$ target types[J].Surface and Coatings Technology,2015,275:309-315.

[92] Dong Y,Liu Y,Dai J,et al.Superhard Nb-Si-N composite films synthesized by reactive magnetron sputtering[J].Applied Surface Science,2006,252(14):5215-5219.

[93] Tian B,Yue W,Fu Z,et al.Microstructure and tribological properties of W-implanted PVD TiN coatings on 316 L stainless steel[J].Vacuum,2014,99(1):68-75.

[94] Donnet C,Erdemir A.Historical developments and new trends in tribological and solid lubricant coatings [J].Surface and Coatings Technology,2004,180-181(3):76-84.

[95] Lin J,Mishra B,Moore J J,et al.Microstructure,mechanical and tribological properties of CrAlN films deposited by pulsed-closed field unbalanced magnetron sputtering (P-CFUBMS)[J].Surface and Coatings Technology,2006,201(201):4329-4334.

[96] Gassner G,Mayrhofer P H,Kutschej K,et al.Magnéli phase formation of PVD Mo-N and W-N coatings [J].Surface and Coatings Technology,2006,201(6):3335-3341.

[97] Shi Y,Pan F,Long S,et al.Structure and tribological property of MoS_x-CrTiAlN film by unbalanced magnetron sputtering[J].Vacuum,2011,86(2):171-177.

[98] Yang J F,Prakash B,Jiang Y,et al.Effect of Si content on the microstructure and mechanical properties of Mo-Al-Si-N coatings[J].Vacuum,2012,86(12):2010-2013.

[99] Yang J F,Yuan Z G,Liu Q,et al.Characterization of Mo-Al-N nanocrystalline films synthesized by reactive magnetron sputtering[J].Materials Research Bulletin,2009,44(1):86-90.

[100] Yuan Z G,Yang J F,Wang X P,et al.Effect of Al content on the microstructure and mechanical properties of Mo-Al-Si-N films synthesized by DC magnetron sputtering[J].Surface and Coatings Technology, 2010,204(21):3371-3375.

[101] Park J,Lee J.Diffusion barrier property of sputtered molybdenum nitride films for dram copper metallization[J].Materials Research Society,1996,403:687-692.

[102] Yim W M,Paff R J.Thermal expansion of AlN,sapphire,and silicon[J].Journal of Applied Physics, 1974,45(3):1456.

[103] Hsueh C H.Thermal stress in elastic multilayer systems[J].Thin Solid Films,2002,418(2):182-188.

[104] Manson S S.National advisory committee for aeronautics—behavior of materials under conditions of thermal stress[M].NACA,Washington,1953.

[105] Yang Q,Zhao L R,Patnaik P C,et al.Wear resistance TiMoN coatings deposited by magnetron sputtering [J].Wear,2006,261(2):119-125.

[106] Yu H, Xu Y, Shi P, et al. Microstructure, mechanical properties and tribological behavior of tribofilm generated from natural serpentine mineral powers as lubricant additive[J]. Wear, 2013, 297(1-2):802-810.

[107] Veprek S, Veprek-Heijman M G, Karvankova P, et al. Differnet approaches to superhard coatings and nanocomposites[J]. Thin Solid Films, 2005, 476(1):1-29.

[108] Veprek S, Reiprich S, Shizhi L. Superhard nanocrystalline composite materials: the TiN/Si_3N_4 system[J]. Applied Physics Letters, 1995, 66(20):2640-2642.

[109] Lin J, Wang B, Ou Y, et al. Structure and properties of CrSiN nanocomposite coatings deposited by hybrid modulated pulsed power and pulsed dc magnetron sputtering[J]. Surface and Coatings Technology, 2013, 216(3):251-258.

[110] Jiang N, Shen Y G, Zhang H J, et al. Superhard nanocomposite Ti-Al-Si-N films deposited by reactive unbalanced magnetron sputtering[J]. Materials Science and Engineering: B, 2006, 135(1):1-9.

[111] Li Q, Jiang F, Leng Y, et al. Microstructure and tribological properties of Ti(Cr)SiCN coating deposited by plasma enhanced magnetron sputtering[J]. Vacuum, 2013, 89(3):168-173.

[112] Yazdi M, Lomello F, Wang J, et al. Properties of TiSiN coatings deposited by hybrid HiPIMS and pulsed-DC magnetron co-sputtering[J]. Vacuum, 2014, 109(42):43-51.

[113] Zhang L, Ma G, Lin G, et al. Deposition and characterization of $Ti-C_x-N_y$ nanocomposite films by pulsed bias arc ion plating[J]. Vacuum, 2014, 106:27-32.

[114] Yang Q, Zhao L R, Patnaik P C, et al. Wear resistant TiMoN coatings deposited by magnetron sputtering[J]. Wear, 2006, 261:119-125.

[115] Yang J F, Prakash B, Jiang Y, et al. Effect of Si content on the microstructure and mechanical properties of Mo-Al-Si-N coatings[J]. Vacuum, 2012, 86:2010-2013.

[116] Pilloud D, Pierson J F, Marques A P, et al. Structural changes in Zr-Si-N films vs. their silicon content[J]. Surface and Coatings Technology, 2004, 180-180:352-356.

[117] Pierson J F, Tomasella E, Bauer P. Reactively sputtered Ti-B-N nanocomposite films: correlation between structure and optical properties[J]. Thin Solid Films, 2001, 384:46.

[118] Peter S, Bernutz S, Berg S, et al. FTIR analysis of a-SiCN:H films deposited by PECVD[J]. Vacuum, 2013, 98:81-87.

[119] Bischoff J L, Lutz F, Bolmont D, et al. Use of multilayer techniques for XPS identification of various nitrogen environments in the Si/NH_3 system[J]. Surface Science, 1991, 251-252:170-174.

[120] Liu Q, Fang Q F, Liang F J, et al. Synthesis and properties of nanocomposite MoSiN hard films[J]. Surface and Coatings Technology, 2006, 201:1894-898.

[121] Chung C K, Chang H C, Chang S C, et al. Evolution of enhanced crystallinity and mechanical property of nanocomposite Ti-Si-N thin films using magnetron reactive co-sputtering[J]. Journal of Alloys and Compounds, 2012, 537:318-322.

[122] Zhang L, Yang H, Pang X, et al. Microstructure, residual stress, and fracture of sputtered TiN films[J]. Surface and Coatings Technology, 2013, 224:120-125.

[123] Tien C, Lin T. Thermal expansion coefficient and thermomechanical properties of SiN_x thin films prepared by plasma-enhanced chemical vapor deposition[J]. Applied Optics, 2012, 51:7229-7235.

[124] Musil J. Hard nanocomposite coatings: thermal stability, oxidation resistance and toughness[J]. Surface and Coatings Technology, 2012, 207:50-65.

[125] Yang J, Jiang Y, Yuan Z, et al. Effect of carbon content on the microstructure and properties of W-Si-C-N coatings fabricated by magnetron sputtering[J]. Materials Science and Engineering B, 2012, 177:1120-

1125.

[126] Xu J,Ju H,Yu L.Influence of silicon content on the microstructure,mechanical and tribological proper-ties of magnetron sputtered Ti-Mo-Si-N films[J].Vacuum,2014,110:47-53.

[127] Zhou Z,Rainforth W M,Luo Q.Wear and friction of TiAlN/VN coatings against Al_2O_3 in air at room and elevated temperatures[J].Acta Materialia,2010,58(8):2912-2925.

[128] Fox-Rabinovich G S,Yamamoto K,Veldhuis S C.Self-adaptive wear behavior of nano-multilayered TiAl-CrN/WN coatings under severe machining conditions[J].Surface and Coatings Technology,2006,201:1852-1860.

[129] Yang S C,Wiemann E,Teer D G.The properties and performance of Cr-based multilayer nitride hard coatings using unbalanced magnetron sputtering and elemental metal targets[J].Surf Coat Technol,2004,188(1):662-668.

[130] ürgen M,Eryilmaz O L,Cakir A F,et al.Characterization of molybdenum nitride coatings produced by arc-PVD technique[J].Surface and Coatings Technology,1997;94-95(97):501-506.

[131] Yang Q,Zhao L R.Dry sliding wear of magnetron sputtered TiN/CrN superlattice coatings[J].Surface and Coatings Technology,2003,173(1):58-66.

[132] Erdemir A.A crystal-chemical approach to lubrication by solid oxides[J].Tribology Letters,2000,8(2-3):97-102.

[133] Wu H,Wang J,Song Z,et al.Microstructural and electron-emission characteristics of Nb-Si-N films in surface-conduction electron-emitter display[J].Physics Procedia,2012,32(4):139-143.

[134] Latella B A,Gan B K,Davies K E,et al.Titanium nitride/vanadium nitride alloy coatings:mechanical properties and adhesion characteristics[J].Surface and Coatings Technology,2006,200(11):3605-3611.

[135] Ju H,Xu J.Influence of vanadium incorporation on the microstructure,mechanical and tribological prop-erties of Nb-V-Si-N films deposited by reactive magnetron sputtering[J].Materials Characterization,2015,107:411-418.

[136] Kutschej K,Mayrhofer P H,Kathrein M,et al.Influence of oxide phase formation on the tribological be-haviour of Ti-Al-V-N coatings[J].Surface and Coatings Technology,2005,200(5-6):1731-1737.

[137] Erdemir A.A crystal-chemical approach to lubrication by solid oxides[J].Tribology Letters,2000,8(2-3):97-102

[138] Reeswinkel T,Music D,Schneider J M.Coulomb-potential-dependent decohesion of Magneli phase[J].Journal of Physics Condensed Matter,2010,22(29):1-4.

[139] Voevodin A A,Schneider J M,Rebholz C,et al.Multilayer composite ceramicmetal-DLC coatings for sliding wear applications[J].Tribology International,1996,29(7):559-570.

[140] 孙嘉奕,翁立军,孙晓军,等.Ti/Ag 及 Ag 薄膜的应力状态及其对摩擦磨损性能的影响[J].机械工程材料,2002,26(1):29-31.

[141] Mulligan C P,Gall D S.CrN-Ag self-lubricating hard coating[J].Surface and Coatings Technology,2005,200(5-6):1495-1500.

[142] Ju H,Xu J.Microstructure and tribological properties of NbN-Ag composite films by reactive magnetron sputtering[J].Applied Surface Science,2015,355:878-883.

[143] Endrino J L,NainaParampil J J,Krzanowski J E.Effect of the dispersibility of ZrO_2 nanoParticles in Ni-ZrO_2 electroplated nanocomposite coatings on the mechanical properties of nanocomposite coatings[J].Applied Surface Science,2006(252):3812-3817.

[144] Muratore C,Voevodin A A,Hu J J,et al.Tribology of adaptive nanocomposite yttria-stabilized zirconia

coatings containing silver and molybdenum from 25 to 700 °C[J].Wear,2006(261):797-805.

[145] Basnyat P,Luster B,Kertzman Z,et al.Mechanical and tribological properties of CrAlN-Ag self-lubricating films[J].Surf.Coat.Technol,2007,202(4):1011-1016.

[146] Tseng C C,Hsieh J H,Wu W,et al.Emergence of Ag particles and their effects on the mechanical properties of TaN-Ag nanocomposite thin films[J].Surface and Coatings Technology,2007,201(24):9565-9570.

[147] Tseng C C,Hsieh J H,Jang S C,et al.Microstructural analysis and mechanical properties of TaN-Ag nanocomposite thin films[J].Thin Solid Films,2009,517(17):4970-4974.

[148] Samokhvalov A,Dulin E C,Nair S,et al.Adsorption and desorption of dibenzothiophene on Ag-titania studied by the complementary temperature-programmed XPS and ESR[J].Applied Surface Science,2011,8(257):3226-3232.

[149] Kostenbauer H,Fontalvo G A,Mitterer C,et al.Tribological properties of TiN/Ag nanocomposite coatings [J].Tribology Letters,2008,30(1):53-60.

[150] Song X,Shi S,Cao C,et al.Effect of Ag-doping on microstructural,optical and electrical properties of sputtering-derived ZnS films[J].Journal of Alloys and Compounds,2013,551:430-434.

[151] Aouadi S M,Paudel Y,Simoson W J,et al.Voevodin,Tribological invertigation of adaptive Mo_2N/MoS_2/Ag coatings with high sulfur content[J].Surface and Coatings Technology,2009,203:1304-1309.

[152] Gulbinski W,Suszko T.Thin films of Mo_2N/Ag nanocomposite the structure,mechanical and tribological properties[J].Surface and Coatings Technology,2006(201):1469-1476.

[153] Luster B,Stone D,Singh D P,et al. Textured VN coatingg with Ag_3VO_4 Solid lubricant reservoirs[J]. Surface and Coatings Technology,2011,206 (7):1932-1935.

[154] Stone D S,Migas J,Martini A,et al.Adaptive NbN/Ag coatings for high temperature tribological applications[J].Surface and Coatings Technology,2012,206(19-20):4316-4321.

[155] Chen C,Seong K Kim,Ibbotson M,et al.Thermionic emission of protons across a grain boundary in 5 mol% Y-doped $SrZrO_3$,a hydrogen pump[J].International Journal of Hydrogen Energy,2012,37(17):12432-12437.

[156] Zheng Z,Yu Z.Characteristics and machining applications of Ti(Y)N coatings[J].Surface and Coatings Technology,2010,204(24):4107-4113.

[157] Yu Z,Liu C,Yu L,et al.Assessment of adhesion of Ti(Y)N and Ti(La)N coatings by an in situ SEM constant-rate tensile test[J].Journal of Adhesion Science and Technology,1994,8(6):679-685.

[158] Choi W S,Hwang S K,Lee C M.Microstructure and chemical state of $Ti_{1-x}Y_xN$ film deposited by reactive magnetron sputtering[J].Journal of Vacuum Science and Technology A,2000,18(6):2914-2921.

[159] Ohring M.Materials Science of Thin Films[M].New York:Academic Press,2006.

[160] Lewis D B,Dobohue L A,Lembke M,et al.The influence of the yttrium content on the structure and properties of TiAlCrYN PVD hard coatings[J].Surface and Coatings Technology,1999,114:187-199.

[161] Qi Z B,Zhu F P,Wu Z T,et al.Influence of yttrium addition on microstructure and mechanical properties of ZrN coatings[J].Surface and Coatings Technology,2013,231(9):102-106.

[162] Louring S,Madsen N D,Sillassen M,et al.Microstructure,mechanical and tribological analysis of nanocomposite Ti-C-N coatings deposited by industrial-scale D C magnetron sputtering[J].Surface and Coatings Technology,2014,245:40-48.

[163] Hodroj A,Chaix-Pluchery O,Steyer P,et al.Oxidation resistance of decorative (Ti,Mg)N coatings deposited by hybrid cathodic arc evaporation-magnetron sputtering process[J].Surface and Coatings Tech-

nology,2011,205(19):4547-4553.

[164] Moulder J F,Strickle W F,Sobol P E,et al.Handbook of X-ray photoelectron spectroscopy[M].Perkin-Elmer Corporation,United States of America,1992.

[165] Cruz W D L,Diaz J A,Mancera L,et al.Yttrium nitride thin films grown by reactive laser ablation[J].Journal of Physics and Chemistry of Solid,2003,64(11):2273-2279.

[166] Chim Y C,Ding X Z,Zeng X T,et al.Oxidation resistance of TiN,CrN,TiAlN and CrAlN coatings deposited by lateral rotating cathode arc[J].Thin Solid Films,2009,517(17):4845-4849.

[167] Li D,Edgar J H,Peascoe-Meisner R A,et al.Sublimation crystal growth of yttrium nitride[J].Journal of Crystal Growth,2010,312(20) 2896-2903.

[168] Munz W D,Donohue L A,Hovsepian P Eh.Preperties of various large-scale fabricated TiAlN and CrN-based superlattice coating grown by combined cathodic arc-unbalanced magetron sputter desposition[J].Surface and Coating Technology,2000,125(1-3):269-277.

[169] Perry A J,Geist D E.Profiling the residual stress and integral strain distribution in yttrium implanted titanium nitride[J].Vacuum,1997,48:833-838.

[170] Zhou Q G,Bai X D,Xue X Y,et al.The influence of Y ion implantation on the oxidation behaviour of ZrN coating[J].Vacuum,2004,76(4):517-521.

[171] Moser M,Kiener D,Scheu C,et al.Influence of yttrium on the thermal stability of Ti-Al-N thin films [J].Materials,2010,3(3):1573-1592.

[172] Sekulic A,Furic K,Tonejc A,et al.Determination of the monoclinic,tetragonal and cubic phases in mechanically alloyed $ZrO_2-Y_2O_3$ and ZrO_2-CoO powder mixtures by Raman spectroscopy[J].Journal of Materials Science Letters,1997,16(4):260-262.

[173] Toshiaki O,Fujio I,Yoshinori F.Raman spectrum of Anatase,TiO_2[J].Journal of Raman Spectroscopy,1978,7(6):321-3.